# 市政建设与给排水工程

邱加强 马辉 徐云 著

吉林科学技术出版社

图书在版编目（CIP）数据

市政建设与给排水工程 / 邱加强，马辉，徐云著. 
长春：吉林科学技术出版社，2024.5. -- ISBN 978-7 
-5744-1374-0

Ⅰ. TU99

中国国家版本馆 CIP 数据核字第 20243MN840 号

## 市政建设与给排水工程

| | | |
|---|---|---|
| 著 | 邱加强　马辉　徐云 | |
| 出 版 人 | 宛　霞 | |
| 责任编辑 | 郭建齐 | |
| 封面设计 | 周书意 | |
| 制　　版 | 周书意 | |
| 幅面尺寸 | 185mm×260mm | |
| 开　　本 | 16 | |
| 字　　数 | 310 千字 | |
| 印　　张 | 16.75 | |
| 印　　数 | 1~1500 册 | |
| 版　　次 | 2024 年 5 月第 1 版 | |
| 印　　次 | 2024 年 10 月第 1 次印刷 | |

出　　版　吉林科学技术出版社
发　　行　吉林科学技术出版社
地　　址　长春市福祉大路5788号出版大厦A座
邮　　编　130118
发行部电话/传真　0431-81629529 81629530 81629531
　　　　　　　　　81629532 81629533 81629534
储运部电话　0431-86059116
编辑部电话　0431-81629510
印　　刷　廊坊市印艺阁数字科技有限公司

书　　号　ISBN 978-7-5744-1374-0
定　　价　98.00元

版权所有　翻印必究　举报电话：0431-81629508

# 前言
## PREFACE

  一个城市的基础市政工程设施是否优良是城市健康发展与否的重要判断标准之一，它也能从整体上体现出城市的文化和精神，同时是广大城市市民和谐城市生活的物质基础。市政工程从广义上来说可以分为城市建设公用设施工程、城市排水设施工程、照明设施工程、道路设施工程、桥涵设施工程和防洪设施工程等。自进入21世纪以来，全国各地都大力推进基础设施建设，各大建筑工程的开发施工，为国民经济的稳定发展提供了强大的推动作用，为我国经济的可持续发展起到了非常关键的作用。

  随着我国土木工程项目的不断增加，土木工程施工技术及管理水平成为其发展的重要保障。项目施工技术及管理是施工企业研究的永恒主题。项目施工是企业利润的源头、信誉的窗口，施工技术及管理的好坏决定着企业的市场份额，只有占领更多的市场份额，企业才能不断发展壮大。因此，加强对土木工程项目施工技术及管理的规划和提升，企业可以及时发现土木工程施工项目在实践中存在的问题，从而针对问题提出有效的措施来提高土木工程施工项目的施工及管理水平。

  本书在写作过程中参考了相关领域的诸多著作、论文等，引用了国内外部分文献和相关资料，在此一并对作者们表示诚挚的谢意和致敬。由于市政建设等工作涉及的范畴较广，需要探索的层面较深，作者在写作的过程中难免会存在不足，对一些相关问题的研究不够透彻，有一定的局限性，在此恳请前辈、同行以及广大读者斧正。

# 目 录
CONTENTS

第一章 市政工程施工准备与组织 ............................................................ 1

 第一节 市政工程施工准备 ............................................................ 1

 第二节 市政工程施工组织 ............................................................ 15

第二章 给排水工程概述 ............................................................ 30

 第一节 给水工程概论 ............................................................ 30

 第二节 给水管网布置 ............................................................ 34

 第三节 排水工程概论 ............................................................ 36

 第四节 排水管道布置 ............................................................ 39

第三章 给排水系统水量设计 ............................................................ 43

 第一节 给水系统设计流量 ............................................................ 43

 第二节 污水设计流量 ............................................................ 55

 第三节 雨量分析要素 ............................................................ 60

第四章 给排水工程施工 ............................................................ 64

 第一节 给水排水厂站工程结构与特点 ............................................................ 64

 第二节 给水排水厂站工程施工 ............................................................ 72

1

## 第五章　给排水管网管理与维护 ································································· 86

第一节　给排水管网的技术资料管理 ···························································· 86

第二节　给水管网的日常管理 ······································································ 88

第三节　排水管网的日常管理 ······································································ 97

## 第六章　建筑给排水工程质量控制 ····························································· 101

第一节　室内给水系统施工质量控制记录 ··················································· 101

第二节　消火栓系统施工质量控制记录 ······················································ 106

第三节　自动喷水灭火系统施工质量控制记录 ············································ 116

第四节　室内排水系统施工质量控制 ·························································· 123

## 第七章　消防工作规划 ················································································ 132

第一节　消防的作用原则及法规体系 ·························································· 132

第二节　消防安全责任制及保障途径 ·························································· 136

第三节　城市消防规划的任务与制定 ·························································· 144

## 第八章　智慧城市建设与发展 ····································································· 151

第一节　智慧城市由来及发展趋势 ····························································· 151

第二节　智慧城市建设的环境分析 ····························································· 159

第三节　我国智慧城市建设的总体思路 ······················································ 163

## 第九章　土木基础工程施工技术 ································································· 170

第一节　土方工程施工技术 ······································································· 170

第二节　地基与基础工程施工技术 ····························································· 178

## 第十章　混凝土结构工程 ············································································ 202

第一节　钢筋工程 ······················································································ 202

第二节　混凝土工程……………………………………………………205

　　第三节　模板工程………………………………………………………216

# 第十一章　土木工程项目施工的可持续发展……………………………225

　　第一节　土木工程可持续发展的策划与设计…………………………225

　　第二节　土木工程可持续发展的材料及施工…………………………232

　　第三节　土木工程可持续发展的改造与评价…………………………247

# 结束语……………………………………………………………………………257

# 参考文献…………………………………………………………………………259

# 第一章 市政工程施工准备与组织

## 第一节 市政工程施工准备

### 一、施工准备工作的意义

工程建设是创造物质财富的关键途径之一，对我国国民经济发展起着支撑作用，其总体流程分为决策阶段、实施阶段以及项目后评价三个主要阶段。其中，实施阶段包括设计前准备阶段、设计阶段、施工阶段、投入使用前准备阶段与保修阶段。

施工准备工作，即施工前所需进行的各项准备活动，旨在确保整个工程项目能够按照既定计划顺畅实施，具体内容包括技术准备、物资采购、人员配置、现场和外部环境的整理等，确保施工能够高效、快速、经济及安全地执行。施工准备是整个施工过程中极为关键的一环。

无论是对工程建设过程的全局规划，还是针对具体项目的特定方案设计，甚至是对细分子项工程的周密计划，建筑项目的正式开工实施过程均需伴随有效的施工准备活动。该活动不仅对施工阶段的工作任务和要求具有深远影响，而且更是施工管理的核心与关键环节，其目标在于确保工程安全、高效、有序地进行。施工准备的基本目的在于为正式施工创造最佳条件。做好施工准备工作具有下述几方面的意义：①施工准备工作是施工企业生产管理的重要环节。②施工准备工作标志着施工程序进入一个关键阶段。③充分的施工准备有助于降低施工风险。④完善的准备工作能够加快施工速度，提高工程质量，节约成本和资源，进而提高企业的经济效益。⑤施工准备工作能够激发备方面的积极性，优化人力和物力的组织。⑥施工准备工作为施工的顺利进行和工程的成功完成提供了坚实保障。

实践证明，施工准备的质量直接影响整个施工过程的顺利进行。重视并积极做好准备工作，可为项目的顺利进行创造条件；反之，忽视施工准备工作，必然会给后续的施工带来麻烦和损失，以致造成施工停顿、质量安全事故等恶果。

## 二、施工准备工作的分类

### （一）根据施工项目施工准备工作的范围进行分类

施工项目的施工准备工作根据其作用范围的不同，通常可以划分为以下三种类型：全场性施工准备、单位工程施工条件准备以及分部（分项）工程作业条件准备。

1. 全场性施工准备

全场性施工准备是指针对整个市政项目或一整个施工现场展开的施工准备活动。这类前期准备工作具有明显的共性，其目的在于确保施工现场的工作实现有效组织与协调，旨在为整项建设工程实施创造有利环境，同时需兼顾各独立单位工程施工前期的条件准备要求。这类前期准备工作直接影响建设工程的整体进度和质量，重要性不可忽视。

2. 单位工程施工条件准备

单位工程施工条件准备专注于针对单个建筑物或结构进行的准备活动。其特征为完全为该单位工程的施工需求服务，不仅要确保在施工开始前完成所有必要的准备工作，还要为后续的分部（分项）工程的施工准备提供支持。

3. 分部（分项）工程作业条件准备

分部（分项）工程作业条件准备是基础的施工准备工作，是以一个分部（分项）工程或冬雨期施工项目为对象而进行的作业条件准备工作。

### （二）根据施工阶段进行分类

根据拟建工程所处的不同施工阶段，施工准备工作通常分为开工前施工准备和各分部（分项）工程施工前准备两大类。

1. 开工前施工准备

开工前施工准备包括所有在拟建工程正式开工前进行的准备工作，目的是为工程的正式启动创造必要的施工条件，包括全场性施工准备和单位工程施工条件准备。

2. 各分部（分项）工程施工前准备

各分部（分项）工程施工前准备是在工程正式开工后，每个分部（分项）工程开始施工前所进行的所有准备工作，旨在为每个具体环节的顺利执行创造必要条件。这一阶段的准备工作具有局部性和短期性的特点，也是施工过程中经常性的准备活动，即作业条件的施工准备。

总体来说，施工准备工作不仅在工程启动前进行，还伴随整个工程的推进，以确保在每个施工环节前都能完成必要的准备。施工准备工作需要既具有阶段性又保持连贯性，意味着它必须按计划、分步骤、阶段性地展开，并穿插在整个工程项目建设的整个过程中。

因此，施工企业在项目施工过程中，一是要确保准备工作满足启动的必要条件，二是随着施工进度的推进和技术资料的完善，施工准备的内容和深度应当相应增强。

## 三、施工准备工作的基本要求

### （一）施工准备工作要有明确的分工

①建设单位需负责主要专用设备和特殊材料的采购、征地、申请建筑许可证、拆除障碍物以及连接场外施工道路、水源、电源等相关工作。

②设计单位的主要任务是进行施工图的设计以及设计概算等相关工作。

③施工单位主要负责分析整个建设项目的施工布局，进行调查研究，收集相关资料，编制施工组织设计，并完成相应的施工准备工作。

### （二）施工准备工作应分阶段、有计划地进行

施工准备工作应分阶段、有组织、有计划、有步骤地进行。这一工作不仅应在开工前进行，而且应贯穿于整个施工过程。随着工程施工的逐步推进，各分部（分项）工程的施工准备工作也需要分阶段、有组织、有计划、有步骤地进行。为确保施工准备工作按时完成，应根据施工进度计划的要求，制订施工准备工作计划，并随工程进展及时组织实施。

### （三）施工准备工作要有严格的保证措施

①施工准备工作责任制度。
②施工准备工作检查制度。
③坚持基础建设程序，严格执行开工报告制度。

### （四）施工企业开工前要对施工准备工作进行全面检查

施工企业在单位工程的施工准备工作基本完成后，应对其进行全面检查，并在满足开工条件后及时向上级相关部门提交开工报告，获得批准后方可开工。单位工程应满足以下开工条件：

①施工图纸经过会审，且有会审纪要。
②施工组织设计已审核批准，并已进行交底。
③施工图预算和施工预算已编制并审定。
④施工合同已签订，施工许可证已办妥。
⑤现场障碍物已拆除或迁移，场内的"三通一平"（通水、通电、通路、地面平整）工作基本完成，满足施工要求。

⑥永久或半永久性的平面测量和高程控制点已建立，建筑物、构筑物的定位放线工作基本完成，满足施工要求。

⑦施工现场的临时设施已根据设计要求搭建，基本满足使用要求。

⑧工程所需的材料、构件、制品和机械设备已订购并陆续进场，保证开工和连续施工；先期使用的施工机具已安装完毕，并进行了试运转，确保能够正常使用。

⑨施工队伍已落实，已进行或正在进行必要的进场教育和技术交底，已到场或随时准备入场。

⑩现场安全施工规定已制定，安全宣传牌已设置，安全消防设施已就绪。

## 四、技术资料准备

### （一）熟悉、审查施工图纸和有关的设计资料

1. 熟悉、审查设计图纸的目的

①充分理解设计意图、结构特点、技术要求和质量标准，防止施工过程中的指导错误，确保施工符合设计图纸要求，生产出达到设计要求的工程产品。

②审查过程中发现的设计图纸问题和错误应在施工前得到纠正，并提供一份准确、完整的设计图纸以便及时修正，保障工程顺畅施工。

③结合实际情况，提出合理化建议和协调施工配合等事项，确保工程质量和安全，减少成本并缩短工期。

④使工程技术人员在工程开工前充分了解并掌握设计图纸的设计意图、结构特征和技术要求。

2. 熟悉、审查施工图纸的依据

①由建设单位和设计单位提供初步设计、技术设计、施工图设计、总平面图、土方竖向设计及城市规划等文件资料。

②通过调查收集的原始资料。

③设计和施工验收规范及相关技术规定。

3. 熟悉施工图纸的重点内容和要求

①审核工程地点和总平面图是否与国家、城市或地区规划相符，市政工程或建筑物的设计功能和使用要求是否满足卫生、防火和城市美化的要求。

②审查设计图纸是否完整、齐全，设计和资料是否符合国家关于工程建设的设计和施工政策。

③核对设计图纸与说明书内容是否一致，图纸及其组成部分是否存在矛盾或错误。

④检查总平面图与其他结构图在几何尺寸、坐标、标高和说明等方面是否一致，技术

要求是否准确。

⑤审查地基处理和基础设计是否与工程地点的水文、地质条件相符，以及市政工程与地下建筑或构筑物、管道之间的关系。

⑥确认工程的结构形式和特点，复查主要承重结构的强度、刚度和稳定性是否符合要求，审查设计中的复杂工程、施工难点及技术要求高的项目或新结构、新材料、新工艺，检验现有施工技术和管理水平是否能够满足工期和质量要求，并采取相应技术措施予以保障。

⑦明确建设期限、分期投产或交付使用的顺序和时间，以及工程主要材料、设备的数量、规格、来源和供货日期等方面。

⑧明确建设、设计和施工各单位间的协作、配合关系，以及建设单位能提供的施工条件。

4. 熟悉、审查设计图纸的程序

熟悉与审查设计图纸的程序一般包括自审阶段、会审阶段和现场签证阶段。

（1）自审阶段

施工单位在接收到拟建项目的设计图纸和相关技术文件后，应迅速安排相关的工程技术人员熟悉图纸和自我审查，并据此编写自审记录。这份记录需涵盖对设计图纸的疑问及对其的建议。

（2）会审阶段

会审阶段通常由建设单位负责主持，设计单位与施工单位共同参与，进行对设计图纸的集体审查。在会审开始时，设计单位的主要工程设计人员会向参会人员阐述项目设计的依据、目的以及功能需求，并提出针对特殊结构、新材料、新工艺及新技术的设计要求。接着，施工单位根依据之前的自审记录及对设计意图的理解，提出对设计图纸的疑问和建议。所有问题将在得到三方的共同理解后，需逐项记录下来，形成"图纸会审纪要"。该纪要由建设单位正式出具，各参与单位共同签字并盖章，作为技术文档并用以指导施工，同时作为建设单位与施工单位进行工程结算的依据，并纳入工程预算和技术档案中。施工图纸会审的重点内容主要有以下六项：

①审查项目地点和建筑总布局是否符合国家或地方的规划、是否与规划部门批准的项目规模和设计相一致，以及设计在功能和使用上是否满足健康、防火和城市美化等要求；

②审查施工图纸与说明书内容是否一致，图纸是否完整、无误，不同图纸及其各部分之间是否存在矛盾或错误，图纸中的尺寸、标高、坐标是否准确无误；

③审查地上与地下工程、土建与安装工程、结构与装修工程的施工图之间是否存在矛盾或可能发生干扰，以及地基处理和基础设计是否适合项目所在地的水文和地质条件；

④当项目采用特殊施工方法或特定技术措施，或工程复杂、施工难度大时，需要审查施工单位在技术、装备或特殊材料、构配件加工订货方面是否存在难题，是否能够满足施

工安全和工期要求,以及采取的方法和措施是否能达到设计要求;

⑤明确建设期限、分阶段投产或使用的顺序和时间,确立建设、设计与施工单位之间的协作和配合关系,以及建设单位能提供的施工条件、完成时间、设备种类、规格、数量以及到货日期等;

⑥设计和施工提出的合理化建议是否被全面或部分采纳,以及设计单位对图纸中不明确或有疑问之处是否提供了清晰的解释。

（3）现场签证阶段

在拟建工程施工过程中,以下情况需进行图纸的现场签证:一是施工条件与设计图纸存在不符之处;二是发现图纸中有错误;三是材料的规格或质量无法满足设计要求;四是施工单位提出合理化建议,需要及时修订设计图纸。

此时,施工企业应根据技术核定和设计变更的签证制度进行操作。若设计变更内容对工程的规模或投资产生较大影响,施工企业必须向项目原审批单位申请批准。所有施工现场的图纸修改、技术核定及设计变更资料,都需正式记录并纳入工程施工档案,这些资料将作为指导施工、竣工验收和工程结算的重要依据。

（二）调查研究、收集必要的资料

1. 施工调查的意义和目的

通过调查分析原始资料,施工调查能为编制合理、符合实际的施工组织设计文件提供全面、系统、科学的依据,为图纸会审、编制施工图预算和施工预算提供依据,并为施工企业管理人员进行经营管理决策提供可靠的依据。

施工调查分为投标前和中标后两个阶段。投标前的施工调查旨在了解工程条件,为制定投标策略和报价提供服务;中标后的施工调查旨在明确工程环境特点和施工条件,为选择施工技术与组织方案收集基础资料,作为准备工作的依据,是建设项目施工准备工作的重要组成部分。

2. 施工调查的步骤

（1）拟定调查提纲

原始资料调查应有计划、有目的地进行。在调查工作开始之前,施工单位应根据拟建工程的性质、规模、复杂程度等涉及的内容,以及当地的原始资料,拟定原始资料调查提纲。

（2）确定调查收集原始资料的单位

①向建设单位、勘查单位和设计单位调查收集资料,如工程项目的计划任务书、工程项目地址选择的依据资料,工程地质、水文地质勘察报告、地形测量图、初步设计、扩大初步设计、施工图以及工程概预算资料;

②向当地气象台（站）调查有关气象资料；

③向当地主管部门收集现行的有关规定及对工程项目的指导性文件，了解类似工程的施工经验，掌握各种建筑材料供应的情况、构（配）件与制品的加工能力和供应情况、能源与交通运输状况以及参加施工单位的能力和管理状况等；

④对缺少的资料，应委托有关专业部门加以补充；对有疑点的资料，要进行复查或重新核定。

（3）进行施工现场实地勘察

施工企业在进行原始资料调查时，不仅要向有关单位收集资料了解有关情况，还要到施工现场调查现场环境，必要时进行实际勘测工作，向周围的居民调查核实书面资料中的疑问和不确定的问题，使调查资料更切合实际和完整，并增加感性认识。

（4）科学分析原始资料

对于科学分析调查中获得的原始资料，施工单位应确认其真伪程度，去伪存真，去粗取精，分类汇总，与工程项目实际相结合；对原始资料的真实情况进行逐项分析，找出有利因素和不利因素，尽量利用其有利条件，采取措施防止不利因素的影响。

3.施工调查的内容

（1）调查有关工程项目特征与要求的资料

①与建设方和主要设计机构交流，获取可行性研究报告、选址依据、初步设计扩展等信息，其目的是深入理解项目的建设目标、任务及设计理念。

②明确设计规模和工程特色，并掌握生产流程及设备特性和来源。

③摸清工程分期、分批施工、配套交付使用的顺序要求、图纸交付的时间以及工程施工的质量要求和技术难点等。

（2）调查施工场地及附近地区自然条件方面的资料

建设地区自然条件调查内容主要包括建设地点的气候、地形地貌、工程地质、水文地质、周边环境、地面障碍物及地下潜在障碍等。这些资料主要来自当地气象站、工程勘察设计单位以及施工方的现场勘察和测量结果，旨在为确定施工方案、技术措施、编制施工组织计划及施工场地布局提供参考。

（3）建设地区技术经济条件调查

①地方建筑生产企业调查

地方建筑制造业，也称为建材生产单位，主要涵盖以下各类企业：建筑构件制造厂、木质产品工厂、金属结构制造厂、硅酸盐制品厂家、砖瓦厂、水泥厂、白灰生产单位以及建筑设备供应厂商等。这些企业的信息主要源于地方相关政府部门，包括规划、经济以及建筑业管理机构等。

此类企业的主要职能体现在为材料、构件、制品等货源的选择和供应方式的确定提供重要指导，同时在编制运输规划、协调施工现场布局以及准备临时设施等方面发挥关键作用。这些信息对于建筑项目的各环节均起到了关键的参考与决策支持作用。

②地方资源条件调查

地方资源的对象包括碎石、砾石、大石、沙石和工业废弃物（如矿渣、炉渣、粉煤灰）等，调查的作用是合理选用地方性建材，降低工程成本。

③地方交通运输条件的调查

在建筑工程建设过程中的主要运输方式通常包括水路运输、铁路运输、公路运输以及其他形式。上述运输方式的调查是为了全面了解当地交通运输设施的概况和资源状况，进而决定物料与设备的运输方式以及规划运输业务。

④水、电、蒸汽条件的调查

在建设项目施工过程中，水和蒸汽的供应是其必需的前提条件。这些资源的主要提供者通常来自当地的市政机构，如城市规划机构、电力供应公司以及电信运营商。这些资料的主要用途是作为选定用水、用电以及供应蒸汽方式的依据。

（4）社会生活条件调查

生活设施的调查旨在为建设工人的生活基地搭建及临时设施规划提供重要依据。调查内容主要包括以下几方面：

①周边可供施工使用的住房类型、大小、结构、具体位置、使用条件与满足施工需求的程度，以及附近的副食品供应、医疗卫生服务、商业服务条件、公共交通和邮电服务、消防和治安机构的支持能力等，对新开发区的施工项目尤为关键。

②调查附近的政府机关、居民区、企业分布及其人员的生活作息、习惯和交通状况，施工中的起重、运输、打桩、用火等活动可能带来的安全、防火风险、震动、噪声、粉尘、有害气体、废弃物处理等对周边居民的影响和防护措施，以及施工区域内外的绿化保护和文化遗产保护需求。

（5）其他调查

如涉及国际工程或境外施工项目，调查工作应覆盖更广泛的内容，包括对货币汇率的深入剖析、明确进出口流程以及海关规章的具体要求、针对项目所在地国家法律法规的全面调研，以及对当地政治和经济状况的深入探讨等。此外，施工企业必须详尽地了解业主的信用状况。这些信息对于项目的顺利执行具有至关重要作用，故应予以高度重视。

（三）编制施工组织设计

为了确保复杂的市政工程施工过程中各项任务能够有序进行，施工组织设计成了必不可少的工作。这项设计基于工程设计文件、具体工程情况、施工期限和调研资料，制订施工方案，包括确定各项工程的施工时间、顺序、方法、工地布局、技术措施、进度安排以及人力、机械、材料的调配和供应时间。鉴于市政工程的技术经济特性多样，不存在固定不变的施工方法，因此每个项目都需要单独制定施工组织方法，以作为组织和指导施工的重要参考。

### （四）编制施工图预算和施工预算

1. 编制施工图预算

作为技术准备的核心部分，施工图预算根据施工图的工程量、拟定的施工方法、工程预算定额及费用标准编制而成，是施工单位确定工程造价的重要经济文件。它对签订工程合同、工程结算、银行资金划拨、成本核算和加强管理等方面至关重要。

2. 编制施工预算

施工预算是根据施工图预算、施工图纸、施工组织设计或施工方案、施工定额等文件进行编制的，直接受施工图预算的控制。它在施工企业内部发挥着重要作用，用于控制成本支出、评估劳动力使用、进行"两算"对比分析、下达施工任务、实施材料领用限额和进行基层的经济核算。

施工图预算与施工预算在性质上存在显著区别。施工图预算是在甲方和乙方之间确定预算单价、建立经济联系的技术经济文件，而施工预算则专用于施工企业的内部经济核算。施工图预算与施工预算之间的消耗和经济效益比较，常称作"两算"对比，是帮助施工企业减少物资消耗、提高资源积累的一种重要方法。

## 五、施工物资准备

### （一）物资准备工作的内容

1. 材料的准备

材料准备的工作主要依据施工预算进行，需根据施工进度的计划要求以及综合材料的名称、规格、使用时期、储备和消耗定额进行汇总，从而制订出材料需求量计划。这一计划是为组织材料的准备、确定仓储位置与堆放区域的所需面积以及安排运输等工作提供依据。

2. 构配件与制品的加工准备

施工企业应针对施工预算中列出的构配件和制品的名称、规格、质量标准及消耗量，明确加工方案、选择供应渠道并规划其进场后的存储位置和方式，据此制订所需量的计划，为运输安排、堆场面积的确定等工作提供参考。

3. 施工机具的准备

施工企业应基于选定的施工方案和进度安排，明确施工所需机械设备的类型、数量及进场时间，并确定供应方式以及设备进场后的存放地点和存储方式，制订机械设备需求量计划，以便组织运输和确定设备堆放区域的面积。

4. 生产工艺设备的准备

施工企业应根据计划建设项目的生产工艺流程和设备布局图，列出所需工艺设备的名称、型号、生产能力及需求量，并规划设备的分批进场时间及存储方式，并据此编制出工艺设备的需求量计划，以协助运输组织和进场区域面积的计划。

### （二）物资准备工作的程序

物资准备工作的程序是确保物资准备顺利进行的关键环节，通常按如下程序进行：

①根据施工预算、各分部（分项）工程的施工方法以及施工进度的安排，制订材料、地方资源、构配件及制品、施工机具和工艺设备等的需求量计划。

②依据这些需求量计划，组织货源调配，确定加工和供应地点以及供应方式，并签署物资供应合同。

③基于物资需求量计划和签订的合同，制订运输计划和具体的运输方案。

④按照施工总平面图的要求，安排物资按计划时间进场，并在指定的地点以规定的方式进行储存或堆放。

### （三）物资准备的注意事项

①无出厂合格证明或未按规定复验的原材料、不合格的构配件坚决不允许进场使用。要严格执行物资进场审查验收制度，防止伪劣产品流入施工现场。

②在施工过程中，必须定期检查各种材料、构配件的质量及使用情况，对不符合质量要求、与原试验检测不一致或存疑的材料，应要求进行复试或化学检验。

③对现场配制的混凝土、砂浆、防水材料等，使用前必须通过试验室确认原材料规格和配比，并制定相应的操作方法和检验标准。

④对进场的机械设备必须开箱审查验收，确保其规格、型号、生产厂家和生产地点、出厂日期等信息与设计要求严格一致。

## 六、劳动组织准备

### （一）建立拟建工程项目的领导机构的原则

①依据工程项目的规模、结构特征及其复杂性，选定领导机构的成员和人数。

②实行合理分工与紧密合作的原则。

③选拔具有施工经验、创新能力和高效工作能力的人员加入领导团队。

④从工程管理的总目标出发，根据目标确定职能，依据职能设立机构和编制，按编制配备人员，并根据职责授权。

⑤普通单位工程配置项目经理、技术员、质量员、材料员、安全员、定额统计员和会计各一名即可；大型单位工程可为项目经理配备副手，且技术员、质量员、材料员和安全员的数量应适度增加。

### （二）建立精干的施工队伍

在组建施工队伍时，施工企业应仔细考量专业与工程的合理搭配，让技工与普工的比例满足合理的劳动组织需求。专业工种的工人必须持证上岗，以满足流水施工的需求。在确立施工队伍时，施工企业要遵循精干高效的原则，严格控制二线和三线管理人员的配置，追求人员多技能、多职能，并制订劳动力需求量计划。施工队主要分为基础施工队、专业施工队和外包施工队。

基础施工队是施工企业的骨干力量，应根据工程特点、施工方法和流水施工要求选择合适的劳动组织形式。一般而言，土建工程施工采用混合班组较为适宜，其特点是人员配置精简，以主要工种为主，兼顾其他工作，施工环节紧密衔接，提高了劳动效率，便于流水施工的组织。

专业施工队主要负责承担土方工程、吊装工程、钢筋气压焊施工及大型单位工程内的机电安装、消防、空调、通信系统等设备安装工程。这些具有专业性较强的工程也可以外包给其他专业施工单位完成。

外包施工队主要用于弥补施工企业劳动力的短缺。随着建筑市场的开放和施工企业结构的优化，施工企业越来越依赖外包施工队来共同完成施工任务。外包施工队主要有独立承担单位工程施工、承担分部（分项）工程施工和参与施工单位施工队伍的形式，前两种情况较为常见。

经验表明，施工企业不论采用哪种类型的施工队伍，都应遵循施工队伍和劳动力相对稳定的原则，以保证工程质量和提升劳动效率。

### （三）组织劳动力进场，妥善安排各种教育，做好职工的生活后勤保障准备

在施工开始前，企业需要对施工队伍进行劳动纪律、施工质量以及安全教育，强调文明施工的重要性，并对职工和技术人员进行培训，确保他们达到上岗标准。同时，施工企业特别注重职工生活后勤服务的准备工作，建造必需的临时住所，满足职工的住宿、文化生活、医疗卫生和日常生活供给需要。此外，为确保员工的身心健康并提高其物质和文化生活质量，施工企业应优化工作环境，包括改善照明装置、供暖系统、防水（雪）、通风

以及降温设备。

### （四）向施工队组、工人进行施工组织设计、计划和技术交底

施工组织设计、计划和技术交底的目标是详细说明拟建工程的设计要求、施工计划和施工技术，确保施工队伍和工人充分理解。这是实现计划和技术责任制的有效手段。在单位工程或分部（分项）工程开工前，施工企业应及时进行施工组织设计、计划和技术交底，以确保工程按照设计图纸、施工组织设计、安全操作规程和施工验收标准严格施工。

施工组织设计、计划和技术交底的内容包括：①工程施工进度计划、月（旬）作业计划；②施工组织设计，特别是施工工艺、质量标准、安全技术措施、成本降低措施和施工验收规范的要求；③新结构、新材料、新技术和新工艺的实施方案及其保障措施；④图纸会审中确认的设计变更和技术核定等事宜。交底工作应该层层进行，由高到低，直至工人队伍。交底方式包括书面、口头和现场示范等。

施工队伍和工人接受施工组织设计、计划和技术交底后，应组织成员进行详细分析和研究，明确关键部分、质量标准、安全措施和操作要点。必要时，应进行操作示范，明确各自的任务和分工合作，并建立完善的岗位责任制和保障措施。

### （五）建立健全各项管理制度

工地的管理制度建立与完善，是保证施工活动顺畅进行的关键因素。制度不被遵守会带来严重后果，缺乏制度则更加危险。因此，施工企业必须建立并完善以下工地管理制度，以确保工程质量和效率：①工程质量检查与验收制度，保障工程质量达到标准；②工程技术档案管理制度，确保技术资料完整、可追溯；③材料（构件、配件、制品）的检查验收制度，确保材料质量符合要求；④技术责任制度，明确技术工作责任；⑤施工图纸学习与会审制度，保证施工团队在施工前充分理解图纸要求；⑥技术交底制度，确保施工人员了解技术要点；⑦职工考勤、考核制度，提高职工纪律性和工作效率；⑧工地及班组经济核算制度，加强成本控制；⑨材料出入库制度，有效管理材料存储和使用；⑩安全操作制度，确保施工现场安全。这些措施共同构成了工地管理的基础，对维护施工顺利进行具有重要意义。

## 七、施工现场准备

### （一）拆除障碍物，现场"三通一平"

#### 1.平整施工场地

施工现场的平整工作是按照总平面图的规划进行的。首先，施工团队通过测量计算挖

土和填土的量，设计土方调配方案，并组织人力或机械进行平整工作，如果拟建场地内有旧建筑物则需要拆迁；同时，施工团队应清理地面上的各种障碍物（如树根等），并特别注意地下管道、电缆等的保护或拆除措施。

2. 修通道路

施工现场的道路是物资进场的重要通道。为了保证建筑材料、机械、设备和构件及时进场，施工团队必须先修通主要干道和必要的临时道路。为了节省工程费用，施工团队应尽可能利用现有道路或结合正式工程的永久性道路。为了避免施工损坏路面并加快修路速度，施工团队可以先建设路基，施工完成后再铺设路面。

3. 水通

施工现场的水通包括给水和排水两方面。施工用水包括生产与生活用水，其布置应按照施工总平面图的规划进行。施工给水设施应尽量利用永久性给水线路。临时管线的铺设既要满足生产用水点的需要又要尽量缩短管线长度。施工现场的排水也非常重要，尤其是在雨季，排水问题会影响施工的顺利进行，因此施工企业应做好有组织的排水工作。

4. 电通

根据施工机械的用电量和照明的用电量，施工企业应选择合适的配电变压器，并与供电部门联系，按照施工组织设计的要求，架设工地内外的临时供电和通信线路。同时，施工企业应注意保护建筑红线内及现场周围不允许拆迁的电线、电缆，还应考虑在供电系统供电不足或不能供电时，使用备用发电机以满足施工现场的连续供电需求。

### （二）交接桩及施工定线

施工单位中标后，应及时与设计、勘察单位一起进行交接桩工作。交接桩时，主要交接的内容包括控制桩的坐标、水准基点桩的高程、线路的起始桩、直线转点桩、交点桩及其护桩、曲线及缓和曲线的终点桩、大型中线桩、隧道进出口桩等。交接桩的过程中一定要有经各方签字的书面材料存档。

### （三）做好施工场地的测量控制网

施工企业应依据设计单位提供的工程总平面图及城市规划部门确定的建筑红线桩或控制轴线桩和标准水准点，进行测量放线工作，在施工现场内建立平面控制网和标高控制网，并确保其控制点的准确性和安全；同时，需测量确定建筑物、构筑物的定位轴线、其他轴线以及开挖线等，并对这些控制点进行保护，作为施工执行的基准。此项工作通常在土方开挖前完成，通过在施工场地内部部署坐标控制网和高程控制点实施，其布置需根据工程规模和控制精度要求决定。测量放线是确立工程平面位置和标高的关键步骤，必须严格执行，保证测量的准确无误。因此，在开始测量前，施工企业应对测量设备（如测量仪器、钢尺等）进行检查和校准，明确设计意图，深入了解并复核施工图纸，制订测量放线计划。根据设计单位提供的总平面图和指定的永久性经纬坐标控制网及水准控制基点进行施工测量，建立施工测量控制网。同时，核实规划部门提供的红线桩或控制轴线桩和水准点，如遇问题，应立即联系建设单位处理。

### （四）临时设施的搭建

为保障施工的便捷性和安全性，施工企业应将指定的施工用地周界用围挡封闭，其形式和材料需遵守当地管理部门的相关规定和要求，并在主要出入口设置清晰的标识牌，注明工程名称、施工单位、现场负责人等信息。施工现场所需的生产、办公、生活、福利等各类临时设施，应向规划、市政、消防、交通、环保等相关部门申请审批，并根据施工平面图所确定的位置和尺寸进行搭建，禁止随意搭建。

为满足生产和生活需求的临时设施，如各类仓库、混凝土搅拌站、预制构件厂、机械修理站、各种生产作业棚、办公房、宿舍、食堂以及文化生活设施等，都应根据审批通过的施工组织设计，按规定的数量、标准、面积和位置组织建设。大型和中型项目可以逐批逐期进行建设。

此外，施工团队搭建施工现场的临时设施时，应优先考虑使用现有建筑，以尽量减少临时设施的数量，节约土地资源和降低投资成本。

在完成上述准备工作之外，还需要进行以下几项现场准备：

①进行施工现场的补充勘察，旨在深入探查干枯井口、防空洞、古墓葬、地下管道、暗沟和枯萎树根等潜在隐患，确保及时准确掌握它们的具体位置，并制订相应的处理计划。

②做好材料和构件的现场存储及堆放，根据材料和构件的预计需求组织运送到现场，并依据施工平面图所示的位置和区域进行合理存放。

③组织施工机械进场并进行安装与调试，按照施工机械的需求量计划安排机械运抵现场，并根据施工总图的规划将机械放置在指定的位置或仓库内。对于固定机械，需进行定位、搭建棚户、接通电源、进行保养和调试等工作。所有施工机械都应在工程开工前完成检查和试运行。

④为冬季施工做好现场准备，包括消防和安全设施的设置，根据施工组织设计的要求，确保冬季和雨季施工的临时设施及技术措施到位，并依据施工总平面图进行布局，建立消防、安全等机构和制定相关制度，安排好消防、安全等预防措施。

## 第二节 市政工程施工组织

### 一、市政工程施工组织设计的概念

市政工程施工组织设计是指在工程项目开工前，施工企业依据设计文件、业主及监理工程师的要求，考虑主观与客观条件，对预建工程项目的施工全过程进行人力、物力、时间、空间、技术和组织等方面的一系列筹划和安排。它作为指导预建工程项目进行施工准备和正常施工的基本技术经济文件，具有非常重要的作用。

市政工程施工组织设计，作为一份全面指导预建工程项目的文件，旨在尽量适应施工安装过程的复杂性和特定施工项目的特殊性。同时，它还力求保持施工生产的连续性、均衡性和协调性，目的是实现生产活动的最优经济效果。

### 二、市政工程施工组织设计的作用

市政工程施工组织设计在各项市政工程中扮演着极其重要的规划、组织和指导角色，具体体现在以下几方面：

①市政工程施工组织设计是施工准备工作的重要组成部分，也是各项施工准备工作的指导依据。

②市政工程施工组织设计能体现基本建设计划和设计要求的实现，进一步验证设计方案的合理性与可行性。

③市政工程施工组织设计确切的施工方案、施工进度等，成为开展紧凑、有序施工活动的技术依据。

④市政工程施工组织设计通过提出的资源需求量计划，直接为物资供应提供必要的数据支持。

⑤市政工程施工组织设计对现场进行规划与布置，既创造了文明施工的条件，也为现场平面管理提供了依据。

⑥市政工程施工组织设计对施工企业的施工计划具有决定性和控制性的作用。施工计划是基于施工企业对市场的科学预测和中标结果，结合企业自身情况制订的，而市政工程施工组织设计则是根据具体的预建工程对象的开竣工时间编制的指导性文件。因此，市政工程施工组织设计是制订施工企业施工计划的基础，并且应当与企业的施工计划相互配

合，共同发挥作用，互为依据。

## 三、市政工程施工组织设计的分类及任务

### （一）指导性市政工程施工组织设计

指导性市政工程施工组织设计，是施工单位在参与工程投标时，依据工程招标文件的规定，结合本单位的实际情况所编制的。这份设计旨在为市政工程施工的有序进行提供指导。

### （二）实施性市政工程施工组织设计

在工程项目中标之后，对于各市政工程及其分部工程，施工企业需在先前的指导性市政工程施工组织设计基础上，分别制定实施性市政工程施工组织设计。

### （三）特殊工程市政工程施工组织设计

在特定条件下，某些工程的特殊性要求施工企业编制出具体针对性的市政工程施工组织设计。这类设计通常适用于一些特别重要或复杂，或是在施工经验上存在不足的分部（分项）工程，如复杂的桥梁基础工程、车站的道岔铺设工程、特大型构件的吊装工程、隧道施工中的喷锚工程等。为了确保这些工程施工的进度和质量，制定专门的市政工程施工组织设计尤为必要。这种特殊的设计在施工的开始和完成时间上，需要与总体市政工程施工组织设计保持一致。

## 四、市政工程施工组织设计的编制

### （一）市政工程施工组织设计编制的要求与原则

1. 市政工程施工组织设计的编制要求

①技术负责人应当组织施工技术人员、物资装备管理人员和工程质量检查人员学习和熟悉合同文件及设计文件，明确分工，限时完成任务，并设定考核措施。

②市政工程施工组织设计应包含目录，并在目录中明确各部分的编制人员。

③尽量运用图表和示意图，实现图文并茂的效果。

④应附上工程主要结构的缩小比例平面图和立面图。

⑤如遇工程地质条件复杂，应补充必要的地质资料（如图纸、岩土力学性能试验报告）。

⑥多人合作完成的市政工程施工组织设计，须由工程技术主管进行统一审核，以免内容重复或遗漏。

⑦选定的施工方案若与投标时的方案存在较大差异，则必须获得监理工程师和业主的认可。

⑧市政工程施工组织设计应在规定的时间内完成。

2. 市政工程施工组织设计的编制原则

①严格遵循合同条款或上级下达的施工期限，确保施工任务在质量和数量上按时完成，对工期较长的关键项目应根据施工情况编制单项工程的市政工程施工组织设计，以确保对整体工期的控制。

②严格遵守施工规范、规程和制度。

③科学合理地安排施工程序，在保证质量的前提下，尽可能缩短工期，加快施工进度。

④应用科学的计划方法确定最合理的施工组织方法，根据工程特点和工期要求，因地制宜地采用流水施工、平行作业，对复杂工程及控制工期的大型桥涵和高填方部位，通过网络计划进行优化，找出最佳的施工组织方案。

⑤采用先进的施工方法和技术，不断提高施工机械化和预制装配化水平，减轻劳动强度，提高劳动生产率。

⑥精打细算、开源节流，充分利用现有设施，尽量减少临时工程，降低工程成本，提高经济效益。

⑦落实冬季、雨季施工措施，确保全年连续施工，全面平衡人力和材料的需求，力求实现生产的均衡。

⑧妥善安排施工现场，确保施工安全，实现文明施工。

## （二）编制市政工程施工组织设计的资料准备

1. 合同文件及标书的研究

合同文件是承包工程项目的施工依据，也是编制市政工程施工组织设计的基本依据。施工企业对招标文件的内容要认真研究，重点厘清承包范围、设计图纸供应、物资供应以及合同及招标文件制定的技术规范和质量标准等内容。只有对合同文件进行认真全面研究，才能制定出全面、准确、合理的总设计规划。

2. 施工现场环境调查

在编制市政工程施工组织设计之前，要对施工现场环境进行深入的实际调查。调查的主要内容包括以下几方面：

①核对设计文件，了解拟建（构）筑物的位置、重点施工工程的情况等。

②收集施工地区的自然条件资料，如地形、地质、水文资料。

③了解施工地区的既有房屋、通信电力设备、给排水管道、墓地及其他建筑情况，以

便制订拆迁、改建计划。

④调查施工区域的技术经济条件。

3. 各种定额及概、预算资料

编制市政工程施工组织设计时，施工企业需要收集有关的定额及概算（或预算）资料，如设计采用的预算定额（或概算定额）、施工定额、工程沿线地区性定额、预算单价、工程概算（或预算）的编制依据等。

4. 施工技术资料

合同条款中所规定的各类施工技术规范、操作规程以及安全作业规程等均需施工企业收集。此外，还应收集关于施工的新工艺、新方法、操作新技术及新型材料、机具等相关资料。

5. 施工时可能调用的资源

因施工进度受资源供应限制，在制订具体的市政工程施工组织计划时，施工企业需具备关于详细且准确资料的资源状况。在制订施工方案及施工组织计划时，资源供应信息也可由建设单位提供。施工中可能需调用的资源包括劳动力的数量与技术水平、施工机械的种类与数量、外购材料的来源与数量、各类资源的供应时间等。

6. 其他资料

其他资料包括施工组织与管理中的相关政策规定、环境保护条例、上级部门对施工的相关规定以及工期要求等。

## （三）市政工程施工组织设计的内容

1. 工程概况

①概述工程名称、施工单位、建设单位及监理机构、设计单位、质量检测站名称、合同的开工及施工日期以及合同价（中标价）。

②简述拟建工程的地理位置、地形地貌、水文、气候、降雨量、雨季、交通运输、水电等基本情况。

③说明施工组织机构的设置及各职责部门之间的关系。

④提供工程结构、规模、主要工程数量的信息。

⑤指出合同中的特殊要求，如业主提供的结构材料、指定的分包商等。

2. 施工总平面部署

①简述可用的土地、设施、周边环境、环保要求、邻近的房屋、农田、鱼塘等，及需要保护或注意的情况。

②施工总平面布局应通过平面图表现，并标出拟建工程的平面位置、生产区、生活区、预制场、材料场、爆破器材库等位置。

③施工总平面布局可通过一张或多张相关图表现；无法通过图表现的内容，应以文字形式简要叙述。

**3. 技术规范及检验标准**

①明确本工程采用的施工技术规范和质量检验评定标准。

②列出本工程使用的作业指导书的编号和标题。

**4. 施工顺序及主要工序的施工方法**

（1）施工顺序

通常以流程图表示各分项工程的施工顺序及其相互关系，必要时附加文字说明。

（2）施工方法

施工方法是市政工程施工组织设计的重点内容，涉及主要分项工程的施工方式，特别是技术难度大、工种复杂、机械设备需协同作业且经验较少的工序和结构关键部分，对常规施工工序则简要阐述。

**5. 质量保证计划**

①明确工程质量目标。

②制定质量保证措施。

**6. 安全劳保技术措施**

①包括安全合同、安全机构设置、施工现场及人员的安全措施。

②对于水上、高空、夜间作业、起重安装、预应力张拉、爆破作业、汽车运输和机械作业等，实施相应的安全措施。

③实行安全用电、防水、防火、防风、防洪、防震等措施。

④对机械、车辆及多工种交叉作业的安全措施。

⑤确保操作者在安全环保的工作环境中作业，及其所需采取的措施。

⑥在拟建工程施工过程中，采取工程本身的防护和防碰撞措施，并维护交通安全的标志。

⑦遵循行业及公司的各项安全技术操作规程和预防事故的规定。

⑧由项目部安全部门负责人审核并最终确定本措施。

**7. 施工总进度计划**

①施工总进度计划通过网络图和横道图表示。

②计划需要根据分项工程划分，并明确工程数量。

③关键线路（工序）以粗线条（或双线）表示，并在必要时标明每日、每周或每月的施工强度，如混凝土浇筑量××$m^3$/日、砌体量××$m^3$/周。

④根据施工强度，配备相应的机械设备。

8.物资需用量计划

①物资需用量计划通过表格展示,并区分施工材料和用料。

②明确物资是由业主提供还是自行采购。

③按月提出物资需求量,以分项工程计算需用量。

④物资需用量计划包含物资计划汇总表,汇总各种规格、型号的物资。

9.机械设备使用计划

①机械设备使用计划通常用横道图表示。

②说明所需机械设备的名称、规格、型号和数量。

③标明设备的最迟进场时间和总使用时间。

④说明某设备是租用还是自购。

10.劳动力需用量计划

①劳动力需用量计划通过表格形式展示。

②区分各技术工种和普杂工,并根据总进度计划,按月列出需用人数,统计各月工种的最多和最少人数。

③说明本单位各工种现有人数和需调配或雇用的人数。

11.大型临时工程

①大型临时工程是指为完成工程所修建的大规模临时性工程,包括混凝土预制场、混凝土搅拌站、装拼式龙门吊和架桥机、架梁基地、铺轨基地、悬浇混凝土挂篮、大型围堰、大型脚手架和模板、大型构件吊具、塔吊、施工便道和便桥等。

②所有大型临时工程均需进行设计计算、校核,并出具施工图纸,同时编制各类计划和制定相应的质量保证与安全劳保技术措施。

③需要单独编制施工方案的大型临时设施工程,其设计前后均应由公司或项目部组织有关部门和人员对设计提出要求和进行评审。

12.其他

①若施工准备阶段较长且工作繁多,必须编制施工准备工作计划。

②需制订半成品(预制构件、钢结构加工件)使用计划。

③应编制资金使用计划。

④需制订成本降低及控制措施计划。

### (四)市政工程施工组织设计编制的程序和步骤

1.计算工程量

在指导性市政工程施工组织设计中,工程量的计算通常依据概算指标或类似工程,无须过于精确,仅需关注几个主要项目,如土石方、混凝土、砂石料、机械化施工量等即可。对于实施性市政工程施工组织设计，要求精确计算以确保正确估计劳动力和资源需求，便于规划合理的施工组织和作业方式，保障施工有序、均衡进行。需要注意的是，确定施工方法后，某些工程量可能需要进行调整，如土方工程的方法变更可能导致工程量的增加，同时取消部分支撑工料。这类调整应在施工方法确定后进行。

2. 确定施工方案

在指导性市政工程施工组织设计中，施工企业应主要针对重大问题制定原则性规定，如隧道工程的开挖方法、工期安排以及各市政工程之间的衔接和主要施工方法。而实施性市政工程施工组织设计则在此基础上具体化，重点研究施工方法选择和施工机械的使用。

3. 确定施工顺序，编制施工进度计划

施工企业应考虑结构部分间的依赖关系和组织方面的施工顺序，如基础施工的起始点选择对工期的影响。合理的施工顺序可以缩短工期，施工企业应根据具体施工条件不同，设计合理的作业施工顺序。例如，当模型板和混凝土吊装设备受限时，施工企业应根据模板和吊装设备的使用安排施工顺序。施工进度安排应采用流水作业法，利用网络计划技术找出关键作业和线路，以便于施工控制。

4. 计算各种资源的需要量和确定供应计划

指导性市政工程施工组织设计基于工程量和相关标准或定额计算资源需求，只包含主要内容，计算时留有余地以避免实施性设计时的矛盾；实施性设计则根据工程量和定额或历史数据决定工人日需求量，机械使用数量和时长，以及材料和预制品的种类、数量及供应计划。

5. 平衡各类需求量

施工企业应平衡劳动力、材料物资与施工机械的需求量，同时对进度计划进行修正。

6. 设计施工现场的各项业务

施工企业应规划施工现场的各项设施，包括水、电、道路、仓库、施工人员住宅、修理车间、机械停放库、材料堆放区及钢筋加工区等的布局和临时建筑。

7. 设计施工平面图

施工企业应确保生产要素在空间布局上合理、互不干扰，以加快施工进度。

## 五、市政工程施工方案的制定

施工方案是基于设计图纸和说明书，确定施工方法、机械设备选择、施工顺序及作业组织形式的计划，旨在组织工程施工活动。施工方案一旦确定，便基本上决定了整个工程的施工进度、所需劳动力与机械量、工程成本及现场情况等。因此，施工方案的优劣在很大程度上影响着市政工程的施工组织设计质量及施工任务的完成情况。施工方案包含施工方法与机械选择、施工顺序合理安排、作业组织形式及各种技术与组织措施等内容。

### （一）施工方案制定的原则

①施工企业在制订方案时必须基于实际，考虑现场实际情况及实施可能性，所提出的方案在资源和技术要求上应与当时的条件或短期内可获得的条件相匹配，否则将难以实施。

②施工方案的制订必须满足合同规定的工期要求，确保施工企业根据工期要求进行生产，确保按时交付，发挥投资效益。

③施工方案的制订还必须保证工程质量和施工安全。工程建设要求质量第一，确保施工安全是每个员工的权利和社会的期待。因此，在制订方案时，施工企业应充分考虑工程质量和施工安全，提出相应的技术和组织措施，确保方案完全符合技术规范、操作规范和安全规程的要求，包括但不限于工序质量控制标准、岗位责任制、经济责任制及质量保障体系等。

④在合同价格控制下，努力降低施工成本，使方案更经济合理，提高施工生产盈利。从施工成本的直接和间接费用中寻找节省途径，通过控制直接消耗、减少非生产人员和挖掘潜能，将施工成本降低到最低限度，不超过合同价格，以获得良好的经济效益。

### （二）施工方法的选择

施工方法是施工方案的核心内容，对工程的实施起着决定性作用。在确定施工方法时，施工企业应慎重考虑，特别是对于采用新技术、新工艺、对工程质量有重要影响的项目，以及工人操作熟练度不足的项目需详细具体地阐述。这不仅包括拟定该项目的操作流程和方法，还应明确质量要求及实现这些要求的技术措施，并预测可能出现的问题，提出预防及解决问题的策略。对于常规性工程和传统施工方法可以适当简化处理，但仍需明确工程的特殊要求。

**1. 施工方法选择的依据**

正确选取施工方法是确立施工方案的关键环节。在众多施工过程中，施工企业可以采用多样的施工方法，每种方法都有其独特的优势和局限，关键在于从多个可行的施工方法中挑选出最合适、最经济的一种。选择施工方法的依据主要包括以下内容：

①工程特点，主要包括工程项目的规模、结构、工艺要求和技术标准等。

②工期要求，需明确整个工程及各分部、分项工程的工期，判断工期是紧急、正常还是宽裕。

③施工组织条件，包括气候等自然条件、施工单位的技术和管理水平、所需的设备、材料和资金的可获得性。

④标书、合同要求，主要是招标文件或合同中对施工方法的具体要求，如要求施工方法必须确保现有工程的安全和交通的畅通。

⑤设计图纸，是指根据设计图纸的规定确定施工方法，如隧道施工设计要求采用特定施工方法以确保质量、安全并满足工期要求。

⑥施工方案的基本要求，是指依据施工方案制订的基本标准来确定施工方法，对任何工程项目都存在多种施工选择，选用何种施工方法将深刻影响施工方案的细节。

2. 施工方法的确定与机械选择的关系

一旦施工方法确定，对机械设备的选择必须满足其要求，施工组织的安排也需基于此。在现代化施工条件下，确定施工方法往往与选用施工机械紧密相关，有时这甚至是最关键的考虑因素。例如，在桥梁基础工程的施工中，仅钻孔灌注桩这一环节，就有多种施工机械可选，如潜孔钻、冲击式钻机、冲抓式钻机或旋转式钻机等。一旦选择了钻机类型，施工方法随之确定。

由于施工工具和材料的限制，施工企业可能只能选择一种施工方案，该方案未必是最优的，但别无他选。此时，施工企业应从该方案出发，制定更优的施工序列，以实现更好的经济效益，补偿方案选择的限制。

## （三）施工机械的选择和优化

施工机械对施工工艺和方法有直接影响，是现代化大规模生产的重要标志，对加速建设进度、提升工程质量、确保施工安全、节约工程成本具有至关重要的作用。

因此，选择施工机械成为确定施工方案的重要环节，主要考虑以下几方面：

①应优先使用施工单位现有的机械，以减少资金投入，最大限度地发挥现有设备的效率。若现有机械无法满足工程需求，可考虑租赁或购买新机械。

②机械类型需符合施工现场条件，如地质、地形、工程量和施工进度等，尤其是工程量和进度计划。通常，大型工程应使用大型机械以保证进度和经济效益；小型工程则应使用中小型机械，但也需考虑实际情况。

③为便于现场管理和减少转移，同一建筑工地上使用的施工机械种类和型号应尽量减少。大工程量的项目应使用专用机械，小而分散的项目则应选择多功能施工机械。

④所选机械的运行费用应当经济，避免使用过大的机械进行小规模作业。机械选择应以满足施工需求为目的，避免因设备规模不当导致的高额运行费用。

⑤施工机械的合理组合至关重要，施工企业应考虑各种机械之间的有效搭配，这关乎机械是否能发挥最大效率。合理的组合不仅涉及主辅机械的配合，也包括作业线上各种机械的互相支持。

⑥选择施工机械时施工企业应全面考虑，不仅关注当前工程，还应考虑同一现场或附

近其他工程的设备使用需求。从整体角度出发，比局部考虑更能确保机械选择的合理性。例如，几个工程需要的混凝土量大，而又不能相距太远，采用混凝土拌和机比多台分散各工程的拌和机要经济得多。

### （四）施工顺序的选择

施工顺序关乎施工过程或分项工程之间的先后排列，是施工方案编制中的关键环节。合理的施工顺序能够提升施工效率，减少人力及机械的空闲时间，最大化利用工作面，避免施工过程中的相互干扰，实现施工的均衡与连续。这样既不增加资源消耗，又能加快工期和降低成本，体现了科学的施工组织原则。

1. 确定施工顺序应考虑的因素

（1）综合考虑施工过程中的相互关系来确定施工顺序

在施工过程中，相邻的工序间总是存在先后关系，有的由施工技术要求决定，不可改变，有的则具有一定灵活性。例如，多个市政工程的施工项目就面临如何合理安排施工顺序的问题。比如在机械化施工的路基土方工程中，必须先完成小桥涵工程，并确保其承载强度，为后续工作提供条件；若涉及人工施工的土方项目，小桥涵可与土方工程同步进行。这些均需通过全面规划来解决。

（2）施工方法和机械要求的考量

以桥梁工程的钻孔灌注桩为例，使用钻孔机进行钻孔时，不能按相邻桩的顺序施工，以避免坍孔现象。间隔施工虽增加钻机移动次数，却是保证钻孔安全、加快进度的必要措施。因此，合理安排桩基施工顺序，既能减少钻机的移动，又能保障施工安全和效率。

（3）施工工期与组织要求的考虑

施工顺序与工期紧密相关，工期的要求会影响施工顺序的选择。如某些建筑物因工期紧迫，可能采用逆序施工法，导致施工顺序的大幅调整。在多种可能的施工方案中，施工企业还需综合施工组织的要求，通过方案分析比较，选出经济合理的施工顺序。

（4）施工质量要求的考虑

在确定施工顺序时，确保工程质量是首要条件。面临可能影响工程质量的情况时，施工企业应重新考虑施工顺序或采取相应的技术措施。

（5）地方气候和水文条件的考虑

施工顺序安排需考虑气候因素的影响（如冬季、雨季、台风等），尤其是对气候变化敏感的工程分项。例如，在南方施工需结合雨季安排施工顺序，严寒地区的施工则应考虑冬季施工特点。桥梁工程更需注意水文资料，优先考虑枯水季节施工河中基础。

（6）安排施工顺序时应考虑经济和节约，降低施工成本

合理安排施工顺序能够促进材料的快速周转，并尽可能减少所需设备的数量。科学规划施工顺序可以有效缩短施工周期，从而减少管理费用、人工成本和机械使用费用，而无须额外增加资源投入，有效降低了整个工程的成本，为项目带来了明显的经济效益。

（7）考虑施工安全要求

在规划施工顺序时，施工企业必须确保各施工环节的衔接不会引发安全隐患，防止安全事故的发生。

2. 确定合理施工顺序的方法

合理的施工顺序保证了后续工作只有在前序工作提供必要条件后才能启动，同时确保了前序工作的连续性和顺畅进行。为了确定同一类工程的最佳施工顺序，从而提高施工的经济效益，施工企业可以参照约翰逊-贝尔曼法则，该法则主张先安排施工周期短的工作，以优化整体的施工计划。

（五）技术组织措施的设计

技术组织措施是施工企业为了完成施工任务、确保工程进度、提升工程质量和降低成本而采取的技术与组织上的措施。企业应将技术组织措施的编制视为提升技术能力、改善经营管理的关键环节，并予以重视，通过制定技术组织措施，结合公司的具体情况，积极学习和借鉴同行业的先进技术和有效的管理经验。

1. 技术组织措施的主要内容

技术组织措施的主要内容包括：①提升劳动生产率、提高机械化水平、加快施工速度等措施，如推广新技术、新工艺、新材料，改进施工设备的管理，提升设备的完好率和使用率，以及科学的劳动组织等。②提高工程质量、确保生产安全的技术组织措施。③节约施工资源，包含节省材料、能源、燃料及降低运输成本的措施。④为使技术组织措施的编制常态化和制度化，企业应分阶段制订施工技术组织措施计划。

2. 工期保证措施

（1）施工准备抓早抓紧

施工企业应尽早完成施工准备工作，细致复核图纸，并进一步优化市政工程的施工组织设计，确保重大施工方案的实施，积极与业主及相关单位协调，办理征地拆迁等手续；主动改善与地方的关系，争取地方政府及相关部门的支持；遇到可能影响进度的情况时，应及时进行统筹安排和调整，以确保整体工期不受影响。

（2）采用先进管理方法动态管理施工进度

施工企业应根据施工组织的进度和工期要求，及时更新市政工程的施工组织设计和施工方案，并向监理工程师提交审批；根据施工过程中的变化，持续对施工进度的技术组织

措施进行设计和优化，确保工序的有效衔接及施工资源的合理配置。

（3）建立多级调度指挥系统

施工企业应全面且及时地掌握施工进度中的问题，并迅速、准确地解决，以减少工程交叉和施工干扰；对关键问题进行超前研究，及时调整工序和动态调配人力、财力、物资和设备，保证工程的顺畅和均衡发展。

（4）加强物资供应计划管理

施工企业应定期制订资源使用和进场时间计划，以确保施工顺利进行。

（5）优先保证关键工程的资源供应

对于控制工期的关键工程，施工企业应优先保证资源的供应，强化施工管理和控制措施，如实施昼夜值班制度，以及时调配资源和协调各项工作。

（6）合理安排冬季和雨季施工

施工企业应依据当地气象和水文资料，预见性地调整施工顺序和预防措施，确保工程能够有序且连续地进行。

（7）注重设计与现场校对，及时处理设计变更

由于地质变化常导致工程设计的变更，进而影响施工进度，因此施工企业需要协调各方面的关系，减少对施工进度的影响。例如，积极与监理沟通以获得认可，并与设计院协作，尽早提出设计变更等措施。

（8）确保劳动力的充足与高效

施工企业应根据工程需求，配置足够的技术人员和工人，并采取措施提升劳动者的技术水平和工作效率；加强施工管理，严格劳动纪律，实施劳动力的动态管理，优化人员组合，实现作业的专业化和规范化。

3. 保证质量措施

施工企业应确保工程质量的关键在于对常出现的质量问题制定有效的防治措施，实施全面质量管理，确立质量保证体系，并保持"PDCA循环"正常运作，全力执行国际质量认证标准。对新工艺、新材料、新技术和新结构的采用，必须制定针对性的技术措施，确保工程的质量符合标准。常见质量保证措施包括以下内容：

①设置质量控制机构，进行创优规划。

②强化教育培训，提升项目参与者的整体素质。

③增强质量意识，完善规章制度。

④为分部（分项）工程建立质量检查与控制措施，优化施工质量技术组织。

⑤对技术和质量要求较高、施工难度较大的任务，组建科技质量攻关小组，采取QC小组攻关方式，确保工程质量。

⑥全面实施并贯彻ISO 9000标准，项目启动前制订详尽的质量计划、编写工序操作指

南，保障工序及作业质量。

4. 安全施工措施

实施安全施工措施需遵循安全操作规程，预见并预防施工过程中可能出现的安全问题，避免重大安全事故和人员伤亡，减少一般事故发生，确保施工安全顺利进行。安全施工措施包括以下内容：

①全面实施并贯彻职业安全健康管理体系标准，项目启动前进行危险识别，建立安全管理制度和操作指导书。

②构建安全保障体系，设立专职安全员，归属质量检验部门，在项目经理及副经理指导下，执行安全保障工作。

③利用多种宣传教育工具和方法，培养员工安全第一的意识，强化安全意识，确立安全保障体系，实现安全管理的制度化和常态化教育。

④领导在安排生产任务时，需综合考虑安全生产情况，提出具体安全要求，将安全生产贯穿于施工全过程。

⑤严格执行定期安全教育、安全讲话和检查制度，设立安全监督岗位，发挥安全人员的作用，对安全隐患和事故进行及时处理，记录并改正，确保责任到人。

⑥施工前对临时结构进行安全技术交底，对临时结构进行安全设计和技术鉴定，合格后方可使用。

⑦土石方开挖工作必须遵循施工规范，炸药的运输、储存和使用严格遵守国家及地方安全法规，细致组织爆破作业，控制炸药量，确立爆破危险区，并采取有效防护措施，保障安全施工。

⑧架板、起重、高空作业技术人员上岗前需接受身体检查和技术评估，仅合格者方可操作。高空作业应依据安全规范，安装安全网、使用安全绳、佩戴安全帽，并配备必要的个人防护装备。

⑨施工现场建立的临时建筑、照明线路及仓库等必须满足防火、防电和防爆标准，配备充足的消防设备，并安装避雷装置。

5. 施工环境保护措施

为防止环境污染，特别是城市施工造成的污染，施工方案编制时应包含预防污染的措施。具体措施应覆盖以下几方面：

①积极实施和落实环境管理体系标准，项目开工前进行环境影响评估，制定环境保护管理制度及作业指导。

②开展施工环境保护意识的宣传教育，增强环境保护意识，自觉地进行环境保护。

③保护施工区域内的水土不流失、绿化覆盖和植被。

④禁止随意排放施工废油、废水及污水，必须经处理达标后方可排放。

⑤在人口密集地区施工，应采取措施防止噪声污染。

⑥对机械化程度高的施工场所产生的废气进行净化处理和控制。

**6. 文明施工措施**

施工企业应加强职工职业道德教育，制定文明施工的规范，在施工组织、安全质量管理和劳动竞赛中体现文明施工的要求，发挥其在项目管理中的积极作用。确保文明施工的具体措施如下：

①推进施工现场的标准化管理。

②改善工作条件，确保职工健康。

③深入开展调查，加强对地下现有管线的保护。

④完成的工程要做好保护工作。

⑤注意不扰民并妥善处理与地方的关系。

⑥广泛参与当地政府和居民的共建活动，促进精神文明建设，支持地方经济发展。

⑦尊重当地的风俗习惯。

⑧积极参与创建文明工地活动。

**7. 降低成本措施**

参与工程建设的施工企业，其终极目标是在保证工期短、质量高的基础上，实现经济效益最大化。因此，制定相应的降低成本措施至关重要。这些措施的拟定，应以施工预算为标准，并以企业或基层施工单位的年度、季度成本降低计划及技术组织措施计划作为编制依据；针对施工中具有较大降低成本潜力的项目（工程量大、可采取措施、具备条件的），需深入思考，提出具体措施，并计算其经济效益及指标，以便进行评价和决策。这些措施必须确保不损害质量，同时保障施工安全。降低成本的措施应涵盖节约劳动力、材料、机械设备费用、工具费、间接费、临时设施费及资金等方面。在降低成本、提升质量与缩短工期之间要妥善平衡，对措施进行经济效果评估。具体的降低成本措施如下。

（1）严格控制材料供应链

施工企业应对使用量大的主材进行统一招标，对零星材料进行货比三家，选用性价比高的材料；对原材料运输进行经济性比较，选定经济合理的运输方式，控制材料费用在投标价格范围内。

（2）科学组织施工，提升劳动生产率

施工企业应采用项目管理软件，通过细致、科学的分析制订具体计划，合理安排工序衔接，有效利用劳动力，尽量避免停工和窝工；施工过程中采纳先进工艺，提高机械化施工水平，实现劳动组织合理、工效及机械使用率高，达到定额先进的目标，实现投入产出比最大化，最大限度挖掘企业内部潜力。

（3）完善和建立各项规章制度

施工企业应完善和建立各项规章制度，强化质量管理，执行各项安全措施，进一步改善和实施经济责任制，明确奖惩。

（4）加强经营管理，降低工程成本

施工企业应制定技术先进、经济合理的市政工程施工组织设计，实地进行施工优化组合，细致计算人力、物资、设备的各种资源，确保有标准、有目标；优化施工平面布局，减少重复搬运，节省工时和机械费用；尽可能实现临时设施多功能利用，减少占地和造价，部分临时设施考虑租用民房以降低成本。

（5）降低非生产人员比例，减少管理费用

管理人员需具备良好管理、业务与公关能力，实现多技能全面发展。施工队直接由项目部进行管理，简化管理层级，以实现精干高效的一线作业，提升工作效率，实现管理费用最低化。

# 第二章　给排水工程概述

## 第一节　给水工程概论

### 一、给水系统

#### （一）给水系统的概念

给水系统是为保证城市、工业企业等用水的工程系统，它的任务是从水源取水，按照用户对水质的要求进行处理，然后将水输送到用水区，并向用户配水。给水包括生活用水、生产用水、消防用水以及道路浇洒、绿化用水等市政用水。

给水系统，按水源种类，可分为地表水给水系统和地下水给水系统；按供水方式，可分为重力（依靠水源所具有的位置水头）供水、压力（水泵加压）供水和混合供水等系统；按使用目的，可分为生活给水、生产给水和消防给水等系统；按服务对象，可分为城市给水、工业给水和铁路给水等系统。

在工程实践中，给水系统也可分为取水工程、净水工程和输配水工程三个组成部分。其中，取水工程包括取水构筑物和一级泵站；净水工程包括水处理构筑物和清水池；输配水工程包括二级泵站、增加泵站、输水管（渠）、配水管网、水塔和高地水池等。

#### （二）给水工程的组成

给水工程由取水构筑物、水处理构筑物、泵站、输水管（渠）和管网以及调节构筑物组成。

1. 取水构筑物

取水构筑物是指用以从地表水源或地下水源取得要求的原水，并输往水厂。

2. 水处理构筑物

水处理构筑物是指用以对原水进行水质处理,以符合用户对水质的要求,常集中布置在水厂内。

3. 泵站

泵站是指用以将所需水量提升到要求的高度,分为抽取原水的一级泵站、输送清水的二级泵站和设于管网中的增压泵站。

4. 输水管(渠)和管网

输水管(渠)是将原水送到水厂或将水厂处理后的清水送到管网的管(渠),前者称为原水输水管(渠),后者称为清水输水管;管网是将处理后的水送到各给水区的全部管道。

5. 调节构筑物

调节构筑物是指各种类型的贮水构筑物,如高地水池、水塔和清水池,用以贮存水量以调用水流量的变化。此外,高地水池和水塔还兼有保证水压的作用。

在以上组成中,泵站、输水管(渠)和管网以及调节构筑物等总称为输配水系统,或称为给水管网系统。从给水系统整体来看,它是投资最大的子系统,占给水工程总投资的60%～80%。

## 二、给水分类

给水工程是城市和工矿企业的一个重要基础设施,它必须保证以足够的水量、合格的水质、充裕的水压供应用户的用水,既要满足近期的需要,还要兼顾今后的发展。

### (一)生活用水

生活用水包括家庭、机关学校、部队、旅馆、餐厅、浴室等的饮用、洗涤、烹饪、清洁卫生等用水,以及工业企业内部工作人员的生活用水和淋浴用水等。生活用水量的多少随着当地的气温、生活习惯、房屋卫生设备条件、供水压力等情况而有所不同,影响因素很多。

生活用水又可分为饮用水和非饮用水两种。为保障人们的身体健康,给水工程供应的生活饮用水,必须达到一定的水质标准,以防止水致传染病(霍乱、伤寒、痢疾、病毒性肝炎等)的流行和消除某些地方病(氟斑牙、氟骨症、氟龋齿、甲状腺肿大等)的诱因。生活饮用水对水质的要求是:首先必须清澈透明、无色、无异臭和异味,即感观良好,使人们乐于饮用;其次是各种有害于健康或影响使用的物质的含量都不超过规定的指标。因环境污染日趋严重,水源中可能存在许多有害有毒物质,所以要施工企业严格执行国家对水质的要求。非生活饮用水对水质的要求可比饮用水低一些。

为了用户使用上的需要，生活用水管网的水压必须达到最小服务水头的要求。所谓最小服务水头是指配水管网在用户接管点处应维持的最小水头（从地面算起）。

## （二）生产用水

生产用水是指生产过程中所需用的水，如冶金、化工、电力、造纸、纺织、皮革、电子、食品、酿造及化学制药等工业，都需要数量可观的各种用途的生产用水。

工矿企业部门很多，生产工艺多种多样，而且工艺的改革、生产技术的不断发展等都会使生产用水的水量、水质和水压发生变化。因此，在设计工业企业的给水系统时，施工企业参照以往的设计和同类型企业的运转经验，通过工业用水调查获得可靠的第一手资料，以确定需要的水量、水质和水压是非常重要的。

各种生产用水的水量视生产工艺而定，并且随着科学技术的发展、工艺改革和水的复用率的提高等都会使生产用水量发生变化。某些工业企业不但用水量大，而且不允许片刻停水（如火电厂的锅炉、钢铁厂的高炉和炼钢炉等），否则会造成严重的生产事故和经济损失。

因此，施工企业设计工业企业生产给水系统时，应充分了解生产工艺过程和设备对给水的要求，并参照同类型工业企业的设计和运转经验，以确定对水量、水质和水压的要求。

## （三）消防用水

消防用水是指在发生火灾时，为扑灭火灾，保障人民生命财产安全而使用的水，一般是从街道消火栓或建筑物内的消火栓取水。

消防用水量一般较大，国家制定有相应的标准。室外消防用水按对水压的要求分为高压消防给水系统和低压消防给水系统。采用高压消防给水系统时，市政管道的压力应保证用水总量达到最大且水枪在任何建筑物的最高处时，水枪的充实水柱仍不小于10m；而采用低压消防给水系统时，市政管道的压力应保证用水总量达到最大灭火时最不利点的消火栓的水压不小于10m（从地面算起）。市政管网一般采用低压消防给水系统，灭火时由消防车（或消防泵）自室外消火栓中取水加压。

## （四）市政用水

市政用水包括道路洒水与绿地浇水。市政用水量应根据路面种类、绿化、气候、土壤以及当地条件等实际情况和有关部门的规定确定。市政用水量将随着城市建设的发展而不断增加。

## 三、给水工程规划

### （一）明确任务

施工企业在进行给水工程规划时，首先要明确规划设计的目的与任务，其中包括规划设计项目的性质，规划任务的内容、范围，有关部门对给水工程规划的指示、文件，以及与其他部门分工协议事项等。

### （二）收集资料

①规划和地形资料：包括近远期规划、城市人口分布、建筑层数和卫生设备标准，以及区域附近的区域总地形图资料等。

②现有给水设备概况资料：包括用水人数、用水量、现有设备、供水成本以及药剂和能源的来源等。

③自然资料：包括气象、水文及水文地质、工程地质等资料。

④对水量、水质、水压要求资料等。

### （三）制定规划设计方案

在给水工程规划设计时，施工企业通常要拟订几个较好的方案进行计算，绘制给水工程规划方案图，进行工程造价估算，对方案进行技术经济比较，从而选择最佳方案。

### （四）绘制工程系统图及文字说明

规划图纸的比例采用1/10000～1/5000，图中应包括给水水源和取水位置，水厂厂址、泵站位置，以及输水管（渠）和管网的布置等。

文字说明应包括规划项目的性质、建设规模、方案的组成及优缺点、工程造价、所需主要设备材料以及能源消耗等。此外，还应有附规划设计的基础资料。

## 第二节 给水管网布置

### 一、布置形式

给水管网（配水管网）是指将产品水从净水厂或一级供水系统的取水厂（站）输送到用户的网状管道系统。给水管网是给水系统的重要组成部分。给水管网布置合理与否对管网的运行安全性、适用性与经济性至关重要。

根据给水管网在整个给水系统中的作用，我们可将它分为输水管网和配水管网两部分。

#### （一）输水管网

从水源到水厂或从水厂到配水管网的管线，因为沿管线一般不连接用水户，主要起转输水量的作用，所以叫作输水管。另外，从配水管网接到个别大用水户去的管线，因沿线一般也不接用户管，此管线也被叫作输水管。

#### （二）配水管网

配水管网就是将输水管线送来的水，配给城市中用水户的管道系统。在配水管网中，各管线所起的作用不相同，因而其管径也各异，由此可将管线分为干管、分配管（或称配水支干管）、接户管（或称进户管）三类。

①干管的主要作用是输水至城市各用水城区，直径一般在100mm以上，在大城市为200mm以上。城市给水网的布置和计算，通常只限于干管。

②配水支管是将干管输送来的水量送入小区的管道。它敷设在每条道路下。配水管的管径要考虑消防流量来决定管径的大小。为了满足安装消火栓所要求的管径，不致在消防时水压下降过大，通常配水管最小管径，在小城市采用75~100mm，中等城市采用100~150mm，大城市采用150~200mm。

③接户管又称进户管，是连续配水管与用户的管道。

### 二、布置要求

①按照城市规划平面图布置管网，布置时应考虑给水系统分期建设的可能。

②管网布置必须保证供水安全可靠，当局部管网发生事故时，断水范围应减到最小。

③管线遍布整个给水服务区内，保证用户可以获得足够的水量和水压。

④力求以最短距离敷设管线，以降低管网造价和供水能量消耗。

## 三、布置分类

给水管网的布置可分为环状管网和树枝状管网两种。

### （一）环状管网

环状管网指供水干管之间都由另外方向的管道互相连通起来，形成许多闭合的环。一般在大中城市给水系统或供水要求较高时，或者对于不能停水的管网，均应采用环状管网。环状管网每条管都可以由两个方向来水，供水安全可靠性大，降低了管网中的水头损失，节省动力，管径可稍微减小。另外，环状管网还能减轻管内水锤的威胁，有利于管网的安全。环网的管线较长，投资较大，但供水安全可靠。

在实际工作中为了发挥给水管网的输配水能力，达到既工作安全可靠，又适用经济的目的，管网常采用树枝状与环状相结合的结构，如在主要供水区采用环状管网，在外围周边区域或要求不高而距离水厂又较远的地点，可采用树枝状管网，这样比较经济合理。

### （二）树枝状管网

树枝状管网的干管与支管的布置犹如树干与树枝的形态。其主要优点是管材省、投资少、构造简单；缺点是供水可靠性较差，一处损坏则下游各段全部断水，同时各支管尽端易造成"死水"区，在用水低峰管道内水的停留时间较长，导致水质恶化。这种管网布置形式适用于地形狭长、用水量不大、用户分散的地区，或在建设初期采用，后期再发展形成环状网。

居住区详细规划不会单独选择水源，而是由邻近的城市主干道下面的城市给水管道供水，街坊只考虑其最经济的入口。

# 第三节 排水工程概论

## 一、排水工程作用

1. 兴建完善的排水工程，将城市污水收集输送到污水处理厂经处理后再排放，可以起到改善和保护环境、消除污水危害的作用。

2. 保护环境是社会主义市场经济建设的先决条件，排水工程在我国经济建设中具有非常重要的作用。

3. 消除了污水危害，对预防和控制各种传染病和"公害病"，保障人民健康和造福子孙后代具有深远意义。

4. 污水经处理后可回用于城市，这是节约用水和解决水资源短缺的重要手段。

## 二、排水的分类

### （一）城市污水

城市污水通常是指排入城市排水管道系统的生活污水和工业废水的混合物，在合流制排水系统中，还可能包括截流入城市合流制排水管道系统的雨水。城市污水实际上是一种混合污水，其性质变化很大，随着各种污水的混合比例和工业废水中污染物质的特性不同而异。城市污水需经过处理后才能排入天然水体，灌溉农田或再利用。在城市和工业企业中，上述废水和雨水应当有组织、及时地排除，否则可能污染和破坏环境，甚至形成环境公害，影响人们的生活和生产乃至于威胁到人身健康。

1. 生活污水

生活污水是指人们日常生活中用过的水，主要包括从住宅、公共场所、机关、学校、医院、商店及其他公共建筑和工厂的生活间，如厕所、浴室、盥洗室、厨房、食堂和洗衣房等处排出的水。生活污水中含有较多有机物和病原微生物等污染物质，在收集后需经过处理才能排入水体，灌溉农田或再利用。

2. 工业废水

工业废水是指在工业生产过程中所产生的废水。工业废水水质随工厂生产类别、工艺过程、原材料、用水成分以及生产管理水管的不同而有较大差异。根据污染程度的不同，工业废水又分为生产废水和生产污水。不同的工业废水所含污染物质有所不同，如冶金、建材工业废水含有大量无机物，食品、炼油、石化工业废水所含有机物较多。

生产废水是指在使用过程中受到轻度污染或仅水温增高的水，如冷却水，通常经简单处理后即可在生产中重复使用或直接排放水体。生产污水是指在使用过程中受到较严重污染的水，具有危害性，需经处理后方可再利用或排放。

### （二）降水

降水即大气降水，包括液态降水和固态降水，通常主要指降雨。降落的雨水一般比较清洁，但初期降雨的雨水径流会挟带大气中、地面和屋面上的各种污染物质，污染程度相对严重，应予以控制。由于降雨特别是暴雨时间集中，径流量大，若不及时排泄，会造成灾害。另外，冲洗街道和消防用水等，由于其性质和雨水相似，也并入雨水。雨水通常不需要处理，可直接就近排入水体。

## 三、排水系统组成

排水系统通常由排水管道系统和污水处理系统组成。排水管道系统的作用是收集、输送污（废）水，由管渠、检查井、泵站等设施组成。在分流制排水系统中包括污水管道系统和雨水管道系统；在合流制排水系统中只有合流制管道系统。污水管道系统是收集、输送综合生活污水和工业废水的管道及其附属构筑物；雨水管道系统是收集、输送、排放雨水的管道及其附属构筑物；合流制管道系统是收集、输送综合生活污水、工业废水和雨水的管道及其附属构筑物。

城市生活污水排水系统由室内污水管道系统及设备、室外污水管道系统、污水泵站及压力管道、污水厂、出水口及事故排出口等组成。

### （一）室内污水管道系统

室内污水管道系统，负责收集生活污水并将其排送至室外居住小区的污水管道中。住宅及公共建筑内各种卫生设备是生活污水排水系统的起端设备，生活污水从这里经水封管、支管、竖管和出户管等建筑排水管道系统流入室外居住小区管道系统。在每个出户管与室外居住小区管道相接的连接点设检查井，供检查和清通管道之用。通常情况下，居住小区内以及公建的庭院内要设置化粪池，建筑内的下水在经过化粪池后才排出小区进入市政下水干管道。

### （二）室外污水管道系统

室外污水管道系统包括小区污水管道系统和市政污水管道系统两部分。

小区污水管道系统主要收集小区内各建筑物排除的污水，并将其输送到市政污水管道系统中，一般由接户管、小区支管、小区干管、小区主干管和检查井、泵站等附属构筑物组成，与控制井相连的管道为小区主干管，与小区主干管相连的管道为小区干管，其余管道为小区支管。

市政污水管道系统由市政污水支管、污水干管、污水主干管等组成，敷设在城市的较大的街道下，用以接纳各居住小区、公共建筑污水管道流来的污水。管径大、收水量和收水范围大的是主干管，管径小、收水量和收水范围小的是支干管。在各排水流域内，干管收集由支管流来的污水，此类干管常称为流域干管。主干管是收集两个或两个以上干管流来污水的管道。市郊总干管是接收主干管污水并输送至总泵站、污水处理厂或通至水体出水口的管道。由于污水处理厂和排放出口通常建在城区以外，因此市郊总干管一般在污水受水管道系统的覆盖区范围之外。管道系统上的附属构筑物包括检查井、跌水井、倒虹管等。

### （三）污水泵站及压力管

污水一般以重力流排除，但排污往往由于受地形等条件的限制而发生困难，这时就需要设置泵站。压力管道是压送泵站出来的污水至高地自流管呈至污水厂的承压管段。

### （四）污水厂

对原污水、污水厂生成污泥进行净化处理已达到一定质量标准（以便于污水的利用或排放）的系列构筑物及附属建筑物的整体合称为污水处理厂。对于城市常称为市政污水厂或城市污水厂，在工厂中常称企业废水处理站。城市污水厂一般设置在城市河流的下流地段，并与居民点或公共建筑保持一定的卫生防护距离。

### （五）出水口及事故排出口

污水排入水体的渠道和出口称为出水口，它是整个城市污水系统的终点设备。事故排出口是指在污水排水系统的中途，在某些易于发生故障的组成部分前面所设置的辅助性出水渠，一旦发生故障，污水就通过事故排出口直接排入水体。

## 四、雨水排水系统

雨水排水系统主要由建筑物的雨水管道系统和设备、居住小区或工厂雨水管渠系统、主干街道的市政雨水管渠系统、排洪沟和出水口等组成，用来收集径流的雨水，并将其排入水体。屋顶雨水的收集通常用雨水斗或天沟，地面雨水的收集用雨水箅口。雨水排水系统的室外管渠系统基本上和污水排水系统相同。雨水一般直接排入水体。由于雨水管道的设计流量较大，雨水提升泵站应尽量不设或少设。

雨水排水系统分为小区雨水管道系统和市政雨水管道系统。小区雨水管道系统是收集、输送小区地表径流的管道及其附属构筑物，包括雨水口、小区雨水支管、小区雨水干管、雨水检查井等。市政雨水管道系统是收集小区和城市道路路面上的地表径流的管道及其附属构筑物。其包括雨水支管、雨水干管、雨水口、检查井、雨水泵站、出水口等附属构筑物。雨水支管承接若干小区雨水干管中的雨水和所在道路的地表径流，并将其输送到雨水干管；雨水干管承接若干雨水支管中的雨水和所在道路的地表径流，并将其就近排放。

## 五、合流制排水系统

合流制排水系统的组成包括建筑排水设备、室外居住小区以及主街道的市政管道系统。住宅和公共建筑的生活污水经庭院或街坊管道流入街道市政合流管道系统。雨水经街道两侧的雨水箅口进入合流管道，通常在合流主干管道与截流总干管的交汇处设有溢流井。

# 第四节 排水管道布置

## 一、排水系统体制

### （一）合流制

合流制排水系统是指将生活污水、工业废水和雨水收入同一套排水管渠内排除的排水系统，又可分为直排式合流制排水系统和截流式合流制排水系统。

1. 直排式合流制

直排式合流制排水系统是最早出现的合流制排水系统，是将欲排除的混合污水不经处理就近直接排入天然水体。污水未经无害化处理而直接排放，会使受纳水体遭受严重污染。国内外许多老城市都是采用了这种排水系统。这种系统所造成的污染危害很大，现在一般不再采用。

2. 截流式合流制

截流式合流制排水系统是在邻近河岸的高程较低侧建造一条沿河岸的截流总干管，所有主干排水管的混合污水都将接入截流总干管中，合流污水由截流总干管输送至下游的排水口集中排出或进入污水处理厂。

晴天时，管道中只输送旱流污水，并将其在污水处理厂进行处理后再排放。雨天时降雨初期，旱流污水和初降雨水被输送至污水处理厂经处理后排放，随着降雨量的不断增大，生活污水、工业废水和雨水的混合液也在不断增加，当该混合液的流量超过截流干管的截流能力后，多余的混合液就经过溢流井溢流排放。

在合流干管与截流总干管相交前或相交处需设置溢流井。溢流井的作用是，当进入管道的城市污水和雨水的总量超过管道的设计流量时，多余的雨水（实际上是城市污水和雨水的混合物）就会经溢流井排出，而不能向截流总干管的下游转输。截流总干管的下游通常是市政污水处理厂。

3. 完全合流制

将污水和雨水合流于一条管渠内，全部送往污水处理厂进行处理后再排放。此时，污水处理厂的设计负荷大，要容纳降雨的全部径流量，这就给污水处理厂的运行管理带来很大困难，其水量和水质的经常变化也不利于污水的生物处理；同时，处理构筑物过大，平时也很难全部发挥作用，造成一定程度的浪费，工程中很少采用。

### （二）分流制

分流制排水系统是指将生活污水、工业废水和雨水分别在两个或两个以上各自独立的管渠系统内排除的排水体制。排除生活污水、工业废水或城市污水的系统称为污水排水系统，排除雨水的系统称为雨水排水系统；根据排除雨水方式的不同，又分为完全分流制排水系统和不完全分流制排水系统。

1. 完全分流制

完全分流制系统是指将城市的综合生活污水和工业废水用一条管道排除，而雨水用另一条管道来排除的排水方式。完全分流制中有一条完整的污水管道系统和一条完整的雨水管道系统，这样可将城市的综合生活污水和工业废水送至污水厂进行处理，克服了完全合流制的缺点，同时减小了污水管道的管径。但完全分流制的管道总长度大，且雨水管道只在雨季才发挥作用，因此完全分流制系统造价高，初期投资大。

2. 不完全分流制

受经济条件的限制，在城市中只建设完整的污水排水系统，不建雨水排水系统，雨水沿道路边沟排除，或为了补充原有渠道系统输水能力的不足只建一部分雨水管道，待城市发展后再将其改造成完全分流制。

## 二、排水管道布置形式

排水管道的平面布置，根据城市地形、竖向规划、污水厂的位置、土壤条件、水体情况，以及污水的种类和污染程度等因素确定。下面几种是以地形为主要因素的布置形式。

### （一）正交式

在地势向水体适当倾斜的地区，各排水流域的干管可以最短距离沿与水体大体垂直相交的方向布置，这种布置称为正交式布置。正交式布置的干管长度短、管径小、造价经济、污水排出迅速。但污水未经处理直接排放会使水体遭受严重污染。因此，在现代城市中，该布置形式仅用于雨水排除。

### （二）平行式

在地势向河流方向有较大倾斜的地区，为了避免干管坡度及管内流速过大，使管道受到严重冲刷，可使干管与等高线及河道基本平行、主干管与等高线及河道呈一定斜角的形式敷设，这种布置称为平行式布置。但是，能否采用上述的平行式布置，取决于城镇规划道路网的形态。

### （三）截流式

在正交式布置的基础上，沿河岸再敷设总干管将各干管的污水截流并输送至污水厂，这种布置称为截流式布置。截流式布置对减轻水体污染、改善和保护环境有重大作用，适用于分流制的污水排水系统。将生活污水和工业废水经处理后排入水体，也适用于区域排水系统。此种情况下，区域性的管截流总干管需要截流区域内各城镇的所有污水输送至区域污水厂进行处理。截流式合流制排水系统的缺点是，因雨天有部分混合污水泄入水体，对水体有所污染。

### （四）分散式

当城市周围有河流，或城市中央部分地势较高、地势向四周倾斜的地区，各排水流域的干管常采用辐射状分散式布置，各排水流域具有独立的排水系统。这种布置具有干管长度短、管径小、管道埋深浅等优点，但污水厂和泵站（如需要设置时）的数量将会增多。在地形平坦的大城市，采用辐射状分散式布置是比较有利的。

### （五）环绕式

在分散式布置的基础上，截流总干管沿城市四周布置，将各干管的污水截流送往污水厂，这种布置称为环绕式布置。环绕式布置便于实现只建一座大型污水厂，避免修建多个小型污水厂，可减少占地面积、节省基建投资和运行管理费用。

## （六）分区式

在地势高低相差较大的地区，当污水不能靠重力流流至污水厂时，可采用分区式布置。分区式布置是分别在地形较高区和地形较低区依各自的地形和路网情况敷设独立的管道系统。高地区污水靠重力流直接流入污水厂，低地区污水用水泵抽送至高地区干管或污水厂。这种布置只能用于个别阶梯地形或起伏很大的地区，其优点是能充分利用地形较高区的地形排水，节省能源。

# 第三章 给排水系统水量设计

## 第一节 给水系统设计流量

城镇给水系统各组成部分的设计流量须以城镇用水量为依据。

城镇用水量的设计计算是城镇给水管网设计的第一步。城镇用水量决定了给水系统中各部分（如取水构筑物、水处理构筑物、泵站和管网等）设施的设计规模，直接影响整个工程建设的投资规模。根据《室外给水设计规范》的规定，城镇给水工程应按远期规划、近远期结合、以近期为主的原则进行设计。近期规划设计年限宜采用5~10年，远期规划设计年限宜采用10~20年。设计年限的确定应在满足城镇供水需要的前提下，根据建设资金投入的可能做适当调整。

设计用水量的确定需考虑下列各项用水：综合生活用水（包括居民生活用水和公共建筑用水，前者指城市中居民的饮用、烹调、洗涤、冲厕、洗澡等日常生活用水，后者则包括娱乐场所、宾馆、浴室、商场、学校和机关办公楼等用水）；工业企业用水；浇洒道路和绿地用水；管网漏损水量；未预见用水；消防用水。

### 一、用水量定额

用水量定额是指设计年限内达到的用水水平，是确定设计用水量的主要依据。它直接影响给水系统相应设施的规模、工程投资、工程扩建期限等。

用水量在一定程度上是有规律的，在资料充足的情况下，设计者可以进行预测，即根据当地的用水资料，结合当地设计年限内的城市规划、水资源状况、城镇性质和规模、工业企业生产类型和规模、国民经济发展增长状况、居民生活水准等因素，对近、远期用水量进行预测。在用水资料不足时，设计者应参照《室外给水设计规范》确定用水量定额，并考虑节水政策、节水措施等因素。

## （一）居民生活用水

居民生活用水定额为每人每日的用水量标准，单位为L/（人·d）。影响生活用水定额的因素有很多，水资源、气候条件、经济状况、生活习惯、水价标准、管理水平、水质和水压等都可直接或间接影响居民生活用水定额。一般来说，我国东南地区、沿海经济开发特区和旅游城市，因水源丰富，气候较好，经济比较发达，用水量普遍高于水源短缺、气候寒冷的西北地区。

生活用水定额有居民生活用水定额和综合生活用水定额两个概念。居民生活用水定额是指城市居民日常生活用水的定额，而综合生活用水定额是指城市居民日常生活用水和公共建筑用水的定额。

居民生活用水定额和综合生活用水定额应根据当地国民经济和社会发展、水资源充沛程度、用水习惯，在现有用水定额的基础上，结合城市总体规划和给水专项规划，本着节约用水的原则，综合分析确定。

当缺乏实际用水资料时，设计师应按照设计对象所在分区和城市规模大小确定定额幅度范围。然后综合考虑影响生活用水量的因素，选定设计采用定额的具体数值。

## （二）工业企业工作人员生活用水

工业企业工作人员生活及淋浴用水定额是指工业企业工作人员在从事生产活动时所消耗的生活用水量标准及淋浴用水量标准，以L/（人·班）计。

工作人员工作期间生活用水量定额应根据车间性质决定，一般车间采用30L/（人·班），高温车间采用50L/（人·班）。工作人员淋浴用水定额与车间类型有关，淋浴在下班后1小时内进行。

## （三）工业企业生产用水

在城市给水中，工业企业生产用水占很大比例。工业企业生产用水一般是指工业企业在生产过程中的用水，包括间接冷却水、工艺用水（产品用水、洗涤用水、直接冷却水、锅炉用水）、空调用水等。水资源紧缺的状况使人们的节水意识增强，有些企业开始使用空气冷却代替水冷却。

工业企业生产用水量应根据生产工艺要求确定。大工业用水户或经济开发区宜单独进行用水量计算；一般工业企业的用水量可根据国民经济发展规划，结合现有工业企业用水资料分析确定。

工业企业用水指标一般有以下三种：

1. 以万元产值用水量表示

不同类型的工业，万元产值用水量不同。如果城市中用水单耗指标较大的工业多，则万元产值用水量也高；即使是同类工业部门，由于管理水平提高、工艺条件改革和产品结构的变化，尤其是工业产值的增长，也会使单耗指标逐年降低。提高工业用水重复利用率（重复用水量在总用水量中所占的百分数），重视节约用水等可以降低工业用水单耗。随着工业的发展，工业用水量也随之增长，但用水量增长速度比不上产值的增长速度。工业用水的单耗指标由于水的重复利用率提高而有逐年下降的趋势。由于高产值、低单耗的工业发展迅速，因此万元产值用水量指标在很多大城市有较大幅的下降。

2. 按单位产品计算用水量

如每生产1t钢要用多少水、每生产1t纸要用多少水等，这时应按生产工艺过程的要求确定。

3. 按每台设备每天用水量计算

生产用水量通常由企业的工艺部门提供。在缺乏资料时，企业可参照同类型企业用水指标。工业企业在估计生产用水量时，应按当地水源条件、工业发展情况、工业生产水平，预估将来可能达到的重复利用率。近年来，一些城市在用水量预测中往往出现对工业用水的预测偏高，其主要原因是对产业结构的调整、产品质量的提高、节水技术的发展以及产品用水单耗的降低估计不足。因此，在工业用水量的预测中，企业必须考虑上述因素，结合现状对工业用水量的分析加以确定。

### （四）消防用水

消防用水只在火灾时使用（只在校核计算时计入），平时储存在水厂清水池中，火灾时由二级泵站送至着火点，历时短，量值大。消防用水量、水压和火灾延续时间等应按照《建筑设计防火规范》等执行。城市或居住区的室外消防用水量应按同时发生的火灾次数和一次灭火的用水量确定；工厂、仓库和民用建筑的室外消防用水量可按同时发生火灾的次数和一次灭火的用水量确定。

### （五）浇洒道路和绿地用水

浇洒道路和绿地用水量应根据路面、绿化、气候和土壤等条件确定。参照《建筑给水排水设计规范》，浇洒道路用水可按浇洒面积以2.0～3.0L/（m²·d）计算；浇洒绿地用水可按浇洒面积以1.0～3.0L/（m²·d）计算。

## （六）漏损水量

城镇配水管网的漏损水量宜按综合生活用水、工业企业用水、浇洒道路和绿地用水水量之和的10%~12%计算，当单位管长供水量小或供水压力高时可适量增加。

## （七）未预见用水量

未预见用水量应根据水量预测时难以预见的因素及其程度确定，宜采用综合生活用水、工业企业用水、浇洒道路和绿地用水、漏损水量之和的8%~12%计算。

## 二、用水量变化

无论是生活用水还是生产用水，其用水量都是经常变化的。

生活用水量随生活习惯和气候而变化，如假期比平日多、夏季比冬季多。从我国大中城市的用水情况来看，在一天内又以早晨起床后和晚饭前后用水最多。

工业企业用水量中包括冷却用水、生产工艺用水、空调用水以及清洗用水等，在一年中水量也是有变化的。冷却用水主要是用来冷却设备，带走多余热量，所以用水量受水温和气温的影响，夏季多于冬季。例如，火力发电厂和钢厂等6—8月高温季节的用水量约为月平均用水量的1.3倍；空调用水用以调节室温和湿度，一般在5—9月使用，在高温季节用水量大；又如，食品工业用水，生产量随季节变化明显，在高温季节生产量大，用水量骤增。其他行业工业，一年中用水量较均衡，很少随气温和水温而变化，如化工厂和造纸厂，每月用水量变化较小。

前文所述的用水量定额只是一个平均值，在设计时还须考虑每日、每时的用水量变化。因此，设计师在设计给水系统时，除了正确地选定用水定额，还必须了解供水区域的逐日逐时用水量变化情况，以合理确定给水系统及各单项设施的设计流量，使给水系统能经济合理地适应供水对象在各种用水情况下对供水的要求。

用水量变化规律可以用水量变化系数或水量变化曲线表示，为了计算给水系统各组成部分的设计流量，必须给出最高日用水量的变化规律。

### （一）用水量变化曲线

用水量定额只是一个平均值，不能表现实际用水特点，在实际用水过程中，设计年限内每日、每时的用水量都不同，这种用水量的变化通常以用水量变化曲线表示，每个城市的用水量变化曲线都可能不同，与其所处地理位置、气候、居民生活习惯等多方面因素有关。

为了确定各种给水构筑物的规模，使设计更贴近实际，设计师应调查在设计年限内最高日用水量和最高日的最高一小时用水量，还应知道24h的用水量变化。

一般于以下特征参数常用描述用水量特征：

1. 最高日用水量

设计年限内，用水量最高一日的总用水量，常用单位为m³/d。

2. 平均日用水量

设计年限内的平均每日用水量，常用单位为m³/d。

3. 最高日的最高时用水量

设计年限内，用水量最高一日中用水量最高的一小时的总用水量，常用单位为m³/s或L/s。

4. 最高日平均时用水量

设计年限内，用水量最高一日的小时平均用水量，常用单位为m³/s或L/s。

## （二）用水量变化系数

由于城镇给水工程服务区域较大，卫生设备数量和用水人数较多，且一般是多目标供水（如城镇包括居民、工业、公用事业、市政等方面供水），各种用水参差错落，其用水高峰可能相互错开，使用水量能在以小时为计量单位的区段内基本保持不变。因此，为降低给水工程造价，城镇给水系统只需要考虑用水量日与日、时与时之间的差别，即逐日逐时用水量变化情况。实践证明，这样既安全可靠，又经济合理。

为了反映用水量逐日逐时的变化幅度，给水工程设计引入了两个重要的用水量变化特征系数，即日变化系数和时变化系数。

1. 日变化系数

日变化系数是指在设计年限内，最高日用水量$Q_d$与平均日用水量$Q_{平均}$的比值，记作$K_d$，即

$$K_d = \frac{Q_d}{Q_{平均}} \qquad (3-1)$$

2. 时变化系数

设计时一般指最高日用水量的时变化系数，它是在用水最高日中，最高一小时用水量$Q_h$与平均时用水量的比值，记作$K_h$，即

$$K_h = \frac{Q_h}{Q_{平均}} \qquad (3-2)$$

一定程度上，日变化系数和时变化系数能反映一定时段内用水量的变化幅度，反映用水量的不均匀程度。设计时，日变化系数和时变化系数可以根据给水地区的城镇性质和规

模、国民经济和社会发展、供水系统布局，结合现状供水曲线和日用水变化分析确定。在缺乏实际用水资料的情况下，最高日城市综合用水的时变化系数宜采用1.2~1.6，日变化系数宜采用1.1~1.5。

## 三、设计用水量计算

### （一）最高日设计用水量

城镇总用水量设计计算时，应包括设计年限内该给水系统所供应的全部用水：居住区综合生活用水、工业企业生产用水和职工生活用水、浇洒道路和绿地用水以及未预见水量和管网漏失水量，但不包括工业自备水源所需的水量。需要注意的是，在设计用水量时，由于消防用水是偶然的，因此消防用水不加入设计用水量中，在后期校核时再计入。

城镇设计用水量计算时需包括居民生活用水、工业企业用水、浇洒道路用水、浇洒绿地用水、管网漏失水量、未预见水量。

（1）居民生活用水量$Q_1$：

$$Q_1 = \sum (q_i N_i f_i) \tag{3-3}$$

式中：$q_i$——最高日生活用水量定额[m³/（人·d）]；

$N_i$——设计年限内计划人口数；

$f_i$——自来水普及率（%）。

参照有关规范，结合当地情况合理确定用水量定额，然后根据计划用水人数计算生活用水量（此处需注意计划用水人数与计划人口数的区别）。如规划区内各居民区卫生设备、生活标准不同，则需分区计算，然后求和计算总用水量。

（2）公共建筑用水量$Q_2$：

$$Q_2 = \sum q_i N_i \tag{3-4}$$

式中：$q_i$——各公共建筑的最高日用水量定额[m³/（人·d）]；

$N_i$——各公共建筑的用水单位数（人或床位等）。

（3）工业企业用水量$Q_3$：

$$Q_3 = Q_{31} + Q_{32} + Q_{33} \tag{3-5}$$

式中：$Q_{31}$——工业企业的生产用水量，如$Q_{31}=qB(1-n)$（m³/d）；

$q$——万元产值用水量（m³/元）；

$B$——工业产值（元/d）；

$n$——重复利用率（%）；

$Q_{32}$——工业企业的职工生活用水量（m³/d）；

$Q_{33}$——工业企业的职工淋浴用水量（m³/d）。

（4）浇洒道路用水和绿地用水量$Q_4$：

$$Q_4 = \sum q_L N_L \tag{3-6}$$

式中：$q_L$——用水量定额[L/（m²·d）]；

$N_L$——每日浇洒道路和绿地的面积（m²）。

（5）管网漏失水量$Q_5$：

$$Q_5 = (0.10 \sim 0.12) \times (Q_1 + Q_2 + Q_3 + Q_4) \tag{3-7}$$

（6）未预见水量$Q_6$：

$$Q_6 = (0.08 \sim 0.10) \times (Q_1 + Q_2 + Q_3 + Q_4 + Q_5) \tag{3-8}$$

（7）最高日设计用水量$Q_d$（m³/d）：

$$Q_d = Q_1 + Q_2 + Q_3 + Q_4 + Q_5 + Q_6 \tag{3-9}$$

（8）最高日平均时设计用水量$Q_h^{'}$（m³/s）：

$$Q_h^{'} = \frac{Q_d}{86400} \tag{3-10}$$

## （二）最高时设计用水量

最高时设计用水量即最高日最高时设计用水量，可以根据最高日内城镇的用水量变化规律来确定，当资料不足时，可按照式（3-11）计算（单位：m³/s）。

$$Q_h = K_h \frac{Q_d}{86400} \tag{3-11}$$

式中：$K_h$——时变化系数。

## （三）平均日平均时用水量

平均日平均时用水量在分析系统常年运行经济性时是重要参考依据，可根据最高日平均时设计用水量与日变化系数计算。

$$Q_h^{''} = \frac{Q_d}{K_d \times 86400} \tag{3-12}$$

式中：$Q_h''$——平均日平均时用水量（m³/s）。

## 四、给水系统的工作情况

### （一）给水系统的流量关系

给水系统中所有构筑物均以最高日用水量$Q_d$为基础进行设计。

1. 取水构筑物、一级泵站

城市的最高日设计用水量确定后，取水构筑物和水厂的设计流量将随一级泵站的工作情况而定，如果一天中一级泵站的工作时间越长，则每小时的流量将越小。大中城市水厂的一级泵站一般按三班制，即24h均匀工作来考虑，以缩小构筑物规模和降低造价。小型水厂的一级泵站可考虑一班或二班制运转。取水构筑物、一级泵站和水厂等按最高日平均时流量计算，即

$$Q_1 = \frac{\alpha Q_d}{T} \quad (3-13)$$

式中：$Q_1$——取水构筑物、一级泵站的设计流量（m³/h）；

　　　$\alpha$——考虑水厂本身用水量的系数，以供沉淀池排泥、滤池冲洗等用水，其值取决于水处理工艺、构筑物类型及原水水质等因素，一般在1.05~1.10；

　　　$T$——一级泵站每天工作小时数（h）。

取用地下水若仅需在进入管网前消毒而无须其他处理时，为提高水泵的效率和延长井的使用年限，一般先将水输送到地面水池，再经二级泵站将水池水输入管网。因此，取用地下水的一级泵站计算流量$Q_1$（m³/h）为：

$$Q_1 = \frac{Q_d}{T} \quad (3-14)$$

与式（3-13）不同的是，水厂本身用水量系数$\alpha$为1。

2. 二级泵站、水塔（高地水池）、管网

从二级泵站到管网管段的计算流量，应按照有无水塔或高地水池、用水量变化曲线和二级泵站工作曲线确定。二级泵站的计算流量与管网中是否设置水塔或高地水池有关。当管网内不设水塔时，任何时刻的二级泵站供水量应等于用水量。这时，二级泵站应能满足最高日最高时的用水量要求，否则就会存在不同程度的供水不足现象。因为用水量每日每小时都在变化，所以二级泵站内应有多台水泵，并且大小搭配，以便供给每小时变化的水量，同时保持水泵在高效率范围内运转。

管网内不设水塔或高地水池时，为了保证所需的水量和水压，水厂的输水管应按二级

泵站最大供水量，即最高日最高时用水量计算。

管网内设有水塔或高地水池时，二级泵站的设计供水线应根据用水量变化曲线拟定，拟定时应遵循下述原则：

（1）泵站各级供水线尽量接近用水线，以减小水塔的调节容积；分级数一般不应多于三级，以便于水泵机组的运转管理。

（2）分级供水时，应注意每级能否选到合适的水泵，以及水泵机组的合理搭配，并尽可能满足设计年限内及其后一段时间内用水量增长的需要。

管网内设有水塔或高地水池时，由于它们能调节水泵供水和用水之间的流量差，因此，二级泵站每小时的供水量可以不等于用水量。根据二级泵站设计供水线可以看出，水泵工作情况分成两级：从5时到20时，一组水泵运转，流量为最高日用水量的5.00%；其余时间的水泵流量为最高日用水量的2.78%。虽然每小时泵站供水量不等于用水量，但一天的泵站总供水量等于最高日用水量，即2.78%×9+5.00%×15=100%。

水塔或高地水池的流量调节作用如下：供水量高于用水量时，多余的水可进入水塔或高地水池内贮存；相反，当供水量低于用水量时，则贮存的水从水塔流出以补水泵供水量的不足。由此可见，如供水线和用水线越接近，则为了适应流量的变化，泵站工作的分级数或水泵机组数可能增加，但是水塔或高地水池的调节容积可以减小。尽管各城市的具体条件有差别，水塔或高地水池在管网内的位置可能不同，如可放在管网的起端、中间或末端，但水塔或高地水池的调节流量作用并不因此而产生变化。

输水管的计算流量视有无水塔（或高地水池）和它们在管网中的位置而定。无水塔的管网，按最高日的最高时用水量确定管径。管网起端设水塔时（网前水塔），泵站到水塔的输水管直径按泵站分级工作线的最大一级供水量计算。管网末端设水塔时（对置水塔或网后水塔），因最高时用水量必须从二级泵站和水塔同时向管网供水。因此，应根据最高时从泵站和水塔输入管网的流量进行计算。

管网的计算流量为最高时设计用水量，这与管网中是否设水塔（或高地水池）无关。

3. 清水池

一级泵站通常为均匀供水，而二级泵站一般为分级供水，所以一、二级泵站的每小时供水量并不相等。为了调节两泵站供水量的差额，必须在一、二级泵站之间建造清水池。

水塔（或高地水池）和清水池都是给水系统中调节流量的构筑物，二者有着密切的联系，如二级泵站供水线接近用水线，则水塔容积减小，清水池容积会适当增大。

（二）给水系统水压关系

给水系统应保证一定的水压，以供给足够的生活用水或生产用水。给水系统水压的最不利点称为控制点，控制点是指管网中控制水压的点，往往位于离二级泵站最远或地形最高的点，只要该点压力在最高用水量时达到最小服务水头，整个管网就不会存在低水压区。

当按直接供水的建筑层数确定给水管网水压时，其用户接管处的最小服务水头一层为10m，二层为12m，二层以上每增加一层最小服务水头增加4m。设计时，应以供水区内大多数建筑的层数来确定服务水头。城镇内个别高层建筑或建筑群，或建在城镇高地上的建筑物等需要的水压，不应作为控制管网水压的条件。为满足这类建筑物的用水，可单独设置局部加压装置，这样比较经济。

分析给水系统的水压关系，可确定水泵（泵站）的设计扬程。水泵（泵站）的扬程主要由以下几部分组成。

**1. 静扬程**

静扬程是指水泵的吸水池最低水位到出水池或用水点处的测压管的高程差值，其中包括用水点处的服务水头（自由水压）。

**2. 水头损失**

水头损失包括从水泵吸水管路、压水管路到用水点处所有管道和管件的水头损失之和。

一级泵站水泵按设计流量确定扬程$H_p$，即按最高日平均时供水流量加水厂自用水量计算确定扬程。

$$H_p = H_0 + h_s + h_d \quad (3-15)$$

式中：$H_0$——静扬程，即吸水井最低水位和水处理构筑物起端最高水位的高程差（m）；

$h_s$——设计流量下水泵吸水管、压水管和泵房内的水头损失（m）；

$h_d$——设计流量下输水管水头损失（m）。

二级泵站从清水池取水直接送向用户，或先送入水塔（或高位水池），而后送向用户。二级泵站水泵按其设计流量确定扬程。

无水塔的管网由泵站直接输水到用户，其静扬程等于清水池最低水位与管网控制点所需水压标高的高程差，水头损失等于吸水管、压水管、输水管和管网等水头损失之和。管网中无水塔时，二级泵站扬程为：

$$H_p = Z_c + H_c + h_s + h_c + h_d \quad (3-16)$$

式中：$Z_c$——管网控制点$c$的地面标高和清水池最低水位的高程差（m）；

$H_c$——控制点所需最小服务水头（m）；

$h_s$——吸水管中的水头损失（m）；

$h_c$、$h_d$——输水管和管网中的水头损失（m）。

当管网中设有网前水塔时，二级泵站先供水到水塔，再经水塔供水至管网。满足管网最高用水时，二级泵站送水到水塔最高水位与送水到管网控制点相比更不利，因而为二级泵站的设计工况，此时，静扬程等于从吸水池最低水位到水塔最高水位的高程差，水头损失为吸水管、泵站到水塔的输水管水头损失之和。

$$H_p = Z_t + H_t + H_0 + h_s + h_c \quad (3-17)$$

式中：$Z_t$——水塔所在地面标高和清水池最低水位的高程差（m）；

$H_t$——水塔高度，即水塔水柜底高出地面的高度（m）；

$H_0$——水柜内水深（m）；

$h_s$——吸水管中的水头损失（m）；

$h_c$——从泵站到水塔的输水管的水头损失（m）。其中，水塔高度为：

$$H_t = H_c + h_n - (Z_t - Z_c) \quad (3-18)$$

式中：$H_c$——控制点要求的最小服务水头（m）；

$h_n$——按最高时用水量计算的从水塔到控制点的管网水头损失（m）；

$Z_t$——设置水塔处的地面标高（m）；

$Z_c$——控制点的地面标高（m）。

二级泵站除了满足最高用水时的水压，还应满足消防流量时的水压要求。在消防时，管网中增加了消防流量，因而增加了水头损失。水泵扬程可参照式（3-16）计算，但控制点应为火灾点，服务水头应不低于10m。消防校核时计算出的水泵扬程，若高出所选水泵的扬程较多，则可通过调整管网中个别管段管径、相应改变管网水头损失，使所选水泵能满足消防用水时的需求，从而避免单设专用消防泵。

若管网中设有网后水塔（也称对置水塔），此类管网最高用水时的用水量由二级泵站和水塔共同提供，二级泵站扬程根据管网中的控制点确定，与无水塔管网类似，其差异在于，此时的泵站供水量为最高日最高时用水量扣除水塔供水量。此类管网需进行最大转输流量下的校核，即转输流量到水塔，此时二级泵站扬程的确定可参照式（3-17）计算，但需注意，此时公式中的$H_c$应包括最大转输流量下从泵站到水塔管路的水头损失。

### （三）调节构筑物

给水系统的调节构筑物主要是清水池与水塔。清水池用于调节一、二级泵站供水流量的差额，还兼有贮存水量和保证氯消毒接触时间的作用；水塔用于调节二级泵站供水流量和用户用水流量的差额，还兼有贮存水量和保证管网水压的作用。

1. 清水池容积

清水池的作用是调节一、二级泵站之间的流量差值，并存储消防用水和水厂生产用水，同时为消毒剂与水的充分接触提供保障。水厂清水池的有效容积应根据产水曲线、送水曲线、自用水量及消防储备等确定，并满足消毒接触时间的要求。其有效容积为：

$$W=W_1+W_2+W_3+W_4 \quad (3-19)$$

式中：$W$——清水池的有效容积（m³）；

　　　$W_1$——调节容积（m³）；

　　　$W_2$——消防储水量，按火灾延续时间计算，一般按2h室外消防用水量计算（m³）；

　　　$W_3$——水厂生产用水（m³）；

　　　$W_4$——安全储量（m³）。

当水厂外无调节构筑物时，在缺乏资料的情况下，清水池的有效容积可按水厂最高日设计水量的10%~20%计算，对于小水厂可采用上限值。清水池的个数或分格数量不得少于2个，并能单独工作和分别泄空，当有特殊措施能保证事故供水要求时，也可修建1个。

2. 清水池构造

给水工程中，常用钢筋混凝土水池、预应力钢筋混凝土水池和砖石水池，一般做成圆形或矩形。清水池应有单独的进水管、出水管、放空管及溢水管。溢水管管径和进水管相同，管端有喇叭口，管上不设阀门。清水池的放空管接在集水坑内，管径一般按2h将池水放空计算。为避免池内水断流，池内应设导流墙，墙底部隔一定距离设过水孔，使洗池时排水方便。容积在1000m³以上的水池，至少应设两个检修孔。为使池内自然通风，应设若干通风孔，高出池顶覆土0.7m以上，并加设通风帽。池顶覆土厚度视当地平均气温而定，一般在0.5~1.0m。

3. 水塔高度

水塔可靠近水厂、位于管网中间或靠近管网末端等。不管哪类水塔，其水塔底高于地面的高度均可按式（3-18）计算。从公式中可以看出，建造水塔处的地面标高$Z$越高，则所需水塔高度$H_t$就越小，这就是水塔建在高地的原因。若城市地形情况是离二级泵站越远地形就越高，则水塔可能建在管网末端形成设有对置水塔的管网系统。若城市地形情况是城市中某处地形较高，则水塔可能建在管网内形成设有网中水塔的管网系统。

4. 水塔容积

水塔的主要作用是调节二级泵站供水和用户用水之间的流量差异，并储存10min的室内消防水量，其有效容积应为：

$$W=W_1+W_2 \qquad (3-20)$$

式中：$W$——水塔的有效容积（m³）；
　　　$W_1$——调节容积，由二级泵站供水线和用户用水量曲线确定（m³）；
　　　$W_2$——消防储水量，按10min室内消防用水量计算（m³）。

当缺乏用户用水量变化规律资料时，水塔的有效容积可根据运转经验确定，也可按最高日用水量的2.5%～3%或5%～6%确定，城市用水量大时取低值。工业用水可按生产上的要求（调度、事故及消防）确定水塔调节容积。

大中城市供水区域较大，供水距离远，为降低水厂送水泵房扬程，节省能耗，当供水区域有合适的位置和地形时，可考虑在水厂外建高地水池、水池泵站或水塔。其调节容积应根据用水区域供需情况及消防储备水量等确定。当缺乏资料时，也可参照相似条件下的经验数据确定。

水塔（或高地水池）和清水池均是给水系统中调节流量的构筑物，二者有着密切的联系。例如：二级泵站供水线接近用水线，则水塔容积减小，清水池容积会适当增大。

5. 水塔构造

水塔一般采用钢筋混凝土或砖石等建造，主要由水柜、塔架、管道和基础组成。进、出水管可以合用，也可分别设置。为防止水柜溢水和将柜内存水放空，水柜需要设置溢水管和排水管，管径可和进、出水管相同，溢水管上不设阀门。排水管从水柜底接出，管上设阀门，并接到溢水管上。

# 第二节　污水设计流量

污水系统的设计流量是污水管道及附属构筑物通过的最大流量，通常以最高日最高时流量作为污水管道系统的设计流量，单位为L/s。污水管道系统设计的首要任务是正确、合理地确定设计流量。污水设计流量主要包括生活污水设计流量和工业废水设计流量两大部分，特殊情况下还需包括地下水渗入量。生活污水又可分为居民生活污水、公共设施排水、工业企业生活和淋浴污水三部分。工业废水如果水质满足要求，则可直接就近排入城市污水管道系统，与生活污水一起输送到污水处理厂进行处理后排放或再利用。污水管道系统的设计流量可按以下方法进行计算。

# 一、居民生活污水设计流量

## （一）居住区居民生活污水

居住区居民生活污水是指居民日常生活中洗涤、冲厕、淋浴等产生的污水。居住区居民生活污水设计流量$Q_1$（L/s）的计算公式为：

$$Q_1 = \frac{nNK_z}{24 \times 3600} \tag{3-21}$$

式中：$K_z$——生活污水量总变化系数；

$n$——居住区居民生活污水定额[L/（人·d）]；

$N$——设计人口数。

### 1. 居住区居民生活污水定额

居住区居民生活污水定额是指污水管道系统设计时所采用的每人每天所排出的平均污水量，包括日常生活中洗涤、冲厕、淋浴等产生的污水量，单位为L/（人·d）。它与居民生活用水定额、居住区给排水系统的完善程度、气候、居住条件、生活习惯、生活水平及其他地方条件等许多因素有关。

城市污水主要源于城市用水，因此污水量定额与城市用水量定额之间有一定的比例关系，该比例称为排放系数。由于水在使用过程中蒸发、形成供应产品等原因，部分生活用水或工业用水不再被收集到排水管道。在一般情况下，生活污水和工业废水的排出量小于用水量。但有的情况也可能使污水量超过用水量，如当地下水水位较高时，地下水有可能经污水管道接口处渗入，或雨水经污水检查井流入。所以，在确定污水量标准时，应具体情况具体分析。居住区居民生活污水定额可参考居民生活用水定额或综合生活用水定额确定。

在按用水定额确定污水定额时，建筑内部给排水设施水平较高的地区，可按用水定额的90%计算，一般水平的可按用水定额的80%计算。设计中可根据当地用水情况确定污水定额。若当地缺少实际用水资料，可根据《城市居民生活用水量标准》和《室外给水设计规范》规定的居民生活用水定额（平均日），结合当地的实际情况确定，然后根据当地建筑内部给排水设施水平和排水系统完善程度确定居民生活污水定额。

为了便于计算，居住区的污水量通常按比流量计算。污水比流量是指从单位面积上排出的平均日污水量，以L/（s·hm²）表示，它是根据人口密度和居民生活污水定额等情况定出的一个单位居住面积排出的污水量的综合性标准。

### 2. 设计人口数

设计人口是指计算污水排水系统设计期限终期的规划人口数，是计算污水设计流量的基本数据，根据城镇（地区）的总体规划确定。由于城镇性质或规划不同，城市工业、仓储、交通运输、生活居住用地分别占城镇总用地的比例和指标不同，因此设计人口数在数值上等于人口密度与居住区面积的乘积。即

$$N=PF \tag{3-22}$$

式中：$N$——设计人口数，污水管道服务的人口数（设计期限终期时）；

$P$——人口密度，单位面积上的人口数（人/hm²），可以有总人口密度和街区人口密度两种表达形式：总人口密度按整个城市面积（包括街道、公园、运动场、水体等非居住区）平均计算，常用于方案设计；街区人口密度按街区内建筑面积（不包括非居住区）计算，常用于技术设计或施工图设计；

$F$——服务面积，污水管道定线完成后，根据地形划分服务面积（按分水线），且要与人口密度计算方法相匹配。

**3. 生活污水量总变化系数**

居住区居民生活污水定额通常以平均日流量表示，因此根据设计人口和生活污水定额计算所得的是污水平均日平均时流量。而实际上流入污水管道系统的污水量时刻都在变化，夏季与冬季污水量不同，一日中日间和晚间的污水量不同，日间各小时的污水量也有很大差异。居住区的污水量一般在凌晨最小，6~8时和17~20时的流量较大。即使在1h内，污水量也是有变化的，但这个变化比较小，故通常假定1h内流入污水管道系统的污水是均匀的。污水管道断面较大，且常为不满流，这种假定一般不影响污水管道系统设计和运转的合理性。

污水量的变化程度通常以变化系数表示。变化系数分为日变化系数、时变化系数和总变化系数。设计年限内最高日污水量和平均日污水量的比值称为日变化系数$K_d$；最高日最高时污水量和该日平均时污水量的比值称为时变化系数$K_h$；最高日最高时污水量和平均日平均时污水量的比值称为总变化系数$K_z$。其关系为：

$$K_z=K_d K_h \tag{3-23}$$

通常情况下，污水管道的设计断面根据最高日最高时污水流量确定，因此需要求出总变化系数。然而一般城市缺乏日变化系数和时变化系数的数据，按上述公式计算总变化系数有一定困难。实际上，污水流量是随人口数和污水定额的变化而变化的。若污水定额一定，流量变化幅度随人口数增加而减少；若人口数一定，则流量变化幅度随污水定额增加而减少。因此，在采用同一污水定额的地区，上游管道由于服务人口少，管道中出现的最大流量与平均流量的比值较大；而在下游管道中，服务人口多，来自各排水地区的污水由于流行时间不同，高峰流量得到削减，最大流量与平均流量的比值较小，流量变化幅度小

于上游管道。也就是说，总变化系数与平均流量之间有一定的关系，平均流量越大，总变化系数就越小，二者的关系可总结为：

$$K_z = \frac{2.7}{q^{0.11}} \tag{3-24}$$

式中：$q$——平均日平均时污水流量（L/s），当$q<5$L/s时，$K_z=2.3$；$q>1000$L/s时，$K_z=1.3$。

采用式（3-24）实际计算时，由于$K_z$基于平均日污水量，所以生活污水定额应采用平均日污水定额。同一城市中可能存在着多个排水服务区域，其居住区的生活设施条件等可能不同，计算时要对每个区域按照其规划目标，分别取用适当的污水定额，按各区域实际服务人口计算该区域的生活污水设计流量。

### （二）公共建筑生活污水

公共建筑包括娱乐场所、宾馆、饭店、浴室、商场、学校和机关等，其排放的污水量大而集中。设计师在设计时，若能获得充分的调查资料，则可以分别计算这些公共建筑各自排出的生活污水量，并将这些建筑污水量作为集中污水量单独计算。

缺乏资料时，公共建筑的污水量可与居住区居民生活污水量合并计算。此时，应选用综合生活污水定额。综合生活污水定额是指居民生活污水和公共建筑生活污水两部分的总和。综合生活污水定额可以根据规定的综合生活用水定额（平均日），结合当地的实际情况选用。

### （三）工业企业生活污水及淋浴污水

工业企业的生活污水和淋浴污水主要来自生产企业的食堂、卫生间、浴室等。其设计流量的大小与工业企业的性质、污染程度、卫生要求有关。一般按下式进行计算：

$$Q_2 = \frac{A_1 B_1 K_1 + A_2 B_2 K_2}{3600T} + \frac{C_1 D_1 + C_2 D_2}{3600} \tag{3-25}$$

式中：$Q_2$——工业企业生活污水及淋浴污水设计流量（L/s）；
$A_1$——一般车间最大班职工人数（人）；
$A_2$——热车间最大班职工人数（人）；
$B_1$——一般车间职工生活污水定额，以30L/（人·班）计；
$B_2$——热车间职工生活污水定额，以50L/（人·班）计；
$C_1$——一般车间最大班使用淋浴的职工人数（人）；
$C_2$——热车间最大班使用淋浴的职工人数（人）；

$D_1$——一般车间的淋浴污水定额,以40L/(人·次)计;
$D_2$——热车间的淋浴污水定额,以60L/(人·次)计;
$K_1$——一般车间生活污水量时变化系数,以3.0计;
$K_2$——热车间生活污水量时变化系数,以2.5计;
$T$——每班工作小时数(h)。

职工淋浴集中在下班后一小时,即淋浴时间以60min计。

## 二、工业废水设计流量

工业废水设计流量根据工业废水量定额确定,可按下式计算:

$$Q_3 = \frac{mM}{3600T} K_z \quad (3-26)$$

式中:$Q_3$——工业废水设计流量(L/s);
$m$——生产过程中单位产品的废水量(L/产品);
$M$——产品的平均日产量(产品/d);
$T$——每日生产时数(h/d);
$K_z$——工业废水总变化系数。

工业废水量定额是指生产单位产品或加工单位数量原料所排出的平均废水量,通过实测现有车间的废水量而求得,在设计新建工业企业的排水系统时,可参考其他生产工艺相似的已有工业企业的排水资料来确定;若工业废水量定额不易取得,则可以工业用水量定额(如生产单位产品的平均用水量)为依据确定废水量定额。各工业企业的废水量标准差别较大,即使生产同一产品,若生产设备或工艺不同,其废水量定额也可能不同。若生产中采用循环或复用给水系统,其废水量比采用直流给水系统时会明显降低。因此,工业废水量定额取决于产品种类、生产工艺、单位产品用水量以及给水方式等。

在不同的工业企业中,工业废水的排水情况很不一致。某些工厂的工业废水是均匀排出的,但很多工厂废水排出情况变化很大,甚至个别车间的废水可能在短时间内一次排放。因此,工业废水量的变化取决于企业的性质和生产工艺过程。工业废水量的日间变化一般较小,其日变化系数为1,而时变化系数则可通过实测废水量最大一天的各小时流量来确定,因此,一般而言,工业废水总变化系数与时变化系数数值相等。

某些工业废水量的时变化系数大致为:冶金工业1.0~1.1,化工工业1.3~1.5,纺织工业1.5~2.0,食品工业1.5~2.0,皮革工业1.5~2.0,造纸工业1.3~1.8,设计时可参考使用。

## 三、地下水渗入量

地下水位较高的地区，因受当地土质、管道及接口材料、施工质量等因素的影响，一般均存在地下水渗入现象，因此设计师在设计污水管道系统时宜适当考虑地下水渗入量。地下水渗入量一般以单位管道延长米或单位服务面积计算，也可参照国外经验数据，按设计污水量的10%~20%计算。

## 四、城市污水设计总流量

城市污水设计总流量通常是居住区居民生活污水（含公共建筑污水）、工业企业生活污水和工业废水三部分设计流量之和，在地下水位较高的地区还应加入地下水渗入量。因此，城市污水设计总流量一般为：

$$Q=Q_1+Q_2+Q_3+Q_4 \qquad (3-27)$$

上述计算污水设计总流量的方法，其基础是假定排出的各种污水都在同一时间内出现最大流量。污水管道设计采用这种简单累加法来计算总设计流量，是偏于安全的。

污水泵站和污水处理构筑物设计时，如果也采用各项污水最大时流量之和作为设计依据将很不经济。因为各种污水最大时流量同时发生的可能性较小，各种污水量汇合时，可能互相调节，而使流量峰值降低。因此，为了正确、合理地确定污水泵站和污水处理构筑物的最大污水设计流量，设计师必须考虑各种污水流量的逐时变化，掌握一天中各类污水每小时的流量，然后将相同小时的各流量相加，求出一日中流量的逐时变化，取最大时流量作为设计总流量。按这种综合流量计算所得的最大污水量作为污水泵站和污水处理构筑物的设计流量是相对经济合理的。然而，合理地计算城市污水设计总流量需要逐项分析污水量的变化规律，列出一天的逐时流量表，求得最大时污水流量，这在实际工程中很难办到。因此，污水泵站及污水处理构筑物的设计流量一般也采用式（3-27）计算。

# 第三节 雨量分析要素

## 一、降雨量

降雨量是指降水的绝对量，即降雨深度（单位为mm）。另外，降雨量也可以用单位面积上的降雨体积表示。常用的降雨量统计数据主要有年平均降雨量、月平均降雨量和最大日降雨量。

①年平均降雨量：指多年观测的各年降雨量的平均值。

②月平均降雨量：指多年观测的各月降雨量的平均值。

③最大日降雨量：指多年观测的各年中降雨量最大的一日的降雨量。

## 二、降雨历时

降雨历时（单位为min）是指降雨过程中的某一连续降雨时段，可以指全部降雨时间，也可以指其中某个连续时段。

## 三、暴雨强度

暴雨强度是指某一降雨历时内的平均降雨量，即降雨历时内的单位时间降雨深度。通过下式计算：

$$i = \frac{H}{t} \tag{3-28}$$

式中：$i$——暴雨强度（mm/min）；

　　　$H$——降雨深度（mm）；

　　　$t$——降雨历时（min）。

在工程中，暴雨强度常用单位时间的降雨体积$q$[L/（s·ha）]表示。$q$与$i$之间的换算关系是将每分钟的降雨深度换算成每公顷（1ha=1hm²）面积每秒钟的降雨体积，即

$$q = \frac{10000 \times 1000i}{1000 \times 60} = 167i \tag{3-29}$$

由式（3-28）和式（3-29）可知，暴雨强度的数值与所取的连续时间段$t$的跨度和位置有关。在城市暴雨强度公式推求中，经常采用的降雨历时为5min、10min、15min、20min、30min、45min、60min、90min、120min 9个历时数值，特大城市可以用到180min。

暴雨强度是描绘暴雨特征的重要指标，是在各地气象资料分析整理的基础上，利用水文学方法推求出来的，是决定雨水设计流量的主要因素。暴雨强度公式是暴雨强度$i$（或$q$）、降雨历时$t$、重现期$P$三者间关系的数学表达式，是设计雨水管渠的依据。我国常用的暴雨强度公式为：

$$q = \frac{167A_1(1 + c\lg P)}{(t+b)^n} \tag{3-30}$$

式中：$q$——设计暴雨强度[L/（s·hm²）]；

　　　$P$——设计重现期（a）；

$t$——降雨历时（min），因为实际降雨历时不好确定，在设计计算时，常以设计管段所服务的汇水面积的集水时间来代替降雨历时，即雨水从设计管段服务面积最远点达到设计管段起点断面的集流时间；

$A_1$、$c$、$b$、$n$——地方参数，根据统计方法计算确定。

当$b=0$时

$$q = \frac{167A_1(1+c\lg P)}{t^n} \quad (3-31)$$

当$n=1$时

$$q = \frac{167A_1(1+c\lg P)}{t+b} \quad (3-32)$$

## 四、暴雨强度的频率

某一特定值暴雨强度出现的可能性一般是不可预知的。因此，需要对以往大量观测资料进行统计分析，计算出该暴雨强度的发生频率，由此去预测该暴雨强度未来发生的可能性大小。

某特定值暴雨强度的频率是指等于或大于该值的暴雨强度出现次数与观测资料总项数之比。该定义的基础是假定降雨观测资料年限非常长，可代表降雨的整个历史过程，但实际上只能取得一定年限内有限的暴雨强度值。因此，在水文统计中，计算得到的暴雨强度频率又称为经验频率。一般观测资料的年限越长，则经验频率出现的误差就越小。

假定等于或大于某特定值暴雨强度的次数为m，观测资料总项数为n（为降雨观测资料的年数N与每年入选的平均雨样数M的乘积），则该特定值暴雨强度的频率如下：

$$P_n = \frac{m}{n} \times 100\% \quad (3-33)$$

当每年只选取一个代表性数据组成统计序列时（年最大值法），则$n=N$为资料年数求出的频率值，称为"年频率"，用公式$P_n = \frac{m}{N+1} \times 100\%$计算；而当每年取多个数据组成统计序列时（年多个样法），则$n=NM$为数据总个数，求出的频率值为"次（数）频率"，用公式$P_n = \frac{m}{NM+1} \times 100\%$计算。

## 五、暴雨强度重现期

暴雨强度重现期是指在一定长的统计时间内，等于或大于某暴雨强度的降雨出现一次的平均间隔时间，单位以年（a）表示。

重现期P与频率$P_n$的关系可直接按定义由下式表示：

$$P = \frac{1}{P_n} \tag{3-34}$$

需要注意的是，某暴雨强度的重现期等于P，并不是说大于等于某暴雨强度的降雨P年就会发生一次。P年重现期是指在相当长的一个时间序列（远远大于P年）中，大于等于该指标的数据平均出现的可能性为1/P。对于一个具体的P年时间段而言，大于等于该强度的暴雨可能出现一次，也可能出现数次或根本不出现。

# 第四章　给排水工程施工

## 第一节　给水排水厂站工程结构与特点

### 一、厂站工程结构与施工方法

#### （一）给水排水厂站工程结构特点

1. 厂站构筑物组成

（1）水处理（含调蓄）构筑物，是指按水处理工艺设计的构筑物。给水处理构筑物包括配水井、药剂间、混凝沉淀池、澄清池、过滤池、反应池、吸滤池、清水池、二级泵站等。污水处理构筑物包括进水闸井、进水泵房、格栅间、沉砂池、初次沉淀池、二次沉淀池、曝气池、氧化沟、生物塘、消化池、沼气储罐等。

（2）工艺辅助构筑物，是指主体构筑物的走道平台、梯道、设备基础、导流墙（槽）、支架、盖板、栏杆等的细部结构工程，各类工艺井（如吸水井、泄空井、浮渣井）、管廊桥架、闸槽、水槽（廊）、堰口、穿孔、孔口等。

（3）辅助建筑物，分为生产辅助性建筑物和生活辅助性建筑物。生产辅助性建筑物是指各项机电设备的建筑厂房，如鼓风机房、污泥脱水机房、发电机房、变配电设备房及化验室、控制室、仓库、料场等。生活辅助性建筑物包括综合办公楼、食堂、浴室、职工宿舍等。

（4）配套工程，是指为水处理厂生产及管理服务的配套工程，包括厂内道路、厂区给排水、照明、绿化等工程。

（5）工艺管线，是指水处理构筑物之间、水处理构筑物与机房之间的各种连接管线；包括进水管、出水管、污水管、给水管、回用水管、污泥管、出水压力管、空气管、热力管、沼气管、投药管线等。

2. 构筑物结构形式与特点

（1）水处理（调蓄）构筑物和泵房多数采用地下或半地下钢筋混凝土结构，特点是构件断面较薄，属于薄板或薄壳型结构，配筋率较高，具有较高抗渗性和良好的整体性要求。少数构筑物采用土膜结构，如稳定塘等，面积大且有一定深度，抗渗性要求较高。

（2）工艺辅助构筑物多数采用钢筋混凝土结构，特点是构件断面较薄，结构尺寸要求精确；少数采用钢结构预制，现场安装，如出水堰等。

（3）辅助性建筑物视具体需要采用钢筋混凝土结构或砖砌结构，符合房建工程结构要求。

（4）配套的市政公用工程结构符合相关专业结构与性能要求。

（5）工艺管线中给排水管道越来越多采用水流性能好、抗腐蚀性高、抗地层变位性好的PE管、球墨铸铁管等新型管材。

## （二）构筑物与施工方法

1. 全现浇混凝土施工

（1）水处理（调蓄）构筑物的钢筋混凝土池体大多采用现浇混凝土施工。浇筑混凝土时应依据结构形式分段、分层连续进行，浇筑层高度应根据结构特点、钢筋疏密决定，一般为振捣器作用部分长度的1.25倍，最大不超过500mm。现浇混凝土的配合比、强度和抗渗、抗冻性能必须符合设计要求，构筑物不得有露筋、蜂窝、麻面等质量缺陷，整个构筑物混凝土应做到颜色一致、棱角分明、规则，体现外光内实的结构特点。

（2）水处理构筑物中圆柱形混凝土池体结构，当池壁高度大（12~18m）时宜采用整体现浇施工，支模方法有满堂支模法及滑升模板法。前者模板与支架用量大，后者宜在池壁高度不小于15m时采用。

（3）污水处理构筑物中卵形消化池，通常采用无黏结预应力筋、曲面异型大模板施工。消化池钢筋混凝土主体外表面，需要做保温和外饰面保护；保温层、饰面层施工应符合设计要求。

2. 单元组合现浇混凝土施工

（1）沉砂池、生物反应池、清水池等大型池体的断面形式可分为圆形水池和矩形水池，宜采用单元组合式现浇混凝土结构，池体由相类似底板及池壁板块单元组合而成。

（2）以圆形储水池为例，池体通常由若干块厚扇形底板单元和若干块倒T形壁板单元组成，一般不设顶板。单元为一次性浇筑而成，底板单元间用聚氯乙烯胶泥嵌缝，壁板单元间用橡胶止水带接缝，这种单元组合结构可有效防止池体出现裂缝渗漏。

（3）大型矩形水池为避免裂缝渗漏，通常采用单元组合结构将水池分块（单元）浇筑。各块（单元）间留设后浇缝带，池体钢筋按设计要求一次绑扎好，缝带处不切断，待块（单元）养护42d后，再采用比块（单元）强度高一个等级的混凝土或掺加UEA的补偿收缩混凝土灌注后浇缝带使其连成整体。

3. 预制拼装施工

（1）水处理构筑物中沉砂池、沉淀池、调节池等圆形混凝土水池宜采用装配式预应力钢筋混凝土结构，以便获得较好的抗裂性和不透水性。

（2）预制拼装施工的圆形水池可采用缠绕预应力钢丝法、电热张拉法进行壁板环向预应力施工。

（3）预制拼装施工的圆形水池在满水试验合格后，应及时进行喷射水泥砂浆保护层施工。

4. 砌筑施工

（1）进水渠道、出水渠道和水井等辅助构筑物，可采用砖石砌筑结构，砌体外需抹水泥砂浆层，且应压实赶光，以满足工艺要求。

（2）量水槽（标准巴歇尔量水槽和大型巴歇尔量水槽）、出水堰等工艺辅助构筑物宜采用耐腐蚀、耐水流冲刷、不变形的材料预制，现场安装而成。

5. 预制沉井施工

（1）钢筋混凝土结构泵房、机房通常采用半地下式或完全地下式结构，在有地下水、流沙、软土地层的条件下，应选择预制沉井法施工。

（2）预制沉井法施工通常采取排水下沉干式沉井方法和不排水下沉湿式沉井方法。前者适用于渗水量不大，稳定的黏性土，后者适用于比较深的沉井或有严重流沙的情况。排水下沉分为人工挖土下沉、机具挖土下沉、水力机具下沉，不排水下沉分为水下抓土下沉、水下水力吸泥下沉、空气吸泥下沉。

6. 土膜结构水池施工

（1）稳定塘等塘体构筑物，因其施工简便、造价低，近些年在工程实践中应用较多，如BIOLAKE工艺中的稳定塘。

（2）基槽施工是塘体构筑物施工关键的分项工程，施工企业必须做好基础处理和边坡修整，以保证构筑物的整体结构稳定。

（3）塘体结构防渗施工是塘体结构施工的关键环节，施工企业应按设计要求控制防渗材料类型、规格、性能、质量，严格控制连接、焊接部位的施工质量，以保证防渗性能要求。

（4）塘体的衬里有多种类型（如PE、PVC、沥青、水泥混凝土、CPE等），施工企业应根据处理污水的水质类别和现场条件进行选择，按设计要求和相关规范要求施工。

## 二、给水与污水处理工艺流程

### （一）给水处理

**1. 处理方法与工艺**

（1）处理对象通常为天然淡水水源，主要来自江河、湖泊与水库的地表水和地下水（井水）两大类。水中含有的杂质可分为无机物、有机物和微生物三种，也可按杂质的颗粒大小以及存在形态分为悬浮物质、胶体和溶解物质三种。

（2）处理目的是去除或降低原水中悬浮物质、胶体、有害细菌生物以及水中含有的其他有害杂质，使处理后的水质满足用户需求。处理的基本原则是利用现有的各种技术、方法和手段，采用尽可能低的工程造价，将水中所含的杂质分离出去，使水质得到净化。

（3）常用的给水处理方法（见表4-1）

表4-1 常用的给水处理方法

| 自然沉淀 | 用以去除水中粗大颗粒杂质 |
|---|---|
| 混凝沉淀 | 使用混凝药剂沉淀或澄清去除水中胶体和悬浮杂质等 |
| 过滤 | 使水通过细孔性滤料层，截流去除经沉淀或澄清后剩余的细微杂质；或不经过沉淀，原水直接加药、混凝、过滤去除水中胶体和悬浮杂质 |
| 消毒 | 去除水中病毒和细菌，保证饮水卫生和生产用水安全 |
| 软化 | 降低水中钙、镁离子含量，使硬水软化 |
| 除铁除锰 | 去除地下水中所含过量的铁和锰，使水质符合饮用水要求 |

**2. 常用处理工艺流程与适用条件（见表4-2）**

表4-2 常用处理工艺流程与适用条件

| 工艺流程 | 适用条件 |
|---|---|
| 原水→简单处理（如筛网隔滤或消毒） | 水质较好 |
| 原水→接触过滤→消毒 | 一般用于处理浊度和色度较低的湖泊水和水库水，进水悬浮物一般小于100mg/L，水质稳定、变化小且无藻类繁殖 |
| 原水→混凝、沉淀或澄清→过滤→消毒 | 一般地表水处理厂广泛采用的常规处理流程，适用于浊度小于3mg/L的河流水。河流、小溪水浊度通常较低，洪水时含沙量大，可采用此流程对低浊度无污染的水不加凝聚剂或跨越沉淀直接过滤 |
| 原水→调蓄预沉→混凝、沉淀或澄清→过滤→消毒 | 高浊度水采用二级沉淀，适用于含沙量大，沙峰持续时间长，预沉后原水含沙量应降低到100mg/L以下，黄河中上游的中小型水厂和长江上游高浊度水处理多采用二级沉淀（澄清）工艺，适用于中小型水厂，有时在滤池后建造清水调蓄池 |

3.预处理和深度处理

为了进一步发挥给水处理工艺的整体作用,提高对污染物的去除效果,改善和提高饮用水水质,除了常规处理工艺,还有预处理和深度处理工艺可供采用。

(1)按照对污染物的去除途径不同,预处理方法可分为氧化法和吸附法,其中氧化法又可分为化学氧化法和生物氧化法。化学氧化法预处理技术主要有氯气预氧化及高锰酸钾氧化、紫外光氧化、臭氧氧化等预处理;生物氧化预处理技术主要采用生物膜法,其形式主要是淹没式生物滤池,如进行TOC生物降解、氮去除、铁锰去除等。吸附预处理技术包括粉末活性炭吸附、黏土吸附等。

(2)深度处理是指在常规处理工艺之后,再通过适当的处理方法,将常规处理工艺不能有效去除的污染物或消毒副产物的前身物(指能与消毒剂反应产生毒副产物的水中原有有机物,主要是腐殖酸类物质)去除,从而提高和保证饮用水质。目前,应用较广泛的深度处理技术主要有活性炭吸附法、臭氧氧化法、臭氧活性炭法、生物活性炭法、光催化氧化法、吹脱法等。

## (二)污水处理

1.处理方法与工艺

(1)处理目的是将输送来的污水通过必要的处理方法,使之达到国家规定的水质控制标准后回用或排放。从污水处理的角度,污染物可分为悬浮固体污染物、有机污染物、有毒物质、污染生物和污染营养物质。污水中有机物浓度一般用生物化学需氧量($BOD_5$)、化学需氧量(COD)、总需氧量(TOD)和总有机碳(TOC)来表示。

(2)处理方法可根据水质类型分为物理处理法、生物处理法、污水处理产生的污泥处置及化学处理法,还可根据处理程度分为一级处理、二级处理及三级处理等工艺流程。

①物理处理法是利用物理作用分离和去除污水中污染物质的方法。常用方法有筛滤截留、重力分离、离心分离等,相应处理设备主要有格栅、沉砂池、沉淀池及离心机等。其中沉淀池同城镇给水处理中的沉淀池。

②生物处理法是利用微生物的代谢作用,去除污水中有机物质的方法。常用的有活性污泥法、生物膜法等,还有稳定塘及污水土地处理法。

③化学处理法,涉及城市污水处理中的混凝法,类同于城市给水处理。

(3)污泥需处理才能防止二次污染,其处置方法常有浓缩、厌氧消化、脱水及热处理等。

2.工艺流程

(1)一级处理工艺流程如图4-1所示。主要针对水中悬浮物质,常采用物理的方法,经过一级处理后,污水中悬浮物可去除40%左右,附着于悬浮物的有机物也可去除

30%左右。

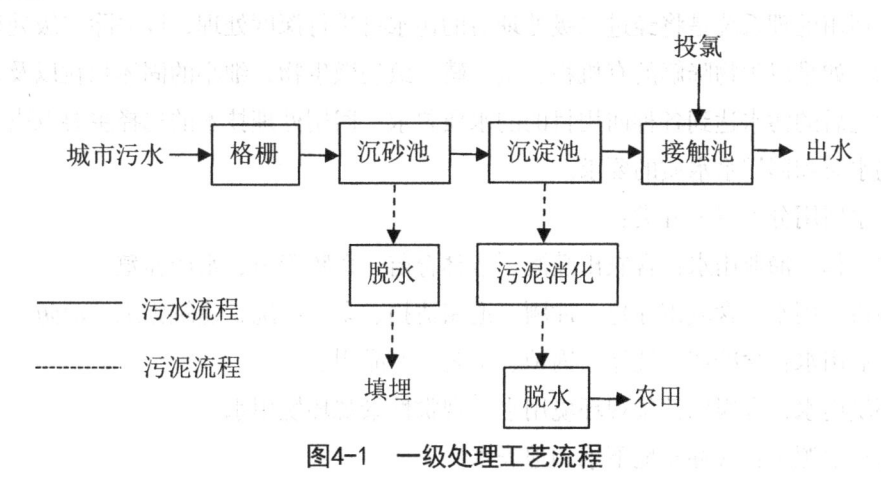

**图4-1 一级处理工艺流程**

（2）二级处理以氧化沟为例。氧化沟主要去除污水中呈胶体和溶解状态的有机污染物质。通常采用的方法是微生物处理法，具体方式有活性污泥法和生物膜法。经过二级处理后，$BOD_5$去除率可达90%以上，二沉池出水能达标排放。

①活性污泥处理系统，在当前污水处理领域，是应用最为广泛的处理技术，曝气池是其反应器。处理过程为将污水与污泥在曝气池中混合，污泥中的微生物将污水中复杂的有机物降解，并用释放出的能量来实现微生物本身的繁殖和运动等。

②氧化沟是传统活性污泥法的一种改型，处理过程为将污水和活性污泥混合液在其中循环流动，动力来自转刷与水下推进器。一般不需要设置初沉池，并且经常采用延时曝气。

氧化沟工艺构造形式多样，一般呈环状沟渠形，其平面可为圆形或椭圆形或与长方形的组合状。主要构成包括氧化沟沟体、曝气装置、进出水装置、导流装置。传统的氧化沟具有延时曝气活性污泥法的特点，通过调节曝气的强度和水流方式，可以使氧化沟内交替出现厌氧、缺氧和好氧状态或出现厌氧区、缺氧区和好氧区，从而脱氮除磷。根据形式的不同，氧化沟可以分为卡罗赛尔氧化沟、奥贝尔氧化沟、交替式氧化沟、一体式氧化沟及其他类型的氧化沟。

（3）三级处理在一级处理、二级处理之后，进一步处理难降解的有机物以及可导致水体富营养化的氮、磷等可溶性无机物等，以进一步改善水质和达到国家有关排放标准为目的。三级处理使用的方法有生物脱氮除磷、混凝沉淀（澄清、气浮）、过滤、活性炭吸附等。

### （三）再生水回用

再生水，又称中水，是指污水经适当处理后，达到一定的水质指标、满足某种使用要求供使用的水。

再生回用处理系统是将经过二级处理后的污水再进行深度处理,以去除二级处理剩余的污染物,如难以生物降解的有机物、氮、磷、致病微生物、细小的固体颗粒以及无机盐等,使净化后的污水达到各种回用目的的水质要求。回用处理技术的选择主要取决于再生水水源的水质和回用水水质的要求。

再生水回用分为以下五类:
①农、林、渔业用水:含农田灌溉、造林育苗、畜牧养殖、水产养殖。
②城市杂用水:含城市绿化、冲厕、道路清扫、车辆冲洗、建筑施工、消防。
③工业用水:含冷却、洗涤、锅炉、工艺、产品用水。
④环境用水:含娱乐性景观环境用水、观赏性景观环境用水。
⑤补充水源水:含补充地下水和地表水。

### 三、给水与污水处理厂试运行

给水与污水处理的构筑物和设备安装、试验、验收完成后,正式运行前必须进行全厂试运行。

#### (一)试运行目的与内容

1. 试运行目的

(1)对土建工程和设备安装进行全面、系统的质量检查和鉴定,以作为工程质量验收的依据。

(2)通过试运行发现土建工程和设备安装工程存在的缺陷,以便及早处理,避免事故发生。

(3)通过试运行考核主辅机具设备协调联动的正确性,掌握设备的技术性能,制定运行必要的技术数据和操作规程。

(4)结合运行进行现场测试,以便进行技术经济分析,满足设备运行安全、低耗、高效的要求。

(5)通过试运行确认水厂土建和安装工程质量符合规程、规范要求,以便进行全面的验收和移交工作。

2. 主要内容与基本程序

(1)主要内容

①检验、试验和监视设备首次启动与运行,掌握运行性能。
②按规定全面详细记录试验情况,整理成技术资料。
③正确评估试运行资料、质量检查和鉴定资料等,并建立档案。

（2）基本程序

①单机试车；

②设备机组充水试验；

③设备机组空载试运行；

④设备机组负荷试运行；

⑤设备机组自动开停机试运行。

## （二）试运行要求

1. 准备工作

（1）所有单项工程验收合格，并进行现场清理；

（2）设备部分、电器部分检查；

（3）辅助设备检查与单机试车；

（4）编写试运行方案并获准；

（5）成立试运行组织，责任清晰明确；

（6）参加试运行人员培训考试合格。

2. 单机试车要求

（1）单机试车，一般空车试运行不少于2h；

（2）各执行机构运作调试完毕，动作反应正确；

（3）自动控制系统的信号元件及元件动作正常；

（4）监测并记录单机运行数据。

3. 联机运行要求

（1）按工艺流程各构筑物逐个通水联机试运行正常；

（2）全联机试运行、协联运行正常；

（3）先采用手工操作，处理构筑物和设备全部运转正常后，方可转入自动控制运行；

（4）全厂联机运行应不少于24h；

（5）监测并记录各构筑物运行情况和运行数据。

4. 设备及泵站空载运行

（1）处理设备及泵房机组首次启动；

（2）处理设备及泵房机组运行4~6h后，停机试验；

（3）机组自动开机、停机试验。

5. 设备及泵站负荷运行

（1）用手动或自动启动负荷运行；

（2）检查、监视各构筑物负荷运行状况；

（3）不通水情况下，运行6~8h，一切正常后停机；
（4）停机前应抄表一次；
（5）检查各台设备是否出现过热、过流、噪声等异常现象。

6. 连续试运行

（1）处理设备及泵房单机组累计运行达72h；
（2）连续试运行期间，开机、停机不少于3次；
（3）处理设备及泵房机组联合试运行时间，一般不少于6h；
（4）水处理和泥处理工艺系统试运行满足工艺要求；
（5）填写设备负荷联动（系统）试运行记录表；
（6）整理分析试运行技术经济资料。

# 第二节 给水排水厂站工程施工

## 一、现浇（预应力）混凝土水池施工技术

### （一）施工方案与流程

1. 施工方案

施工方案应包括结构形式、材料与配合比、施工工艺及流程、模板及其支架设计（支架设计、验算）、钢筋加工安装、混凝土施工、预应力施工等主要内容。

2. 整体式现浇钢筋混凝土池体结构施工流程

测量定位→土方开挖及地基处理→垫层施工→防水层施工→底板浇筑→池壁及柱浇筑→顶板浇筑→功能性试验。

3. 单元组合式现浇钢筋混凝土水池工艺流程

土方开挖及地基处理→中心支柱浇筑→池底防渗层施工→浇筑池底混凝土垫层→池内防水层施工→池壁分块浇筑→底板分块浇筑→底板嵌缝→池壁防水层施工→功能性试验。

### （二）施工技术要点

1. 模板、支架施工

（1）模板及其支架应满足浇筑混凝土时的承载能力、刚度和稳定性要求，且应安装

牢固。

（2）各部位的模板安装位置应正确、拼缝紧密不漏浆；对拉螺栓、垫块等应安装稳固；模板上的预埋件、预留孔洞不得遗漏，且安装牢固；在安装池壁的最下一层模板时，应在适当位置预留清扫杂物用的窗口在浇筑混凝土前，应将模板内部清扫干净，经检验合格后，再封闭窗口。

（3）采用穿墙螺栓来平衡混凝土浇筑对模板侧压力时，应选用两端能拆卸的螺栓或在拆模板时可拔出的螺栓。对跨度不小于4m的现浇钢筋混凝土梁、板，其模板应按设计要求起拱；设计无具体要求时，起拱高度宜为跨度的1/1000~3/1000。

（4）池壁模板施工时，应设置确保墙体直顺和防止浇筑混凝土时模板倾覆的装置。

（5）固定在模板上的预埋管、预埋件的安装必须牢固，位置准确。安装前应清除铁锈和油污，安装后应作标志。

（6）池壁与顶板连续施工时，池壁内模立柱不得同时作为顶板模板立柱。顶板支架的斜杆或横向连杆不得与池壁模板的杆件相连接。池壁模板可先安装一侧，绑完钢筋后，分层安装另一侧模板，或采用一次安装到顶而分层预留操作窗口的施工方法。

2. 止水带安装

（1）塑料或橡胶止水带的形状、尺寸及其材质的物理性能，应符合设计要求，且无裂纹，无气泡。

（2）塑料或橡胶止水带接头应采用热接，不得采用叠接；接缝应平整牢固，不得有裂口、脱胶现象；T字接头、十字接头和Y字接头，应在工厂加工成型。

（3）金属止水带应平整、尺寸准确，其表面的铁锈、油污应清除干净，不得有砂眼、钉孔。

（4）金属止水带接头应按其厚度分别采用折叠咬接或搭接；搭接长度不得小于20mm，咬接或搭接必须采用双面焊接。

（5）金属止水带在伸缩缝中的部分应涂刷防锈和防腐涂料。

（6）止水带安装应牢固，位置准确，其中心线应与变形缝中心线对正，止水带不得有裂纹、孔洞等。不得在止水带上穿孔或用铁钉固定就位。

3. 钢筋施工

（1）加工前应对进场原材料进行复试，合格后方可使用。

（2）根据设计保护层厚度、钢筋级别、直径和弯钩要求确定下料长度并编制钢筋下料表。

（3）钢筋连接的方式：根据钢筋直径、钢材、现场条件确定钢筋连接的方式。主要采取绑扎、焊接、机械连接方式。

（4）钢筋安装质量检验应在混凝土浇筑之前对安装完毕的钢筋进行隐蔽验收。

### 4. 无黏结预应力施工

（1）无黏结预应力筋技术要求

①预应力筋外包层材料，应采用聚乙烯或聚丙烯，严禁使用聚氯乙烯；外包层材料性能应满足《无粘结预应力混凝土结构技术规程》（JGJ92-2016）的要求；

②预应力筋涂料层应采用专用防腐油脂，其性能应满足《无粘结预应力混凝土结构技术规程》（JGJ92-2016）的要求；

③必须采用Ⅰ类锚具，锚具规格应根据无黏结预应力筋的品种、张拉吨位以及工程使用情况选用。

（2）施工工艺流程

钢筋施工→安装内模板→铺设非预应力筋→安装托架筋、承压板、螺旋筋→铺设无粘结预应力筋→外模板→混凝土浇筑→混凝土养护→拆模及锚固肋混凝土凿毛→割断外露塑料套管并清理油脂→安装锚具→安装千斤顶→同步加压→量测→回油撤泵→锁定→切断无黏结预应力筋（留100mm）→锚具及钢绞线防腐→封锚混凝土。

（3）无粘结预应力筋布置安装

①锚固肋数量和布置，应符合设计要求；设计无要求时，应保证张拉段无粘结预应力筋长不超过50m，且锚固肋数量为双数。

②安装时，上下相邻两无粘结预应力筋锚固位置应错开一个锚固肋；以锚固肋数量的一半为无粘结预应力筋分段（张拉段）数量；每段无粘结预应力筋的计算长度应考虑加入一个锚固肋宽度及两端张拉工作长度和锚具长度。

③应在浇筑混凝土前安装、放置；浇筑混凝土时，严禁踏压撞碰无粘结预应力筋、支撑架以及端部预埋件。

④无粘结预应力筋不应有死弯，有死弯时必须切断。

⑤无粘结预应力筋中严禁有接头。

（4）无粘结预应力张拉

①张拉段无粘结预应力筋长度小于25m时，宜采用一端张拉；张拉段无粘结预应力筋长度大于25m而小于50m时，宜采用两端张拉；张拉段无粘结预应力筋长度大于50m时，宜采用分段张拉和锚固。

②安装张拉设备时，对直线的无粘结预应力筋，应使张拉力的作用线与预应力筋中心重合；对曲线的无粘结预应力筋，应使张拉力的作用线与预应力筋中心线末端重合。

（5）封锚要求

①凸出式锚固端锚具的保护层厚度不应小于50mm；

②外露预应力筋的保护层厚度不应小于50mm；

③封锚混凝土强度等级不得低于相应结构混凝土强度等级，且不得低于C40。

5.混凝土施工

(1)钢筋(预应力)混凝土水池(构筑物)是给水排水厂站工程施工控制的重点。对于结构混凝土外观质量、内在质量有较高的要求,设计上有抗冻、抗渗、抗裂要求。对此,混凝土施工必须从原材料、配合比、混凝土供应、浇筑、养护各环节加以控制,以确保实现设计的使用功能。

(2)混凝土浇筑后应加遮盖洒水养护,保持湿润并不应少于14d,直至达到规范规定的强度。

6.模板及支架拆除

(1)应按模板支架设计方案、程序进行拆除。

(2)采用整体模板时,侧模板应在混凝土强度能保证其表面及棱角不因拆除模板而受损坏时,方可拆除;其他模板应在与结构同条件养护的混凝土试块达到表4-3规定强度时,方可拆除。

表4-3 整体现浇混凝土模板拆模时所需混凝土强度

| 序号 | 构件类型 | 构件跨度L(m) | 达到设计的混凝土立方体抗压强度标准值的百分率(%) |
|---|---|---|---|
| 1 | 板 | ≤2 | ≥50 |
|  |  | 2<L≤8 | ≥75 |
|  |  | >8 | ≥100 |
| 2 | 梁、拱、壳 | ≤8 | ≥75 |
|  |  | >8 | ≥100 |
| 3 | 悬臂构件 | — | ≥100 |

(3)模板及支架拆除时,应划定安全范围,设专人指挥和值守。

## 二、装配式预应力混凝土水池施工技术

### (一)预制构件吊运安装

1.构件吊装方案

预制构件吊装前必须编制吊装方案。吊装方案应包括以下内容:

(1)工程概况,包括施工环境、工程特点、规模、构件种类数量、最大构件自重、吊距以及设计要求、质量标准。

(2)主要技术措施,包括吊装前环境、材料机具与人员组织等准备工作,吊装程序和方法,构件稳固措施,不同气候施工措施等。

（3）吊装进度计划。

（4）质量安全保证措施，包括管理人员职责、检测监控手段、发现不合格的处理措施以及吊装作业记录表格等安全措施。

（5）环保、文明施工等保证措施。

2. 预制构件安装

（1）安装前应经复验合格；有裂缝的构件，应进行鉴定。预制柱、梁及壁板等构件应标注中心线，并在杯槽、杯口上标出中心线。预制壁板安装前应将不同类别的壁板按预定位置顺序编号。壁板两侧面宜凿毛，应将浮渣、松动的混凝土等冲洗干净，并应将杯口内杂物清理干净，界面处理满足安装要求。

（2）预制构件应按设计位置起吊，曲梁宜采用三点吊装。吊绳与预制构件平面的交角不应小于45°；当小于45°时，应进行强度验算。预制构件安装就位后，应采取临时固定措施。曲梁应在梁的跨中临时支撑，待上部二期混凝土达到设计强度的75%及以上时，方可拆除支撑。安装的构件，必须在轴线位置及高程进行校正后焊接或浇筑接头混凝土。

（3）预制混凝土壁板（构件）安装位置应准确、牢固，不应出现扭曲、损坏、明显错台等现象。池壁板安装应垂直、稳固，相邻板湿接缝及杯口填充部位混凝土应密实。池壁顶面高程和平整度应满足设备安装及运行的精度要求。

## （二）现浇壁板缝混凝土

为使预制安装水池满水试验合格，除底板混凝土施工质量和预制混凝土壁板质量需满足抗渗标准外，现浇壁板缝混凝土防渗漏也是关键。为此，施工企业必须控制其施工质量，具体操作要点如下：

（1）壁板接缝的内模宜一次安装到顶；外模应分段随浇随支。分段支模高度不宜超过1.5m。

（2）浇筑前，接缝的壁板表面应洒水保持湿润，模内应洁净；接缝的混凝土强度应符合设计规定，设计无要求时，应比壁板混凝土强度提高一级。

（3）浇筑时间应根据气温和混凝土温度选在壁板间缝宽较大时进行；混凝土如有离析现象，应进行二次拌和；混凝土分层浇筑厚度不宜超过250mm，并应采用机械振捣，配合人工捣固。

（4）用于接头或拼缝的混凝土或砂浆，宜采取微膨胀和快速水泥，在浇筑过程中应振捣密实并采取必要的养护措施。

## （三）绕丝预应力施工

1. 环向缠绕预应力钢丝

（1）准备工作

①预应力钢丝材料、锚具和张拉设备应符合设计要求；

②缠丝施加预应力前，应先清除池壁外表面的混凝土浮粒、污物，壁板外侧接缝处宜采用水泥砂浆抹平压光，洒水养护；

③施加预应力前，应在池壁上标记预应力钢丝、钢筋的位置和次序号。

（2）缠绕钢丝施工

①预应力钢丝接头应密排绑扎牢固，其搭接长度不应小于250mm；

②缠绕预应力钢丝，应由池壁顶向下进行，第一圈距池顶的距离应按设计要求或按缠丝机性能确定，并不宜大于500mm；

③池壁两端不能用绕丝机缠绕的部位，应在顶端和底端附近局部加密或改用电热张拉；

④池壁缠丝前，在池壁周围必须设置防护栏杆；已缠绕的钢丝，不得用尖硬或重物撞击。

2. 电热张拉施工

（1）准备工作

①张拉前，应根据电工、热工等参数计算伸长值，并应取一环做试张拉，进行验证；

②预应力筋的弹性模量应由试验确定；

③张拉可采用螺丝端杆、墩粗头插U形垫板、帮条锚具U形垫板或其他锚具。

（2）张拉作业

①张拉顺序在设计无要求时，可由池壁顶端开始，逐环向下；

②与锚固肋相交处的钢筋应有良好的绝缘处理；

③端杆螺栓接电源处应除锈，并保持接触紧密；

④通电前，钢筋应测定初应力，张拉端应刻画伸长标记；

⑤通电后，应进行机、具、设备、线路绝缘检查，测定电流、电压及通电时间；

⑥电热温度不应超过350℃；

⑦在张拉过程中，应采用木槌连续敲打各段钢筋；

⑧伸长值控制允许偏差不得超过±6%，经电热达到规定的伸长值后，应立即进行锚固，锚固必须牢固可靠；

⑨每一环预应力筋应对称张拉，并不得间断；

⑩张拉应一次完成，必须重复张拉时，同一根钢筋的重复次数不得超过3次，发生裂

纹时，应更换预应力筋；

⑪张拉过程中，发现钢筋伸长时间超过预计时间过多时，应立即停电检查；

⑫应在每环钢筋中选一根钢筋，在其两端和中间附近各设一处测点进行应力值测定；初读数应在钢筋初应力建立后通电前测量，末读数应在断电并冷却后测量。

3. 预应力钢丝锚固

预应力钢丝用绕丝机连续缠绕于池壁的外表面，预应力钢丝的端头用楔形锚具锚固在沿池壁四周特别的锚固槽内。

### （四）喷射水泥砂浆保护层施工

1. 准备工作

（1）喷射水泥砂浆保护层，应在水池满水试验后施工（以便直观检查壁板及板缝有无渗漏，也方便处理），而且必须在水池满水状况下施工。

（2）喷浆前必须对池外壁油污进行清理、检验。

（3）水泥砂浆配合比应符合设计要求，所用砂最大粒径不得大于5mm，细度模量2.3～3.7为宜。

（4）正式喷浆前应先作试喷，对水压及砂浆用水量调试，以喷射的砂浆不出现干斑和流淌为宜。

2. 喷射作业

（1）喷射机罐内压力宜为0.5（0.4）MPa，输送干拌料管径不宜小于25mm，管长适度（不宜小于10m）。输水管压力要稳定，喷射时谨慎控制供水量。

（2）喷射距离以砂回弹量少为宜，斜面喷射角度不宜大于15°。喷射应沿池壁的圆周方向自下而上喷浆，要用连环式喷射而不能停滞在一点上喷射，并随时控制喷射均匀平整，厚度须满足设计要求。

（3）喷浆宜在气温高于15℃时施工，当有六级（含）以上大风、降雨、冰冻时不得进行喷浆施工。

（4）一般条件下，喷射水泥砂浆保护层厚50mm。

（5）在进行下一工序前，应对水泥砂浆保护层外观和黏结情况进行检查，当有空鼓现象时应做处理。

（6）在喷射水泥砂浆保护层凝结后，应加遮盖、保持湿润不应小于14d。

## 三、构筑物满水试验的规定

满水试验是给水排水构筑物的主要功能性试验之一。

## （一）试验必备条件与准备工作

1. 满水试验前必备条件

（1）池体的混凝土或砖、石砌体的砂浆已达到设计强度要求；池内清理洁净，池内外缺陷修补完毕。

（2）试验应在现浇钢筋混凝土池体的防水层、防腐层施工之前；装配式预应力混凝土池体施加预应力且锚固端封锚以后，保护层喷涂之前；砖砌池体防水层施工以后，石砌池体勾缝以后。

（3）设计预留孔洞、预埋管口及进出水口等已做临时封堵，且经验算能安全承受试验压力。

（4）池体抗浮稳定性满足设计要求。

（5）试验用的充水、充气和排水系统已准备就绪，经检查充水、充气及排水闸门不得渗漏。

（6）各项保证试验安全的措施已满足要求；满足设计的其他特殊要求。

2. 满水试验准备工作

（1）选定好洁净、充足的水源；注水和放水系统设施及安全措施准备完毕。

（2）有盖池体顶部的通气孔、入孔盖已安装完毕，必要的防护设施和照明等标志已配备齐全。

（3）安装水位观测标尺、标定水位测针。

（4）准备现场测定蒸发量的设备。一般采用严密不渗，直径500mm、高300mm的敞口钢板水箱，并设水位测针，注水深200mm。将水箱固定在水池中。

（5）对池体有观测沉降要求时，应选定观测点，并测量记录池体各观测点初始高程。

## （二）水池满水试验与流程

1. 试验流程

试验准备→水池注水→水池内水位观测→蒸发量测定→整理试验结论。

2. 试验要求

（1）池内注水

①向池内注水宜分3次进行，每次注水为设计水深的1/3。对大、中型池体，可先注水至池壁底部施工缝以上，检查底板抗渗质量，当无明显渗漏时，再继续注水至第一次注水深度。

②注水时水位上升速度不宜超过2m/d。相邻两次注水的间隔时间不应小于24h。

③每次注水宜测读24h的水位下降值，计算渗水量，在注水过程中和注水以后，应对池体做外观检查；当发现渗水量过大时，应停止注水；待做出妥善处理后方可继续注水。

④当设计有特殊要求时，应按设计要求执行。

（2）水位观测

①利用水位标尺测针观测、记录注水时的水位值。

②注水至设计水深进行水量测定时，应采用水位测针测定水位。水位测针的读数精确度应达1/10mm。

③注水至设计水深24h后，开始测读水位测针的初读数。

④测读水位的初读数与末读数之间的间隔时间应不少于24h。

⑤测定时间必须连续。测定的渗水量符合标准时，须连续测定两次以上；测定的渗水量超过允许标准，而以后的渗水量逐渐减少时，可继续延长观测。延长观测的时间应在渗水量符合标准时止。

（3）蒸发量测定

①池体有盖时可不测，蒸发量忽略不计。

②池体无盖时，需做蒸发量测定。

③每次测定水池中水位时，同时测定水箱中蒸发量水位。

### （三）满水试验标准

1. 水池渗水量计算，按池壁（不含内隔墙）和池底的浸湿面积计算。

2. 渗水量合格标准。钢筋混凝土结构水池不得超过$2L/(m^2 \cdot d)$；砌体结构水池不得超过$3L/(m^2 \cdot d)$。

## 四、沉井施工技术

### （一）沉井的构造

沉井的组成部分包括井筒、刃脚、隔墙、梁、底板。

1. 井筒

即沉井的井壁，是沉井的主要组成部分，它作为地下构筑物的围护结构和基础，要有足够的强度，其内部空间可充分利用。井筒靠自重或外力克服筒壁周围的土的摩阻力而下沉。井筒一般用钢筋混凝土、砌砖或钢材等材料制成。

2. 刃脚

刃脚在沉井井筒的下部，形状为内刃环刀，其作用是使井筒下沉时减少井壁下端切土的阻力，并便于操作人员挖掘靠近沉井刃脚外壁的土体。刃脚的高度视土质的坚硬程度而异，当土质松软时应适当加高。刃脚下端有一个水平的支承面，通称刃脚踏面，其底宽一般为150~300mm，刃脚踏面以上为刃脚斜面，在井筒壁的内侧，它与水平面的夹角一般为50°~60°。当沉井在坚硬土层中下沉时，刃脚踏面的底宽宜取150mm；为防止脚踏面受到损坏，可用角钢加固；当采用爆破法清除刃脚下的障碍物时，要在刃脚的外缘用钢板包住，以达到加固的目的。

3. 隔墙、壁柱和横梁

为满足沉井在交工后的使用要求，增加井筒的刚度及防止井筒在施工过程中的突然下沉，在较大的沉井井筒内一般设置横、纵隔墙或梁，隔墙的底标高高出刃脚踏面500~100mm；如因设置隔墙而影响井筒下沉和后续使用的操作，可改用横梁或由上、下横梁和壁柱组成的框架加固井壁。

4. 底板

沉井的底板在井筒的下部，是沉井的井底。为增强井壁与底板的连接，在刃脚上部井筒壁上留有连接底板的企口凹槽，深度为100~200mm。

## （二）沉井准备工作

1. 基坑准备

（1）按施工方案要求，进行施工平面布置，设定沉井中心桩、轴线控制桩、基坑开挖深度及边坡。

（2）沉井施工影响附近建（构）筑物、管线或河岸设施时，应采取控制措施，并应进行沉降和位移监测，测点应设在不受施工干扰和方便测量的地方。

（3）地下水位应控制在沉井基坑以下0.5m，基坑内的水应及时排除；采用沉井筑岛法制作时，岛面标高应比施工期最高水位高出0.5m以上。

（4）基坑开挖应分层有序进行，保持平整和疏干状态。

2. 地基与垫层施工

（1）制作沉井的地基应具有足够的承载力，地基承载力不能满足沉井制作阶段的荷载时，应按设计进行地基加固。

（2）刃脚的垫层采用砂垫层上铺垫木或素混凝土，且应满足下列要求：

①垫层的结构厚度和宽度应根据土体地基承载力、沉井下沉结构高度和结构形式，经计算确定；素混凝土垫层的厚度应便于沉井下沉前凿除。

②砂垫层分布在刃脚中心线的两侧范围，应考虑方便抽除垫木；砂垫层宜采用中粗砂，并应分层铺设、分层夯实。

③垫木铺设应使刃脚底面在同一水平面上，并符合设计起沉标高的要求；平面布置要均匀对称，每根垫木的长度中心应与刃脚底面中心线重合，定位垫木的布置应使沉井有对

称的着力点。

④采用素混凝土垫层时，其强度等级应符合设计要求，表面平整。

(3) 沉井刃脚采用砖模时，其底模和斜面部分可采用砂浆、砖砌筑；每隔适当距离砌成垂直缝。砖模表面可采用水泥砂浆抹面，并应涂一层隔离剂。

### （三）沉井预制

1. 结构的钢筋、模板、混凝土工程施工应符合设计要求；混凝土应对称、均匀、水平连续分层浇筑，并防止沉井偏斜。

2. 分节制作沉井

(1) 每节制作高度应符合施工方案要求，且第一节制作高度必须高于刃脚部分；井内设置底梁或支撑梁时应与刃脚部分整体浇捣。

(2) 设计无要求时，混凝土强度应在达到设计强度等级75%后，方可拆除模板或浇筑后节混凝土。

(3) 混凝土施工缝处理应采用凹凸缝或设置钢板止水带，施工缝应凿毛并清理干净；内外模板采用对拉螺栓固定时，其对拉螺栓的中间应设置防渗止水片；钢筋密集部位和预留孔底部应辅以人工振捣，保证结构密实。

(4) 沉井每次接高时，各部位的轴线位置应一致、重合，及时做好沉降和位移监测；必要时应对刃脚地基承载力进行验算，并采取相应措施确保地基及结构的稳定。

(5) 分节制作、分次下沉的沉井，前次下沉后进行后续接高施工：

①应验算接高后稳定系数等，并应及时检查沉井的沉降变化情况，严禁在接高施工过程中沉井发生倾斜和突然下沉；

②后续各节的模板不应支撑于地面上，模板底部应距地面不小于1m。

### （四）下沉施工

1. 排水下沉

(1) 应采取措施，确保下沉和降低地下水过程中不危及周围建（构）筑物、道路或地下管线，并保证下沉过程和终沉时的坑底稳定。

(2) 下沉过程中应进行连续排水，保证沉井范围内地层水疏干。

(3) 挖土应分层、均匀、对称进行；对于有底梁或支撑梁的沉井，其相邻格仓高差不宜超过0.5m；开挖顺序应根据地质条件、下沉阶段、下沉情况综合运用和灵活掌握，严禁超挖。

(4) 用抓斗取土时，井内严禁站人，严禁在底梁以下任意穿越。

2. 不排水下沉

（1）沉井内水位应符合施工设计控制水位；下沉有困难时，应根据内外水位、井底开挖几何形状、下沉量及速率、地表沉降等监测资料综合分析调整井内外的水位差。

（2）机械设备的配备应满足沉井下沉以及水中开挖、出土等要求，运行正常；废弃土方、泥浆应专门处置，不得随意排放。

（3）水中开挖、出土方式应根据井内水深、周围环境控制要求等因素选择。

3. 沉井下沉控制

（1）下沉应平稳、均衡、缓慢，发生偏斜时应通过调整开挖顺序和方式"随挖随纠、动中纠偏"。

（2）应按施工方案规定的顺序和方式开挖。

（3）沉井下沉影响范围内的地面四周不得堆放任何东西，车辆来往要减少震动。

（4）沉井下沉监控测量：

①下沉时标高、轴线位移每班至少测量一次，每次下沉稳定后应进行高差和中心位移量的计算；

②终沉时，每小时测一次，严格控制超沉，沉井封底前自沉速率应小于10mm/8h；

③如发生异常情况应加密量测；

④大型沉井应进行结构变形和裂缝观测。

4. 辅助法下沉

（1）沉井外壁采用阶梯形以减少下沉摩擦阻力时，在井外壁土体之间应有专人随时用黄沙均匀灌入，四周灌入黄沙的高差不应超过500mm。

（2）采用触变泥浆套助沉时，应采用自流渗入、管路强制压注补给等方法；触变泥浆的性能应满足施工要求，泥浆补给应及时以保证泥浆液面高度；施工中应采取措施防止泥浆套损坏失效，下沉到位后应进行泥浆置换。

（3）采用空气幕助沉时，管路和喷气孔、压气设备及系统装置的设置应满足施工要求；开气应自上而下，停气应缓慢减压，压气与挖土应交替作业，确保施工安全。

（4）沉井采用爆破方法开挖下沉时，应符合国家有关爆破安全的规定。

（五）沉井封底

1. 干封底

（1）在井点降水条件下施工的沉井应继续降水，并稳定保持地下水位距坑底不小于0.5m；在沉井封底前应用大石块将刃脚下垫实。

（2）封底前应整理好坑底和清除浮泥，对超挖部分应回填砂石至规定标高。

（3）采用全断面封底时，混凝土垫层应一次性连续浇筑；有底梁或支撑梁分格封底时，应对称逐格浇筑。

（4）钢筋混凝土底板施工前，井内应无渗漏水且新、老混凝土接触部位凿毛处理，并清理干净。

（5）封底前应设置泄水井，底板混凝土强度达到设计强度等级且满足抗浮要求时，方可封填泄水井，停止降水。

2. 水下封底

（1）基底的浮泥、沉积物和风化岩块等应清除干净；软土地基应铺设碎石或卵石垫层。

（2）混凝土凿毛部位应洗刷干净。

（3）浇筑混凝土的导管加工、设置应满足施工要求。

（4）浇筑前，每根导管应有足够的混凝土量，浇筑时能一次将导管底埋住。

（5）水下混凝土封底的浇筑顺序，应从低处开始，逐渐向周围扩大；井内有隔墙、底梁或混凝土供应量受到限制时，应分格对称浇筑。

（6）每根导管的混凝土应连续浇筑，且导管埋入混凝土的深度不宜小于1.0m；各导管间混凝土浇筑面的平均上升速度不应小于0.25m/h；相邻导管间混凝土上升速度宜相近，最终浇筑成的混凝土面应略高于设计高程。

（7）水下封底混凝土强度达到设计强度等级，沉井能满足抗浮要求时，方可将井内水抽除，并凿除表面松散混凝土进行钢筋混凝土底板施工。

## 五、水池施工中的抗浮措施

当地下水位较高或雨、汛期施工时，水池等给水排水构筑物在施工过程中需要采取措施防止水池上浮。

### （一）当构筑物设有抗浮设计时

1. 当地下水位高于基坑底面时，水池基坑施工前必须采取人工降水措施，把水位降至基坑底下不少于500mm，以防止施工过程中构筑物浮动，保证工程施工顺利进行。

2. 在水池底板混凝土浇筑完成并达到规定强度时，应及时作抗浮结构。

### （二）当构筑物无抗浮设计时，水池施工应采取抗浮措施

1. 下列水池（构筑物）工程施工应采取降排水措施

（1）受地表水、地下动水压力作用影响的地下结构工程；

（2）采用排水法下沉和封底的沉井工程；

（3）基坑底部存在承压含水层，且经验算基底开挖面至承压含水层顶板之间的土体

重力不足以平衡承压水水头压力，需要减压降水的工程。

2.施工过程降、排水要求

（1）选择可靠的降低地下水位方法，严格进行降水施工，对降水所用机具随时做好保养维护，并准备备用机具。

（2）基坑受承压水影响时，应进行承压水降压计算，对承压水降压的影响进行评估。

（3）降、排水应输送至抽水影响半径范围以外的河道或排水管道，并防止环境水源进入施工基坑。

（4）在施工过程中不得间断降、排水，并应对降、排水系统进行检查和维护；构筑物未具备抗浮条件时，严禁停止降、排水。

### （三）当构筑物无抗浮设计时，雨期施工过程必须采取抗浮措施

1.雨期施工时，基坑内地下水位急剧上升，或外表水大量涌入基坑，使构筑物的自重小于浮力时，会导致构筑物浮起。施工中常采用的抗浮措施如下：

（1）基坑四周设防汛墙，防止外来水进入基坑；建立防汛组织，强化防汛工作。

（2）构筑物下及基坑内四周埋设排水盲管（盲沟）和抽水设备，一旦发生基坑内积水随即排除。

（3）备有应急供电和排水设施并保证其可靠性。

2.当构筑物的自重小于其承受的浮力时，会导致构筑物浮起。施工企业应考虑因地制宜措施，如引入地下水和地表水等外来水进入构筑物，使构筑物内、外无水位差，以减小其浮力，使构筑物结构免受破坏。

# 第五章　给排水管网管理与维护

## 第一节　给排水管网的技术资料管理

给水排水管道档案是工程技术档案，能够系统地积累施工技术资料，总结经验，并为各项管道工程交工使用、维护管理和改建扩建提供依据。因此，施工单位应从工程准备开始时建立工程技术档案，汇集整理有关资料，并贯穿于整个施工过程，直至交工验收后结束。

凡是列入技术档案的技术文件、资料，都必须如实反映情况，并经过有关人员的签证，不得擅自修改、伪造和事后补做。

工程技术档案的主要内容因保存单位不同可分为以下几部分。

### 一、提供给建设单位保存的技术资料

提供给建设单位保存的技术资料主要有：

（1）竣工工程项目一览表。
（2）图纸会审记录、设计变更通知书、技术核定书及竣工图等。
（3）隐蔽工程验收记录（包括水压试验、灌水试验、测量记录等）。
（4）工程质量检验记录及质量事故的发生和处理记录、监理工程师的整改通知单等。
（5）规范规定的必要的试验、检验记录。
（6）设备的调试和试运行记录。
（7）由施工单位和设计单位提出的工程移交及使用注意事项文件。
（8）其他有关该项工程的技术决定。

### 二、由施工单位保存和参考的技术资料档案

由施工单位保存和参考的技术资料档案主要有：

（1）工程项目及开工报告。

（2）图纸会审记录及有关工程会议记录，设计变更及技术核定单。

（3）施工组织设计和施工经验总结。

（4）施工技术、质量、安全交底记录及雨季施工措施记录。

（5）分部（分项）及单位工程质量评定表及重大质量、安全事故情况分析及其补救措施和处理文件。

（6）隐蔽工程验收记录及交竣工证明书。

（7）设备及系统试压、调试和试运行记录。

（8）规范要求的各种检验、试验记录。

（9）施工日记。

（10）其他有关施工技术管理资料及经验总结。

## 三、供水部门日常维护管理

供水部门日常维护管理需要下列资料：

（1）管网平面图。图中标明管线、泵站、阀门、消火栓等的位置和尺寸，可根据城市大小，一个区或一条街道绘制一张平面图。

（2）管线详图。注明干管、支管和接户管的位置、直径、埋深以及阀门等的具体布置。

（3）管线穿越铁路、公路和河流的构筑物详图。

（4）阀门和消火栓记录资料，包括型号、安装年月、地点、口径、检修记录等。

（5）管道检漏、防腐及清洗记录。

工程技术档案是永久性保存文件，应严加管理，不能遗失和损坏。若管理人员调动，必须办理交接手续。

## 第二节 给水管网的日常管理

### 一、给水管网的监测与检漏

#### (一)管网的检漏

监测的目的是利用各种手段得到管网运行的参数,通过对这些参数的分析来判断管网的运行状态。

检漏工作是降低管线漏水量、节约用水量与降低成本的重要措施。漏水量的大小与给水管网的材料质量、施工质量、日常维护工作、管网运行年限、管网工作压力等因素有关。管网漏水不仅会提高运行成本,还会影响附近其他设施的安全。

水管漏水的原因很多,如管网质量差或使用过久而破损;施工不良、管道接口不牢、管基沉陷、支座(支墩)不当、埋深不够、防腐不规范等;意外事故造成管网的破坏;维修不及时;水压过高等。

检漏的方法有很多,如听漏法、直接观察法、分区检漏法、间接测定法等。

1. 听漏法

听漏法是常用的检漏方法,其原理是根据管道漏水时产生的漏水声或由此产生的振荡,利用听漏棒、听漏器以及电子检漏器等仪器进行管道渗漏的测定。

听漏工作为了避免其他杂音的干扰,应选择在夜间进行。使用听漏棒时,将其一端放在地面、阀门或消火栓上,可从棒的另一端听到漏水声。这种方法的效果与操作人员的经验丰富程度有很大的关系。

半导体检漏仪则是比较好的检漏工具。它是一种高频放大器,利用晶体探头将地下漏水的低频振动转化为电信号,放大后既可在耳机里听到漏水声,也可从输出电表的指针摆动看出漏水的情况。检漏器的灵敏度很高,但亦会放大杂音,因此有时判断起来也有困难。

2. 直接观察法

直接观察法是从地面上观察管道的漏水迹象。下列情况可作为查找漏水点的依据:地面上有"泉水"出露,甚至呈明显的管涌现象;铺设时间不长的管道,管沟回填土局部下塌速度比别处快;周围地面都是干土,唯一一处有潮土;柏油路面发生沉陷现象;干旱区域的地面上，青草沿管子方向却长得茂盛等。

此方法简单易行，但比较粗略。

3. 分区检漏法

分区检漏法是指把整个给水管网分成若干小区，凡与其他小区相通的阀门全部关闭，小区内暂停用水，然后开启装有水表的进水管上的阀门，如小区内的管网漏水，水表指针将会转动，由此可读出漏水量。查明小区内管道漏水后，可按需要逐渐缩小检漏范围。

4. 间接测定法

间接测定法是利用测定管线的流量和节点的水压来确定漏水的地点，观察漏水点的水力坡降线是否有突然下降的现象。

检漏的方法多种多样，在工程实践中可以根据不同的情况，采取相应的检漏措施。

## （二）管道水压和流量测定

管网运行过程中为了更好地了解管网中运行参数的变化，施工人员通常需要对某些管道进行水压和流量的测定。

1. 压力测定

在水流呈直线的管道下方设置导压管，注意导压管应与水流方向垂直。在导压管上安装压力表即可测出该管段水压值的大小。

常用的压力表是弹簧管压力表，其工作原理是：弹簧管作为测量元件，它的一端固定在支持器上，另一端为自由端，是封闭的，借连杆和扇形齿轮相连。

扇形齿轮和中心齿轮啮合，共同组成传动放大机构。在中心齿轮的轴上装着指针和螺旋形的游丝，游丝的作用是保证齿轮的啮合紧密。此外还有电接点压力表，它装有电接点，当被测压力超过给定的范围时会发出电信号，既可用于远程控制，也可用于双位控制。

2. 流量测定

测定流量的设备较多，在此我们简单介绍三种。

（1）差压流量计。差压流量计是基于流体流动的节流原理，利用液体流经节流装置时产生的压力差实现流量的测定。它由节流装置、压差引导管和压差计三个部分组成。节流装置是差压式流量计的测量元件，它装在管道里造成液体的局部收缩。

（2）电磁流量计。电磁流量计测量原理是基于法拉第电磁感应定律，即导电液体在磁场中做切割磁力线运动时，导体中产生感生电动势。测量流量时，液体流过垂直于流动方向的磁场，感应出一个与平均流速成正比的电压，因此要求被测流动流体要有最低限度的导电率，其感生电压信号通过两个与液体直接接触的电极检出，并通过电缆传送至放大器，然后转换为统一输出的信号。这种测量方式具有如下优点：测量管内无阻流件，因而无附加压力损失；由于信号在整个充满磁场的空间中形成，是管道截面上的平均值。因此，从电极平面至传感器上游端平面间所需直管段相对较短，长度为5倍的管径；与被测液体接触的只有管道衬里和电极，因此只要合理选择电极及衬里材料，即可达到耐腐蚀、耐磨损的要求；传感器信号是一个与平均流速呈精确线性关系的电动势；测量结果与液体的压力、温度、密度、黏度、电导率（不小于最低电导率）等物理参数无关，所以测量精度高，工作可靠。

（3）超声波流量计。超声波流量计是利用超声波传播原理测量圆管内液体流量的仪器。探头（换能器）贴装在管壁外侧，不与液体直接接触，其测量过程对管路系统无任何影响，使用非常方便。

仪表分为探头和主机两部分。使用时将探头贴装在被测管路上，通过传输电缆与主机连接，再使用键盘将管路及液体参数输入主机，仪表即可工作。PCL型超声波流量计采用先进的"时差"技术，能高精度地完成电信号的测量，以独特技术完成信号的全自动跟踪、雷诺数及温度自动补偿。电路设计上充分考虑了复杂的现场，从而保证了仪表的精度、准确性和可靠性。

## 二、给水管道的防腐与修复

管道外部直接与大气和土壤接触，容易产生化学和电化腐蚀。为了避免或减少这种腐蚀，对与空气接触的管道外部可涂刷防腐涂料，对埋地管道可设置防腐绝缘层或进行电化保护。

### （一）管道防腐

**1. 涂料防腐**

涂料俗称"油漆"，是指以天然漆和植物油为主体所组成的混合液体，随着化学工业的不断发展，油漆中的油料，部分或全部被合成树脂取代，所以再叫油漆已不够准确，现称为有机涂料，简称涂料。

（1）管道表面的处理。管道表面往往有锈层、油类、旧漆膜、灰尘等，涂漆前对管道表面要做好处理，否则就会影响漆膜的附着力，使新涂的漆膜很快脱落，达不到防腐的目的。

①手工处理。用刮刀、锉刀、钢丝刷或砂纸等将管道表面的锈层、氧化皮、铸砂等除掉。

②机械处理。采用机械设备处理管道表面或利用压缩空气喷石英砂（喷砂法）吹打管道表面，将锈层、氧化皮、铸砂等污物除掉。喷砂法比手工操作和机械设备处理效果好，

管道表面经喷打后呈粗糙状,能增强漆膜的附着力。

③化学处理。用酸洗法清除管道表面的锈层、氧化皮,采用质量分数为10%~20%、温度为18℃~60℃的稀硫酸溶液,浸泡管道15~60min。为了酸洗时不损害管道,酸溶液中应加入缓蚀剂。酸洗后要用清水洗涤,并用5%的碳酸钠溶液进行中和,然后再用热水冲洗。

④旧漆膜的处理。在旧漆膜上重新涂漆时,可视旧漆膜的附着情况,确定全部清除或部分清除。如旧漆膜附着很好,刮不掉可不必清除;如旧漆膜附着不好,必须全部清除重新涂刷。

(2)涂料施工。涂料施工的程序:第一层底漆或防锈漆,直接涂在管道的表面与管道表面紧密结合,是整个涂层的基础,它起到防锈、防腐、防水、层间结合的作用;第二层面漆(调和漆或磁漆),是直接暴露在大气表面的防护层,施工应精细,使管道获得所需要的彩色;第三层罩光清漆,有时为了增强涂层的光泽和耐腐蚀能力等,常在面漆上面再涂一层或几层罩光漆。

涂漆方法应根据施工要求、涂料性能、施工条件、设备情况进行选择。涂漆方法的选择将影响漆膜的色彩、光亮度与使用寿命。常用的涂漆方法有手工涂刷、空气喷涂等。目前,涂漆的方法是以机械化、自动化逐步代替手工操作,特别是涂料工业正朝着有机高分子合成材料方向发展。涂漆方式及设备也必须朝着节约涂料、提高劳动生产率、改善劳动条件、清除操作人员职业病的方向努力革新。

2. 埋地管道的防腐

目前,我国埋地管道的防腐主要是采用沥青绝缘防腐,对一些腐蚀性高的地区或重要的管线也可采用电化保护防腐措施。埋地管道在穿越铁路、公路、河流、盐碱沼泽地、山洞等地段时一般采用加强防腐,穿越电气铁路的管道需采用特加强防腐。

防腐的施工步骤与方法如下:

(1)管道表面除锈和去污。

(2)将管道架起,将调配好的冷底子油在20℃~30℃时,用漆刷涂刷在除锈后的管道表面。涂层要均匀,厚度为0.1~0.15mm。

(3)将调配好的沥青玛脂,在60℃以上时用专用设备向管道表面浇洒,同时将管道以一定速度旋转,将浇洒设备沿管线移动,在管道表面均匀浇上一层沥青玛脂。

(4)若浇洒沥青玛脂设备能起吊、旋转时,宜在水平浇洒沥青玛脂后,再用漆刷平摊开来;如不能,则只能用漆刷涂刷沥青玛脂。

(5)最内层的沥青玛脂采用人工或半机械化涂刷时,应分两层,每层厚度为1.5~2.0mm,涂层应均匀、光滑。

(6)用矿棉纸油毡或浸有冷底子油的玻璃丝布制成的防水卷材,应呈螺旋形缠绕在热沥青玛脂层上，相互搭接的压头宽度不小于50mm，卷材纵向搭接长度为80~100mm，并用热沥青玛脂将接头黏合。

（7）缠包牛皮纸或缠包没有涂冷底子油的玻璃丝布时，每圈之间应有15~20mm的搭边，前后搭接长度不得小于100mm，接头处用冷底子油或热沥青玛脂黏合。

（8）当管道外壁做特加强防腐层时，两道防水卷材宜反向缠绕。

（9）涂抹热沥青玛脂时，其温度应保持在160℃~180℃，当施工环境气温高于30℃时，其温度可降至150℃。

（10）普通、加强和特加强防腐层的最小进取厚度分别为3mm、6mm和9mm，其厚度偏差分别为±0.3mm、±0.5mm和0.5mm。

### （二）刮管涂料

输水管如事先没有做内衬，运行一定时间后管道内壁就会产生锈蚀并结垢，有时甚至可使管径缩小1/2以上，会极大地影响输送水的能力且造成水有铁锈味或出现黑水，使水质变坏，严重时不能饮用。为恢复其输水能力，改善水质，施工人员需根据结垢情况来进行管线清垢工作。

#### 1. 人工清管器

对小口径（DN50mm以下）水管内的结垢清除，如结垢松软，一般用较大压力的水对管道进行冲洗；如管道口径稍大（DN75~400mm）、结垢为坚硬沉淀物时，就需要用由拉耙、盆形钢丝轮、钢丝刷等组成的清管器，用0.5t的卷扬机和钢丝绳在管道内将其来回拖动，把结垢铲除，再用清水冲洗干净，最后放入钝化液，使管壁形成钝化膜，这样既达到除垢目的又延长了管道的使用寿命。

#### 2. 电动刮管机

对于口径在DN500mm以上的管道可用电动刮管机。刮管机主要由密封防水电机、齿轮减速装置、链条、椰头及行走动力机构组成。它通过旋转的链条带动椰头锤击管壁，把垢体击碎。

整个刮管涂料包括刮管、除垢、冲洗、排水、喷涂五道工序，通常由配套的刮管机、除垢机、冲洗机、喷浆机以及其他的辅助设备来完成。

施工时，要求管道在相距200~400m直管处开挖工作坑，作为机械进出口。涂料采用水泥砂浆，只要管壁无泥巴、无积垢，管内无大片积水区，即可进行。

以上刮管加衬方法，特点是不用大面积挖沟就能分段将水管清理干净，能大大地恢复输水能力，减小水头阻力。砂浆层呈环状附着在管壁上，有相当的耐压力，当管外壁已锈蚀有微小穿孔时砂浆层仍完好无损，可照常输送0.3MPa的有压水。

### 3. 聚氨酯和橡皮刮管器

除垢工作有时会采用一种用聚氨酯做成的刮管器，外形像枚炸弹，在其表面镶嵌有若干个钢制钉头，它不用钢丝绳拖拉，用发射器将其送入管内，仅靠刮管器前后压差就可推动刮管器前进，同时表面的铁钉将结垢清除掉；还有一种用铁骨架外包的环状硬橡皮轮，也是用发射器将其送入管内，自行前进除垢，其特点是刮管器内装有警报信息装置，它在管内走到哪里在地面上用接收器便可知道，即使卡在管中也很容易探测到方位，以便采取相应的措施进行处理。

凡结垢清理完毕的管道必须做衬里，否则其锈蚀速度比原来发展更快。对小口径的地下管道，在地下涂水泥砂浆会比较困难，而用聚氨酯或其他无毒塑料制成的软管做成衬里则可以一劳永逸。其方法是：将软管送入清洗过的管道中，平拉铺直，然后利用原来管道上的出水口，如接用户卡子或者消火栓等作为排气口。此时要设法向软管内冲水，同时将卡子或消火栓打开排出管壁与软管之间的空气，这两个步骤要同时进行。此时软管就会撑起，紧密贴在管壁上，这样原来的管道就相当于外壁是钢或铸铁内镶塑料的复合管道。

## 三、给水管道的水质管理和供水调度

### （一）水质管理

给水管道的水质管理是整个给水系统管理的重要内容，因为它直接关系到人们的身体健康和工业产品的质量。符合饮用水标准的水进入管网后要经过长距离才能输送到达用户，如果管网本身管理不善，造成二次污染，将难以满足用户对水质的要求，甚至可能导致饮用者患病乃至死亡、产品不合格等重大事故。因此，加强给水管道管理，是保证水质的重要措施。

#### 1. 影响给水管道水质变化的主要因素

给水管道系统中的化学和生物的反应会给水质带来不同程度的影响。导致管道内水质二次污染的主要因素有水源水质、给水管道的渗漏、管道的腐蚀和管壁上金属的腐蚀、储水设备中残留或产生的污染物质、消毒剂与有机物和无机物之间的化学反应产生的消毒副产物、细菌的再生长和病原体的寄生、由悬浮物导致的浑浊度等；而水在管道中停留的时间过长是影响水质的又一主要原因。在管道中，水源可以从不同的水源通过不同的时间和管线路径将水输送给用户，而水的输送时间与管道内水质的变化有着密切关系。

给水管道系统内的水受外界影响产生的二次污染也不能忽视。由于管道漏水、排水管或排气阀损坏，当管道降压或失压时，水池废水、受污染的地下水等外部污水均有可能倒流入管道，待管道升压后就送达用户处；用户蓄水的屋顶水箱或其他地下水池未定期清洗，特别是人孔未盖严致使其他污物进入水箱或水池；管道与生产供水管道连接不合理；

管道错接等原因均可引起局部或短期水质恶化或严重恶化。

卫计委颁发的相关规范规定供水单位必须负责检验水源水，净化构筑物出水、出厂水和管网水的水质，应在水源、出厂水和居民经常用水点采样。城市供水管网的水质检验采样点数，一般应按每2万供水人口设一个采样点计算。供水人口超过100万时，按上述比例计算出的采样点数可酌量减少；人口在20万以下时，应酌量增加。在全部采样点中应有一定的点数，选在水质易受污染的地点和管网系统陈旧部分的供水区域，每一采样点每月采样检验应不少于两次，细菌学指标、浑浊度和肉眼可见物为必检项目。其他指标可根据当地水质情况和需要选择。对水源水、出厂水和部分有代表性的管网末端水，至少每半年进行一次常规检验项目全分析。当检测指标连续超标时，应查明原因，采取有效措施，防止对人体健康造成危害。凡与饮用水接触的输配水设备、水处理材料和防护材料，均不得污染水质，出水水质必须符合相关规范的要求。

水在加氯消毒后，氯与管材发生反应，特别是在老化和没有保护层的铸铁管和钢管中，由于铁的腐蚀或者生物膜上的有机质氧化，会产生大量的氯气消耗，管道中的余氯会产生一定的损失。此类反应的速率一般很高，氯的半衰期会减少到几小时，并且它会随着管道的使用年数增长和材料的腐蚀而不断加剧。

氯化物的衰减速度比自由氯要慢一些，但同样会产生少量的氯化副产物。在一定的pH和氯氨存在的条件下，氯氨的分解会生成氮，可能会导致水的富营养化。目前已经有方法来处理管道系统中氯损失率过大的问题。首先，可以使用一种更加稳定的化合型消毒物质，如氯化物；其次，可以更换管道材料或冲洗管道；再次，通过运行调度减少水在管道系统中的滞留时间，消除管道中的严重滞留管段；最后，降低处理后水中有机化合物的含量。

管道腐蚀会带来水的金属味、帮助病原微生物滞留、降低管道的输水能力，并导致管道泄漏或堵塞。管道腐蚀的种类主要有衡腐蚀、凹点腐蚀、结节腐蚀、生物腐蚀等。

许多物理、化学和生物因素都会影响腐蚀的发生和腐蚀速率。在铁质管道中，水在停滞状态下会促使结节腐蚀和凹点腐蚀的产生和加剧。一般来说，对所有的化学反应，腐蚀速率都会随着温度的提高而加快。但是，在较高的温度下，钙会在管壁上形成一层保护膜。pH较低时会促进腐蚀，当水中pH<5时，铜和铁的腐蚀都相当快。当水中pH>9时，这两种金属通常都不会被腐蚀。当水中pH=5~9时，如果在管壁上没有防腐保护层，腐蚀就会发生。碳酸盐和重碳酸盐碱度为水中pH的变化提供了缓冲空间，它同样会在管壁形成一层碳酸盐保护层，并防止水泥管中钙的溶解。溶解氧与可溶解的含铁化合物发生反应形成可溶性的含铁氢氧化物。这种状态的铁会导致结节的形成及铁锈水的出现。所有可溶性固体在水中均表现为离子的聚合体，它会提高导电性及电子的转移，因此会促进电化腐蚀。硬水一般比软水的腐蚀性低，因为会在管壁上形成一层碳酸钙保护层。氧化铁细菌会产生可溶性的含铁氢氧化物。

一般有三种方法可以控制腐蚀：调整水质、涂衬保护层和更换管道材料。调整pH是控制腐蚀最直接的形式，因为它直接影响电化腐蚀和碳酸钙的溶解，也会直接影响混凝土管道中钙的溶解。

2.给水管道的水质控制

保证给水管道水质也是给水管网调度和管理工作的重要任务之一。随着人们对水污染以及污染水对人体危害的认识逐步提高，人们希望从管网中得到优质的用水。近年来，用户对给水水质的投诉也越来越多，促使供水企业对给水管道水质的管理逐步加强，新的相关规范明确提出了对给水管道水质的要求。研究控制给水管道水质的调度手段和技术，提出给水管道水质管理的新概念和方法，已经成为给水管道系统研究的重要课题。

为保持给水管道正常的水量或水质，除了对出厂水质严格把关，目前主要采取以下措施：

（1）通过给水栓、消火栓和放水管，定期冲排管道中停滞时间过长的"死水"。

（2）及时检漏、堵漏，避免管道在负压状态下受到污染。

（3）离水厂较远的管线若不能保证余氯，应在管网中途加氯，以提高管网边缘地区的余氯浓度，防止细菌繁殖。

（4）长期未用的管线或管线末端，在恢复使用时必须冲洗干净。

（5）定期对金属管道清垢、刮管和涂衬内壁，以保证管网输水能力和水质洁净。

（6）无论在新敷管线竣工后还是旧管线检修后均应冲洗消毒。消毒之前先用高速水流冲洗水管，然后用20~30mg/L的漂白粉溶液浸泡24h以上，再用清水冲洗，同时连续测定排出水的浊度和细菌，直到合格为止。

（7）长期维护与定期清洗水塔、水池以及屋顶高位水箱，并检验其贮水水质。

（8）用户自备水源与城市管网联合供水时，一定要有空气隔离措施。

（9）在管网的运行调度中，重视管道内的水质检测，发现问题及时采取有效措施予以解决。

水质检测是一门技术性较强的学科，涉及物理、化学、分析化学、仪器分析、水生物学等多种学科。然而，在水的检测工作中还涉及一些具有共性的问题，如有关水质检测方面的一般规则、水样的采集和保存、水质检验结果的表示方法和数据处理、检测质量控制、检测仪器安装及技术性能要求、开机前后的注意事项、检测过程中出现异常现象的处理办法等都是较为重要的问题。

（二）供水调度

为了满足用户对水量、水压和水质的要求，给水管理部门在运行过程中常常需要控制管道中的水压、水量，其目的是通过供水的调度合理地利用水资源、通过供水的调度达到节能、降低运行成本的作用，通过供水调度降低管网事故的危害性的大小，通过供水调度协调各水厂之间的供水。

　　大城市的给水管网往往随着用水量的增长而逐步形成多水源的给水系统，通常在管网中设有水库和加压泵站。多水源给水系统的城市如不采取统一调度的措施，则会各方面的工作得不到很好的协调，从而无法经济而有效地供水。为此，城市给水系统须集中管理部门进行统一调度，及时了解整个给水系统的生产情况，并采取有效、科学的方法执行集中调度的任务。通过集中调度，各水厂泵站不再只根据本水厂水压的大小来启闭水泵，而是由集中调度管理部门按照管网控制点的水压确定各水厂和泵站运行水泵的台数。这样，调度管理部门是整个管网和给水系统的管理中心，不仅要进行日常的运转管理，还要在管网发生事故时立即采取措施。要做好调度工作，管理人员就必须熟悉各水厂和泵站中的各种设备，并了解和掌握管网的特点和用户的用水情况，这样才能充分发挥统一调度的功效。

　　目前，我国绝大多数供水系统运行调度还处于经验型的管理状态，即调度人员根据以往的运行资料和设备情况，按日、按时段制订供水计划，确定各泵站在各时段投入运行的水泵型号和台数。这种经验型的管理办法虽然大体上能够满足供水需要，但缺乏科学性和预见性，难以适应日益发展变化的客观要求，所确定的调度方案只是若干可行方案中的一种，而不是最优的，往往造成管网中一部分地区水压过高，而另一部分地区则水压不足，不能满足供水要求。这种不合理的供水状况难以及时正确地反馈，调度人员也难以迅速作出科学决策并及时采取有效措施加以调节，从而造成既浪费能源又不能很好地满足供水需求的局面。随着科学技术的快速发展，仅凭人工经验调度已不能符合现代化管理的要求。

　　先进的调度管理应充分利用计算机信息化和自动控制技术，该项技术国外在20世纪60年代后期就开始了调度系统的计算机应用，现已普遍采用计算机系统进行数据采集、监督运行和远程控制——建立SCADA（Supervisory Control And Data Acquisition，SCADA）系统，即监控和数据采集系统。近年来，我国许多供水公司也逐渐采用了自动化控制技术进行管理，包括管网地理信息系统与管网压力、流量及水质的遥测和遥信系统等，通过计算机数据库管理系统和管网水力及水质动态模拟软件，实现给水管网的程序逻辑控制和运行调度管理。

　　该系统一般由中央监控系统、分中心和现场终端等部分组成。中央监控系统用于监测各分中心和净水厂的无人设备，它可以完成收集管网点的信息，预测配水量，制订送水泵运行计划，计算管网终端水压控制值，把控制指令传送给分中心、泵站、清水池等工作。分中心监控水源地、清水池、泵站各设施的流量、水位、水压和水质等参数并传送给中央监控系统。现场终端设在泵站、管网末端和水源地等，用于检测水质、流量、机泵运转状况，以及接收并执行中心来的指令。整个系统具有遥测、遥控、监视机电设备运行状况、数据处理、数值统计、预测值计算、指导操作员进行供配水调度及无线电话的功能。

从长远来看，建立城市供水管网的数学模型，结合计算机进行城市供水系统的优化调度是供水行业发展的必然趋势。优化调度系统的应用，在很大程度上依赖于系统监测控制设备及数据获取水平的提高、可用软件的普及程度以及用水量模型的预测精度。

由于管网建模需要消耗较多人力、物力与时间，不是短期内能够实现的，当前在发展SCADA软件的同时，仍应以经济调度为主，在管网中设置相当的有线或无线的远距离水压监测器，以此作为控制人员实际操作的依据，来选择经济合理的水源与配泵。

# 第三节 排水管网的日常管理

## 一、管理和维护的任务

排水管渠在建成通水后，为了保证其正常工作，排水管理部门必须经常进行维护和管理。排水管渠常见的故障有污物淤积堵塞管道、过重的外荷载、地基不均匀沉陷或污水的浸蚀作用，使管渠损坏、出现裂缝或腐蚀等。

维护管理的任务是：①验收排水管渠。②监督排水管渠使用规则的执行。③经常检查、冲洗或清通排水管渠，以维持其排水能力。④修理管渠及其附属构筑物，并处理意外事故等。

排水管渠系统的养护工作，一般由城市建设机关专设部门领导，按行政区划设养护管理所，下划若干养护工程队，分片负责。整个城市排水系统的管理养护组织一般可分为管渠系统、排水泵站和污水厂三部分。工厂内的排水系统一般由工厂自行负责管理与维护。在实际工作中，管渠系统的管理维护应实行岗位责任制，分片区包干。同时，管理部门可根据管渠中沉淀可能性的大小，划分成若干个维护等级，以便对其中水力条件差、排入管渠的污物较多和易于淤积的管渠做重点维护。实践证明，这样可大大提高维护工作的效率，是保证排水管渠正常工作的行之有效的办法。

## 二、管渠的清通

管渠系统管理维护经常性的和大量的工作是清通排水管渠。排水管渠往往由于水量不足、坡度较小和污水中污物较多或施工质量不良等原因而发生沉淀、淤积，淤积过多将影响管渠的排水能力，甚至造成管渠的堵塞，因此必须定期清通。清通的方法主要有竹劈清通法、钢丝清通法、水力清通法和机械清通法等。

### （一）竹劈清通法

作业时，首先需要在有积水的下游方向找排水检查井，然后揭开检查井井盖，如需清通的排水管管径较大，宜采用竹劈进行清通。

采用竹劈清通法时，应先将竹劈较细一端插入排水井中，为增强竹劈端头的锐力，同时保护端头不致过早地磨坏，宜在竹劈较细的端头包上锐形铁尖，插入竹劈的长度应超出堵塞的范围，然后来回地进行抽拉，直到将被堵塞管道清通为止，当一节竹劈长度不够时，可将几节竹劈连接起来使用。

### （二）钢丝清通法

当被堵塞的排水管道直径较小时，宜采用钢丝清通法。用钢丝清通管道时，一般选用直径为1.5mm的钢丝，为既能钩出管道中诸如棉丝、布条之类的堵塞物，又不至于在管道接口处被卡住，钢丝宜在插入管道的一端弯成小钩。钢丝方为转动便，应将露在管道外的部分盘成圈，清通时既要不断地转动，又要经常改变转动的方向。当感觉到碰到堵塞物时，应将钢丝向一个方向转动几下后，再将钢丝拖出，钩出堵塞物。照此方法，将钢丝捅入、转动、拉出，反复进行多次，直至将堵塞的管道清通好为止。

对清通小管径、长度小且有电源的地方，用排水疏通机既快又省力，有条件时应优先选用。

### （三）水力清通法

水力清通法是用水对管道进行冲洗，可以利用管道内的污水自冲，也可利用自来水或河水。用管道内污水自冲时，管道本身必须具有一定的流量，同时管道内的淤泥不宜过多（20%左右）。用自来水冲洗时，通常从消防龙头或街道集中给水栓取水，或用水车将水送到冲洗现场，一般街坊内的污水支管每冲洗一次需水2000~3000m³。

水力清法的操作方法如下：先用一个一端由钢丝绳系在绞车上的橡皮气塞或木桶橡皮刷堵住管道井下游管道的进口，使上游管道充水。待上游管道充满并在检查井中水位抬高至1m左右时，突然放掉气塞中部分空气，使气塞缩小，气塞便在水流的推力作用下往下游浮动而刮走污泥，同时水流在上游较大的水压作用下，以较大的流速从气塞底部冲向下游管道。这样沉积在管底的淤泥便在气塞和水流的冲刷下排向下游的检查井，而管道本身则得到清洗。污泥排入下游的检查井后，可用吸泥车抽吸运走。

近年来，有些城市采用水力冲洗车进行管道的清通。目前，生产中使用的水力冲洗车的水罐容量为1.2~8.0m³，高压胶管直径为25~32mm，喷头喷嘴为1.5~8.0mm等多种规格，射水方向与喷头前进方向相反，喷射角为15°、30°或35°，消耗的喷水量为200~500L/min。

水力清通法操作简便，工效较高，工作人员操作条件较好，目前已得到广泛采用。根据我国一些城市的经验，水力清通不仅能清除下游管道250m以内的淤泥，而且在150m左右的上游管道中的淤泥也能得到相当程度的清刷。当检查井中水位升高到1.20m时，突然松塞放水，不仅可以清除污泥，而且可冲刷出管道中的碎砖石等。而在管渠系统脉脉相通的地方，当一处用上了气塞后，虽然此处的管渠堵塞了，但由于上游的污水可以流向别的管段，无法在该管渠中积存，气塞也就无法向下游移动，此时只能采用水力冲洗车或从别的地方运水来冲洗，消耗的水量较大。

### （四）机械清通法

当管渠淤塞严重、淤泥黏结比较密实或水力清通效果不好时，需要采用机械清通的方法。机械清通时，首先用竹片穿过需要清通的管渠段，竹片一端系上钢丝绳，绳上系住清通工具的一端。在清通管渠段的两端检查井上各设一架绞车，当竹片穿过管渠段后将钢丝绳系在一架绞车上，清通工具的另一端通过钢丝绳系在另一绞车上。然后利用绞车往复绞动钢丝绳，带动清通工具将淤泥刮至下游检查井内，使管渠得以清通。绞车的动力可以是手动，也可以是机动，如以汽车引擎作为动力。清通工具的大小应与管道管径相适应，当管壁较厚时，可先用小号清通工具，待淤泥清除到一定程度后再用与管径相适应的清通工具。清通大管径时，由于检查井的井口尺寸的限制，清通工具可分成数块，在检查井内拼合后再使用。

近年来，国外开始采用气动式通沟机清通管渠。气动式通沟机借压缩空气将清泥器从一个检查井送至另一个检查井，然后用绞车通过该机尾部钢丝绳向后拉，清泥器的翼片即行张开，把管内淤泥刮到检查井底部。钻杆通沟机是通过汽油机或汽车引擎带动钻头向前钻进，同时将管内的淤积物清除到另一检查井中。淤泥被刮到下游检查井后，通常用吸泥车吸出；如果淤泥含水量少，也可采用抓泥车挖出，然后用汽车运走。

排水管渠的维护工作必须注意安全。管渠中的污水常常会析出硫化氢、甲烷、二氧化碳等气体，某些生产污水还会析出石油、汽油或苯等气体，这些气体与空气中的氮混合能形成爆炸性气体。煤气管道的失修、渗漏也能导致煤气逸入排水管渠中造成危险。如果维护人员要下井，除应有必要的劳动保护措施外，下井前必须先将安全灯放入井内，如有有害气体，由于缺氧，灯将熄灭；如有爆炸性物质，灯在熄灭前会发出闪光。在发现管渠中存在有害气体时，维护人员必须采取有效措施排除，例如，将相邻两个检查井的井盖打开一段时间，或者用引风机吸出有害气体，并在排气后做复查。即使确认有害气体已被排除，维护人员需下井时仍应有适当的预防措施，如在井内不得携带有明火的灯、不得点火或吸烟；必要时可戴上附有气带的防毒面具并穿上系有绳子的防护腰带、井外留人，以备随时给予井下人员以必要的援助等。

### 三、排水管渠的修理

系统地检查排水管渠的淤塞及损坏情况，有计划地安排管渠修理，是维护工作的重要内容之一。当发现管渠系统有损坏时，维护人员应及时修理，以防止损坏处扩大而造成事故。管渠的修理有大修与小修之分，应根据各地的经济条件来划分。修理内容包括检查井与雨水口顶盖等的修理与更换；检查井内踏步的更换、砖块脱落后的修理；局部管渠段损坏后的修补、由于出户管的增加需要添建的检查井及管渠，由于管渠本身损坏严重、淤积严重，无法清通时所需的整段开挖翻修。

进行检查井的改建、添加或整段管渠翻修时需要断绝污水的流通，此时维护人员应采取的措施包括安装临时水泵将污水从上游检查井抽送到下游检查井，或者临时将污水引入雨水管渠中。修理项目应尽可能在短时间内完成，如能在夜间进行更好。在需时较长时，维护人员应与有关交通运输部门取得联系，设置路障，夜间应挂红灯。

### 四、排水管道渗漏检测

排水管道的渗漏主要用闭水试验来检测，闭水试验的方法是先将两排水检查井间的管道封闭，封闭的方法可用砖砌水泥砂浆或用木制堵板加止水垫圈。封闭管道后，从管道低的一端充水，目的是便于排除管道中的空气；直到排气管排水关闭排气阀，再充水使水位达到水筒内所要求的高度，记录时间和计算水筒内的降水量，则可根据规范的要求判断管道的渗水量。

非金属污水管道闭水试验应符合下列规定：

（1）在潮湿土壤中，检查地下水渗入管中的水量，可根据地下水的水平线而定：地下水位超过管顶2~4m，渗入管中的水量不超过相关规定；地下水超过管顶4m以上，则每增加水头1m，允许渗入水量10%。

（2）在干燥土壤中，检查管道的渗出水量，其充水高度应高出上游检查井内管顶高度4m，渗水不应大于相关规定。

（3）非金属污水管道的渗水试验时间不应小于30min。

# 第六章　建筑给排水工程质量控制

## 第一节　室内给水系统施工质量控制记录

### 一、一般规定

（1）该规定适用于工作压力不大于1.0MPa的室内给水和消火栓系统管道安装工程的质检与验收。

（2）给水管道必须采用与管材相适应的管件。生活给水系统所涉及的材料必须达到饮用水卫生标准。

（3）管径小于或等于100mm的镀锌钢管应采用螺纹连接，套丝扣时破坏的镀锌层表面及外露螺纹部分应做防腐处理；管径大于100mm的镀锌钢管应采用法兰或卡套式专用管件连接，镀锌钢管与法兰的焊接处应二次镀锌。

（4）给水塑料管和复合管可以采用橡胶圈接口、粘接接口、热熔连接、专用管件连接及法兰连接等形式。塑料管和复合管与金属管件、阀门等的连接应使用专用管件连接，不得在塑料管上套丝。

（5）给水铸铁管管道应采用水泥捻口或橡胶圈接口方式进行连接。

（6）铜管连接可采用专用接头或焊接，当管径小于22mm时宜采用承插或套管焊接，承口应迎介质流向安装；当管径大于或等于22mm时宜采用对口焊接。

（7）给水立管和装有3个或3个以上配水点的支管始端，均应安装可拆卸的连接件。

（8）冷、热水管道同时安装应符合下列规定：

①上、下平行安装时热水管应在冷水管上方。

②垂直平行安装时热水管应在冷水管左侧。

## 二、给水管道及配件安装

### （一）主控项目

（1）室内给水管道的水压试验必须符合设计要求。当设计未注明时，各种材质的给水管道系统试验压力均为工作压力的1.5倍，但不得小于0.6MPa。检验方法：金属及复合管给水管道系统在试验压力下观测10min，压力降不应大于0.02MPa，然后降到工作压力进行检查，应不渗不漏；塑料管给水系统应在试验压力下稳压1h，压力降不得超过0.05MPa，然后在工作压力的1.15倍状态下稳压2h，压力降不得超过0.03MPa，同时检查各连接处不得渗漏。

（2）给水系统交付使用前必须进行通水试验并做好记录。

检验方法：观察和开启阀门、水嘴等放水。

（3）生活给水系统管道在交付使用前必须冲洗和消毒，并经有关部门取样检验，符合国家《生活饮用水卫生标准》（GB 5749-2022）方可使用。检验方法：检查有关部门提供的检测报告。

（4）室内直埋给水管道（塑料管道和复合管道除外）应做防腐处理。埋地管道防腐层材质和结构应符合设计要求。检验方法：观察或局部解剖检查。

### （二）一般项目

（1）给水引入管与排水排出管的水平净距不得小于1m。室内给水与排水管道平行铺设时，两管道间的最小水平净距不得小于0.5m；交叉铺设时，垂直净距不得小于0.15m。给水管应铺在排水管上面，若给水管必须铺在排水管的下面，则应加装套管，其长度不得小于排水管管径的3倍。检验方法：尺量检查。

（2）管道及管件焊接的焊缝表面质量应符合下列要求：

①焊缝外形尺寸应符合图纸和工艺文件的规定，焊缝高度不得低于母材表面，焊缝与母材应圆滑过渡。

②焊缝及热影响区表面应无裂纹、未熔合、未焊透、夹渣、弧坑和气孔等缺陷。

检验方法：观察检查。

（3）给水水平管道应有2‰～5‰的坡度坡向泄水装置。

检验方法：水平尺和尺量检查。

①管道的支、吊架安装应平整牢固，其间距应符合设计要求。

检验方法：观察、尺量及手扳检查。

②水表应安装在便于检修、不受暴晒、污染和冻结的地方。安装螺翼式水表，表面与

阀门应有不小于8倍水表接口直径的直线管段。表外壳距墙表面净距为10~30mm；水表进水口中心标高按设计要求，允许偏差为±10mm。检验方法：观察和尺量检查。

## 三、室内消火栓系统安装

### （一）主控项目

室内消火栓系统安装完成后，应取屋顶层（或水箱间内）试验消火栓和首层取两处消火栓做试射试验，达到设计要求为合格。检验方法：实地试射检查。

### （二）一般项目

（1）安装消火栓水龙带，水龙带、水枪和快速接头绑扎好后，应根据箱内构造将水龙带挂放在箱内的挂钉、托盘或支架上。

检验方法：观察检查。

（2）箱式消火栓的安装应符合下列规定：

①栓口应朝外，并不应安装在门轴侧。
②栓口中心距地面为1.1m，允许偏差±20mm。
③阀门中心距箱侧面为140mm，距箱后内表面为100mm，允许偏差±5mm。
④消火栓箱体安装的垂直度允许偏差为3mm。

检验方法：观察和尺量检查。

## 四、给水设备安装

### （一）主控项目

（1）水泵就位前的基础混凝土强度、坐标、标高、尺寸和螺栓孔位置必须符合设计规定。

检验方法：对照图纸用仪器和尺量检查。

（2）水泵试运转的轴承温升必须符合设备说明书的规定。

检验方法：温度计实测检查。

（3）敞口水箱的满水试验和密闭水箱（罐）的水压试验必须符合设计与规范的规定。

检验方法：满水试验静置24h观察，不渗不漏；水压试验在试验压力下10min压力不降，不渗不漏。

## （二）一般项目

（1）水箱支架或底座安装，其尺寸及位置应符合设计规定，埋设平整牢固。

检验方法：对照图纸，尺量检查。

（2）水箱溢流管和泄放管应设置在排水地点附近但不得与排水管直接连接。

检验方法：观察检查。

（3）立式水泵的减震装置不应采用弹簧减震器。

检验方法：观察检查。

## 五、施工前的准备工作

### （一）技术准备

（1）施工图已详细审阅，相关技术资料齐备并已熟悉整个工程概况。

（2）已组织图纸会审，并有图纸会审"纪要"。

（3）对安装专业班组已进行初步施工图和施工技术交底。

（4）编制施工预算和主要材料采购计划。

（5）实地了解施工现场情况。

（6）编制合理的施工进度。

（7）施工组织设计或施工方案通过批准。

### （二）主要施工机具

正所谓"工欲善其事，必先利其器"。施工中每道工序、每个施工阶段都要用到不同的施工机具，施工前均应备齐，有些工具还应多备几套，其主要包括以下机具：切割机、电焊机、台钻、自动攻丝机、弯管器、热熔机、角磨机、冲击电钻、手枪式电钻、台虎钳、手用套丝板、管子钳、钢锯弓、割管器、手锤、扳手、氧气乙炔瓶、葫芦、台式龙门钳、手动试压泵、氧气乙炔表、割炬、氧气乙炔皮管及钢卷尺、水平尺、水准仪、线坠等。

### （三）施工作业条件

（1）所有预埋预留的孔洞已清理出来，其洞口尺寸和套管规格符合要求，坐标、标高正确。

（2）二次装修中确需在原有结构墙体、地面剔槽开洞安管的，不得破坏原建筑主体和承重结构，其开洞大小应符合有关规定，并征得设计者、业主和管理部门的同意。

（3）施工人员应遵守有关施工安全、劳动保护、防火、防毒的法律法规。

（4）施工现场临时用电用水应符合施工用电的有关规定。

（5）材料与设备确认合格、准备齐全并送到现场。

（6）所有操作面的杂物、脚手架、模板已清干净，每层均有明确的标高线。

（7）所有沿地、沿墙暗装或在吊顶内安装的管道，应在饰面层或吊顶未封板前进行安装。

（四）施工组织准备

（1）合理安排施工，尽量实行交叉作业，流水作业，以避免产生窝工现象。

（2）施工时，相互之间应遵从小管让大管，有压管让无压管的原则，先难后易，先安主管，后安水平干管和支管。

（3）对于高档装修，可先做样板间，确认方案后再行施工，避免返工。

（4）卫生间、厨房的暗埋管道，应有暗埋管道施工方案图，经业同意后方可施工，以避免不合理的盲目施工。

（5）每个分项（或分部、分区、分层）施工完，进行管道试压。特别是暗埋管道部分，应在隐蔽前做打压试验，经自检合格，并经业主、监理部门检查确认。

（6）施工过程中，施工团队应按照施工程序及时做好隐蔽记录，各项试验记录和自检自查质量记录。对有设计修改和变更的地方，应及时做好现场变更签证。

（7）合理组织劳动用工。施工团队应根据工程的施工进度与工程量完成情况，实行劳动力配置动态管理，有效推动安装工程的顺利完成。

（8）施工团队应做到文明施工，服从各相关部门（如施工单位、监理及物业部门等）的监督管理，注重生产安全，提高生产质量。

# 第二节 消火栓系统施工质量控制记录

## 一、室内消火栓系统施工质量管理记录

### （一）消防给水管道和消防水箱布置质量管理

1. 室内消防给水管道布置管理

（1）室内消火栓超过10个且室外消防用水量大于15L/s时，其消防给水管道应连成环状，至少应有2条进水管与室外管网或消防水泵连接，确保当其中一条进水管发生事故时，其余进水管应仍能供应全部消防用水量。

（2）高层建筑应设置独立的消防给水系统。室内消防竖管应连成环状，每根消防竖管的直径应按通过的流量经计算确定，但不应小于DN100。

（3）60m以下的单元式住宅建筑和60m以下、每层不超过8户、建筑面积不超过650m²的塔式住宅建筑，当设2根消防竖管有困难时，可设1根消防竖管，但必须采用双阀双出口型消火栓。

（4）室内消火栓给水管网应与自动喷水灭火系统的管网分开设置；当合用消防泵时，供水管路应在报警阀前分开设置。

（5）高层建筑，设置室内消火栓且层数超过4层的厂房（仓库），设置室内消火栓且层数超过5层的公共建筑，其室内消火栓给水系统和自动喷水灭火系统应设置消防水泵接合器。

消防水泵接合器应设置在室外便于消防车使用的地点，与室外消火栓或消防水池取水口的距离宜为15~40m。水泵接合器宜采用地上式，当采用地下式水泵接合器时，应有明显标志。消防水泵接合器的数量应按室内消防用水量计算确定。每个消防水泵接合器的流量宜按10~15L/s计算。消防给水为竖向分区供水时，在消防车供水压力范围内的分区，应分别设置水泵接合器。

（6）室内消防给水管道应采用阀门分成若干独立段。对于单层厂房（仓库）和公共建筑，检修停止使用的消火栓不应超过5个。对于多层民用建筑和其他厂房（仓库），室内消防给水管道上阀门的布置应保证检修管道时关闭的竖管不超过1根，但设置的竖管超过3根时，可关闭2根；对于高层民用建筑，当竖管超过4根时，可关闭不相邻的2根。

阀门应保持常开,并应有明显的启闭标志或信号。

(7)消防用水与其他用水合用的室内管道,当其他用水达到最大小时流量时,应仍能保证供应全部消防用水量。

(8)允许直接吸水的市政给水管网,当生产、生活用水量达到最大且仍能满足室内外消防用水量时,消防泵宜直接从市政给水管网吸水。

(9)严寒和寒冷地区非采暖的厂房(仓库)及其他建筑的室内消火栓系统,可采用干式系统,但在进水管上应设置快速启闭装置,管道最高处应设置自动排气阀。

2. 消防水箱的设置管理

(1)设置常高压给水系统并能保证最不利点消火栓和自动喷水灭火系统等的水量和水压的建筑物,或设置干式消防竖管的建筑物,可不设置消防水箱。

(2)设置临时高压给水系统的建筑物应设置消防水箱(包括气压水罐、水塔、分区给水系统的分区水箱)。消防水箱的设置应符合下列规定:

①重力自流的消防水箱应设置在建筑的最高部位。

②消防水箱应储存10m³的消防用水量。当室内消防用水量小于25L/s,经计算消防水箱所需消防储水量大于12m³时,仍可采用12m³;当室内消防用水量大于25L/s,经计算消防水箱所需消防储水量大于18m³时,仍可采用18m³。

③消防用水与其他用水合用的水箱应采取消防用水不做他用的技术措施。

④消防水箱可分区设置。并联给水方式的分区消防水箱容量应与高位消防水箱相同。

⑤除串联消防给水系统外,发生火灾后由消防水泵供给的消防用水不应进入消防水箱。

(3)建筑高度不超过100m的高层建筑,其最不利点消火栓静水压力不应低于0.07MPa;建筑高度超过100m的高层建筑,其最不利点消火栓静水压力不应低于0.15MPa。当高位消防水箱不能满足上述静压要求时,应设增压设施。增压设施应符合下列规定:

①增压水泵的出水量,对消火栓给水系统不应大于5L/s,对自动喷水灭火系统不应大于1L/s。

②气压水罐的调节水容量宜为450L。

(4)建筑的室内消火栓、阀门等设置地点应设置永久性固定标识。

(5)建筑内设置的消防软管卷盘的间距应保证有一股水流能到达室内地面任何部位,消防软管卷盘的安装高度应便于取用。

(二)消火栓按钮安装质量控制

消火栓按钮安装于消火栓内,可直接接入控制总线。按钮还带有一对动合输出控制触点，可用来做直接起泵开关。

### （三）消火栓布置与安装质量控制

（1）室内消火栓布置安装控制要求如下：

①除无可燃物的设备层外，设置室内消火栓的建筑物，其各层均应设置消火栓。单元式、塔式住宅建筑中的消火栓宜设置在楼梯间的首层和各层楼层休息平台上，当设2根消防竖管确有困难时，可设1根消防竖管，但必须采用双口双阀型消火栓。干式消火栓竖管应在首层靠出口部位设置，以便于消防车供水的快速接口和止回阀。

②消防电梯间前室内应设置消火栓。

③室内消火栓应设置在位置明显且易于操作的部位。栓口离地面或操作基面高度宜为1.1m，其出水方向宜向下或与设置消火栓的墙面呈90°；栓口与消火栓箱内边缘的距离不应影响消防水带的连接。

④冷库内的消火栓应设置在常温穿堂或楼梯间内。

⑤室内消火栓的间距应计算确定。对于高层民用建筑、高层厂房（仓库）、高架仓库，以及甲、乙类厂房，室内消火栓的间距不应大于30m；对于其他单层和多层建筑及建筑高度不超过24m的裙房，室内消火栓的间距不应大于50m。

⑥同一建筑物内应采用统一规格的消火栓、水枪和水带。每条水带的长度不应大于25m。

⑦室内消火栓的布置，应保证每个防火分区同层有2支水枪的充实水柱同时到达任何部位。建筑高度不大于24m且体积不大于5000$m^3$的多层仓库，可采用1支水枪充实水柱到达室内任何部位。

水枪的充实水柱应经计算确定，甲、乙类厂房，层数超过6层的公共建筑和层数超过4层的厂房（仓库），不应小于10m；高层建筑、高架仓库、体积大于25000$m^3$的商店、体育馆、影剧院、会堂、展览建筑，车站、码头、机场建筑等，不应小于13m；其他建筑，不宜小于7m。

⑧高层建筑和高位消防水箱静压不能满足最不利点消火栓水压要求的其他建筑，应在每个室内消火栓处设置直接启动消防水泵的按钮，并应有保护设施。

⑨室内消火栓栓口处的出水压力大于0.5MPa时，应设置减压设施；静水压力大于1MPa时，应采用分区给水系统。

⑩设置室内消火栓的建筑，如为平屋顶时，宜在平屋顶上设置试验和检查用的消火栓，采暖地区可设在顶层出口处或水箱间内。

（2）消火栓安装控制要求：

①室内消火栓口距地面安装高度为1.1m。栓口出口方向宜向下或者与墙面垂直以便于

操作，而且屋顶应设检查用消火栓。

②建筑物若设有消防电梯，则在其前室应设置室内消火栓。

③同一建筑内应采用同一规格的消火栓、水带和水枪。消火栓口出水压力大于$5 \times 10^3$Pa时，应设减压孔板或减压阀减压。为保证灭火用水，临时高压消火栓给水系统的每个消火栓处应设直接启动水泵的按钮。

④消防水喉用于扑灭在普通消火栓使用之前的初期火灾，只要求有一股水射流能到达室内地面任何部位，安装的高度应便于取用。

## 二、室外消火栓施工质量控制

### （一）室外消火栓的施工质量控制条件

《建筑设计防火规范（2018年版）》（GB 50016-2014）规定，设计师在进行城镇、居住区、企事业单位规划和建筑设计时，必须同时设计消防给水系统。但是对于耐火等级为一、二级且体积不超过3000m³的戊类厂房或居住区人数不超过500人并且建筑物不超过2层的居住小区，消防用水量不大，通常消防队第一出动力量就能控制和扑灭火灾，在这种情况下，当设置消防给水系统有困难时，为了节约投资，可以不设消防给水，其火场的消防用水问题由当地消防队解决。

消防给水系统是室外给水系统的一个重要组成部分。有给水系统的城镇，大多数为消防与生活、生产用水系统合并，只有在合并不经济或者技术上不可能时，才采用独立的消防给水系统。合并的室外消防给水系统，其组成包括取水、净水、储水及输配水四部分工程设施。一般情况下，以地面水作为水源的给水系统比以地下水作为水源的给水系统要复杂。独立的室外消防给水系统可以直接从水源取水。

当采用水泵直接串联时，设计师应注意管网供水压力因接力水泵在小流量、高扬程时出现的最大扬程叠加，并使管道系统的设计强度满足此要求。当采用水泵间接串联时，中间传输水箱同时起着上区水泵的吸水池和本区屋顶消防水箱的作用，其容积按15~30min消防水量计算确定，且不宜小于60m³。

消防给水管网竖向分区，每区分别有各自专用的消防水泵，并集中设置在消防泵房内。减压阀减压分区给水系统。消防水泵的扬程不大于2.4MPa时，其间的竖向分区可采用减压阀减压分区，减压阀减压分区可采用比例式减压阀或可调式减压阀，比例式减压阀的阀前、阀后压力比一般不宜大于3:1；当一级减压阀减压不能满足要求时，可采用减压阀串联减压，但不宜超过两级串联。减压水箱减压分区给水系统。消防水泵的扬程大于2.4MPa时，其间的竖向分区可采用减压水箱减压分区。减压水箱的有效容积一般不小于18m³。减压水箱应有2条进水管，每条进水管应满足消防设计水量的要求。

（1）建筑面积大于300m²的厂房（仓库）。对耐火等级为一、二级且可燃物较少的单层和多层丁、戊类厂房（仓库），耐火等级为三、四级且建筑体积小于或等于3000m³的丁类厂房（仓库），粮食仓库、金库，可不设消火栓。

（2）体积大于5000m³的车站、码头、机场的候车（船、机）楼以及展览建筑、商店、旅馆、病房楼、门诊楼、图书馆。

（3）特等、甲等剧场，超过800个座位的剧场和电影院等，超过1200个座位的礼堂、体育馆等。

（4）超过5层或体积超过10000m³的办公楼、教学楼、非住宅类居住建筑等其他民用建筑。

（5）超过7层的住宅，应设置室内消火栓系统。当有困难时，可只设置干式消防竖管和不带消火栓箱的DN65室内消火栓。消防竖管的直径不得小于DN65。

（6）国家级文物保护单位的重点砖木或木结构的古建筑，宜设置室内消火栓。

（7）设有室内消火栓的人员密集的公共建筑以及低于上述（1）～（5）款规定规模的其他公共建筑，宜设置消防软管卷盘；建筑面积大于200m²的商业服务网点应设置消防软管卷盘或轻便消防水栓。

（8）存有遇水能引起燃烧爆炸的物品的建筑物，以及室内没有生产、生活给水管道，室外消防用水取自储水池且建筑体积小于或等于5000m³的其他建筑，可不设置室内消火栓。

（9）高层工业和民用建筑。

（10）建筑面积大于300m³的人防工程或地下建筑。

（11）耐火等级为一、二级且停车数超过5辆的汽车库，停车数超过5辆的停车场，超过2个车位的Ⅳ类修车库，应设消防给水系统。但当停车数小于上述规定，且建筑内有消防给水系统时，也应设置消火栓。

### （二）室外消防给水系统的分类

室外消防给水系统，按消防水压要求分为高压消防给水系统、临时高压消防给水系统及低压消防给水系统；按用途可分为生活、消防合用给水系统，生活、生产和消防合用给水系统，生产、消防合用给水系统，独立的消防给水系统；按管网布置形式可分为环状管网给水系统与枝状管网给水系统。

**1. 高压消防给水系统**

高压消防给水系统，管网内经常维持足够高的压力，火场上不需要使用消防车或者其他移动式消防水泵加压，由消火栓直接接出水带、水枪就能灭火。该系统适用于可能利用地势设置高位水池或者设置集中高压水泵房的底层建筑群、建筑小区、城镇建筑及车库等对消防水压要求不高的场所。在此类系统中，室外高位水池的供水水量和供水压力能满足消防用水的需求。采用这种给水系统时，其管网内的压力应确保生产、生活及消防用水量达到最大且水枪布置在保护范围之内任何建筑物的最高处，水枪的充实水柱不应小于10m。

2. 临时高压消防给水系统

临时高压消防给水系统，管网内平时压力不高，在泵站（房）内设置高压消防水泵，一旦发生火灾，立刻启动消防水泵，临时加压使管网内的压力达到高压消防给水系统的压力要求。城镇、居住区及企事业单位的室外消防给水系统，在有可能利用地势设置高位水池时，或设置集中高压水压房，可采用高压消防给水系统。通常情况下，如无市政水源，区内水源取自自备井的情况下，多采用临时高压消防给水系统。

高压和临时高压消防给水系统的给水管道，为保证供水安全，应与生产生活给水管道分开，设置独立消防管道，设计师应依据水源和工程的具体情况来决定消防供水管道的形式。

3. 低压消防给水系统

低压消防给水系统管网内压力比较低，火场上灭火时，水枪所需要的压力由消防车或者其他移动式消防水泵加压形成。为满足消防车吸水的需要，低压给水管网最不利点消防栓压力应不小于0.1MPa。

建筑的低压室外消防给水系统可同生产、生活给水管道系统合并，合并后的水压应满足在任何情况下都能确保全部用水量。

## （三）室外消火栓布置控制要求

1. 室外消火栓的布置要求

室外消火栓的布置要求：室外消火栓应沿道路设置，宽度超过60m的道路，为防止水带穿越道路影响交通或被轧压，宜将消火栓布置在道路两侧，为使用方便，十字路口应设有消火栓。消火栓与路边的距离不应超过2m，距建筑物外墙不宜小于5m。此外，室外消火栓应沿高层建筑均匀设置，距离建筑外墙不宜大于40m。甲、乙、丙类液体储罐区及液化石油气储罐区的消火栓均应设在防火堤外。

室外消火栓应沿高层建筑周围均匀布置，不宜集中布置在建筑物一侧。室外消火栓的间距不应大于120m，且保护半径不应大于150m；在市政消火栓保护半径150m以内，若室外消防用水量不超过15L/s，则可不设置室外消火栓。

2. 室外消火栓的数量控制

室外消火栓的数量应根据其保护半径及室外消防用水量等综合计算确定，每个室外消火栓的用水量应按10～15L/s计算；与保护对象的距离在5～40m范围内的市政消火栓，可计入室外消火栓数量。

### （四）室外消火栓的安装控制要求

室外消火栓分地上式和地下式两种，一般沿道路设置，当道路宽度大于60m时，宜在道路两边设置消火栓。地上式消火栓设置直径为150mm或100mm和两个直径为65mm的栓口，地下式设置直径为100mm和65mm的栓口各一个，并有明显标志。

1. 室外地上式消火栓的安装控制要求

室外地上式消火栓安装时根据管道埋深的不同，选用不同长度的法兰接管。

2. 室外地下式消火栓的安装控制要求

消火栓设置在阀门井内。阀门井内活动部件必须采取防锈措施。

### （五）室外消火栓系统的调试质量控制要求

消火栓系统是最常用也是系统形式最简单的消防灭火设施。该系统在水压强度试验、水压严密性试验正常后，方可进行消防水泵的调试。

1. 水压强度试验

消火栓系统在完成管道及组件的安装后，首先应进行水压强度试验。

（1）测试人员在进行水压试验时应考虑试验时的环境温度。环境温度不宜低于5℃，当低于5℃时，水压试验应采取防冻措施。

（2）当系统设计压力等于或小于1MPa时，水压强度试验压力应为设计工作压力的1.5倍，且不应低于1.4MPa；当系统设计工作压力超过1MPa时，水压强度试验压力应为该工作压力加0.4MPa。

（3）水压强度试验的测试点应设在系统管网的最低点。对管网注水时，应将管网内的空气排净，且应缓慢升压；达到试验压力后，稳压30min，目测管网应无泄漏和无变形，且压力降不应超过0.05MPa。

2. 水压严密性试验

消火栓系统在进行完水压强度试验后应做系统水压严密性试验。试验压力应为设计工作压力，稳压24h，应无泄漏。

3. 系统工作压力设定

消火栓系统应在系统水压和严密性试验结束后进行稳压设施的压力设定，稳压设施的稳压值应保证最不利点消火栓的静压力值满足设计要求。当设计无要求时，最不利点消火栓的静压力应不小于0.2MPa。

4. 静压测量

系统工作压力设定后的下一步是对室内消火栓系统内的消火栓栓口静水压力和消火栓

栓口的出水压力进行测量，静水压力应≤0.8MPa，出水压力应≤0.5MPa。当测量结果大于以上数值时，应采用分区供水或增设减压装置（如减压阀），使静水压力和出水压力符合要求。

5. 消防泵的调试

测试人员在调试前，应在消防泵房内通过开闭有关阀门将消防泵出水和回水构成循环回路，保证试验时启动消防泵不会对消防管网造成超压；然后将消防泵控制装置转到手动状态，通过消防泵控制装置的手动按钮启动主泵，用钳形电流表测量启动电流，用秒表记录水泵从启动到正常出水运行的时间，该时间不应大于5min，如果启动时间过长，应调节启动装置内的时间继电器，减少降压过程的时间。主泵运行后观察主泵控制装置上的启动信号灯是否正常，水泵运行时是否有周期性噪声发出，水泵基础连接是否牢固，通过转速仪测量实际转速是否与水泵额定转速一致，通过消防泵控制装置上的停止按钮停止消防泵。

测试人员应利用上述方法调试备用泵，确保在主泵故障时备用泵应自动投入，并在结束以上工作后，将消防泵控制装置转入自动状态。消防泵本身属于重要被控设备，一般需要进行两路控制，即总线制控制（通过编码模块）和多线制直接启动。针对该设备调试时应从以下两方面入手。

（1）总线制调试可利用24V电源带动相应24V中间继电器线圈，观察主继电器是否吸合，同时用万用表测量消防泵控制柜中相应的泵运行信号回答端子（无源）是否导通。

（2）多线制直接启动调试可利用短路线短接消防泵远程启动端子（注意强电220V），观察主继电器是否吸合，同时用万用表测量泵直接启动信号回答端子（无源或有源220V），观察是否导通。对双电源自动切换装置实施自动切换，测量备用电源相序是否与主电源相序相同。利用备用电源切换时，消防泵应在1.5min内投入正常运行。

（六）消防水枪

消防水枪的功能是把水带内的均匀水流转化成所需流态，喷射到火场的物体上，达到灭火、冷却或防护的目的。按出水水流状态，消防水枪可分为直流水枪、喷雾水枪、开花水枪三类；按水流是否能够调节可分为普通水枪（流量和流态均不可调）、开关水枪（流量可调）、多功能水枪（流量和流态均可调）三类。

室内消火栓箱内一般配置直流式水枪，喷射柱状密集充实水流，具有射程远、水量大的特点。直流式水枪接口直径有50 mm和65 mm两种，喷嘴口径规格有13mm、16mm和19mm三种，13mm和16mm水枪可与50mm消火栓及消防水带配套使用，16mm和19mm水枪可与65mm消火栓及消防水带配套使用。发生火灾时，火场的辐射热使消防人员无法接近着火点，因此水枪喷出的水流应该具有足够的射程和消防流量到达着火点。消防水流的有效射程通常用充实水柱表述。

## 三、其他灭火设施的质量管理

### （一）手提灭火器

1. 灭火器配置场所

为了有效地扑救工业与民用建筑初期火灾，减少火灾损失，保护人身和财产的安全，设计人员需要合理配置建筑灭火器。《建筑灭火器配置设计规范》（GB 50140-2005）适用于生产、使用或储存可燃物的新建、改建、扩建的工业与民用建筑工程，以及存在可燃的气体、液体、固体等物质，需要配置灭火器的场所；不适用于生产或储存炸药弹药、火工品、花炮的厂房或库房。

2. 灭火器的设置

灭火器应设置在位置明显和便于取用的地点，且不得影响安全疏散。有视线障碍的灭火器设置点应设置指示其位置的发光标志。灭火器的摆放应稳固，其铭牌应朝外。手提式灭火器宜设置在灭火器箱内或挂钩、托架上，其顶部离地面高度不应大于1.50m，底部离地面高度不宜小于0.08m。灭火器箱不得上锁。灭火器不宜设置在潮湿或强腐蚀性的地点，若必须设置时，则应有相应的保护措施。灭火器设置在室外时，应有相应的保护措施。灭火器不得设置在超出其使用温度范围的地点。

### （二）水喷雾灭火系统

水喷雾灭火系统利用喷雾喷头在一定压力下将水流分解成粒径在100～700μm的细小雾滴，通过表面冷却、窒息、乳化、稀释的共同作用实现灭火和防护。与自动喷水灭火系统相比较，水喷雾灭火系统灭火效率高，适用范围广，在工程实践中对于火灾危险性大、蔓延速度快、火灾后果严重、扑救困难或需要全方位立体喷水以及为消除火灾威胁而喷水冷却的情况，采用水喷雾灭火系统是最理想的。

1. 工作原理

水喷雾灭火系统的组成和工作原理与雨淋系统基本一致，其区别在于喷头的结构和性能不同：雨淋灭火系统采用标准开式喷头，水喷雾灭火系统则采用中速或高速喷雾喷头。相同体积的水以水雾滴形态喷出时，比射流形态喷出时的表面积大几百倍。水雾滴喷射到燃烧表面时，因换热面积大而会吸收大量的热，迅速汽化，使燃烧物质的表面温度迅速降到物质热分解所需要的温度以下，导致热分解中断，中止燃烧。水雾滴受热后汽化形成原体积1680倍的水蒸气，可使燃烧物质周围空气中的氧含量迅速降低，燃烧将会因缺氧而削弱或中断。当水雾滴喷射到正在燃烧的液体表面时，由于水雾滴的冲击，在液体表层起搅拌作用，从而造成液体表层的乳化。由于乳化层是不能燃烧的，故使燃烧中断。对于轻质油类，其乳化层只有在连续喷射水雾的条件下存在；对黏度大的重质油类，乳化层在喷射停止后保持相当长的时间，对防止复燃十分有利。对于水溶性液体火灾，可利用水雾稀释液体，使液体的燃烧速度降低而较易扑灭。

喷雾系统的灭火效率比喷水系统的灭火效率高，耗水量小，一般标准喷头的喷水量为1.33L/s，而细水雾喷头的流量为0.17L/s。由于水喷雾灭火的原理与喷水灭火存在差别，在分类时单列为水喷雾灭火系统。

2. 系统的组成

水喷雾灭火系统由水源、高压给水设备、管道、雨淋阀、过滤器和水雾喷头等部分组成。

（1）水雾喷头在工作水压下，利用离心力或机械撞击力将消防水按一定的雾化角均匀喷射成雾状，覆盖在被保护对象外表，达到灭火和冷却保护的目的。

（2）高压给水设备提供水雾喷头所需的工作压力。

（3）当水雾喷头不带滤网时，设计师除在报警阀前设置过滤器外，还应在报警阀后加设过滤器。其他设施与雨淋喷水灭火系统相同。

3. 设置范围

（1）单台容量在40MW及以上的厂矿企业可燃油浸电力变压器、单台容量在90MW及以上可燃油浸电厂电力变压器或单台容量在125MW及以上的独立变电所可燃油浸电力变压器。

（2）飞机发动机试验台的试车部分。

（3）高层建筑内的燃油、燃气锅炉房，可燃油浸电力变压器室，充可燃油的高压电容器和多油开关室，自备发电机房。

当采用雨淋阀控制同时喷雾的水雾喷头数量时，水喷雾灭火系统的计算流量应按系统中同时喷雾的水雾喷头的最大用水量确定。

（4）取计算流量的1.05~1.10倍作为系统设计流量，计算管网水头损失。

（5）根据最不利喷头的实际工作压力、最不利喷头与贮水池最低工作水位的高程差、设计流量下管路的总水头损失三者之和确定水泵扬程。

（三）洁净气体灭火系统

为保护大气臭氧层不被破坏，灭火效率较高的卤代烷灭火剂1301和1211现已遭到淘汰，取而代之的是二氧化碳、三氟甲烷、七氟丙烷和惰性气体等洁净气体作为气体灭火系统的灭火剂。洁净气体灭火系统可用于扑救下列火灾：电气火灾、液体火灾或可熔化的固体火灾、灭火前应能切断气源的气体火灾、固体表面火灾。

洁净气体灭火系统不得用于扑救下列物质的火灾：含氧化剂的化学制品及混合物，如硝化纤维、硝酸钠等；活泼金属，如钾、钠、镁、钛、锆、铀等；金属氢化物，如氢化钾、氢化钠等；能自行分解的化学物质，如过氧化氢、联胺等。

### （四）泡沫灭火系统

泡沫灭火的工作原理是泡沫灭火剂与水混溶后产生一种可漂浮，黏附在可燃、易燃液体或固体表面，或者充满某一着火场所的空间的泡沫，起到隔绝、冷却作用，使燃烧熄灭。泡沫灭火系统广泛应用于油田、炼油厂、油库、发电厂、汽车库、飞机库、矿井坑道等场所。泡沫灭火剂按其成分可分为化学泡沫灭火剂、蛋白泡沫灭火剂和合成型泡沫灭火剂三种类型。泡沫灭火系统按其使用方式可分为固定式、半固定式和移动式三种方式，按泡沫喷射方式又可分为液上喷射、液下喷射和喷淋三种方式，按泡沫发泡倍数还可分为低倍、中倍和高倍三种方式。发泡倍数在20倍以下的称为低倍数泡沫灭火系统，发泡倍数在21～200倍的称为中倍数泡沫灭火系统，发泡倍数在201～2000倍的称为高倍数泡沫灭火系统。

## 第三节 自动喷水灭火系统施工质量控制记录

### 一、自动喷水灭火系统定义

自动喷水灭火系统，是指利用加压设备，将水通过管网送至带有热敏元件的喷头，喷头在火灾的热环境中自动开启喷水灭火，同时能够发出火警信号的自动灭火系统，是当今世界上公认的最为有效、应用最广泛、用量最大的自动灭火系统。

从灭火效果来看，凡发生火灾可以用水灭火的场所，均可以使用自动喷水灭火系统。但鉴于我国的经济发展状况，安装自动喷水灭火系统的场所仅限于发生火灾频率高、火灾危险等级高的建筑中的某些部位。自动喷水灭火系统应在人员密集、不易疏散、外部增援灭火与救援较困难或火灾危险性较大的场所中设置。规范同时规定自动喷水灭火系统不适用于存在较多下列物品的场所：

（1）遇水发生爆炸或加速燃烧的物品；

（2）遇水发生剧烈化学反应或产生有毒有害物质的物品；

（3）洒水将导致喷溅或沸溢的液体。

## 二、自动喷水灭火系统的类型

自动喷水灭火系统可以用于各种建筑物中允许用水灭火的场所及保护对象，根据被保护建筑物的使用性质、环境条件和火灾发展及发生特性的不同，自动喷水灭火系统可以有多种不同类型，工程中常常根据系统中喷头开闭形式的不同，将自动喷水灭火系统分为开式与闭式两大类。

属于闭式自动喷水灭火系统的有湿式系统、干式系统、预作用系统、重复启闭预作用系统及自动喷水—泡沫联用灭火系统。属于开式自动喷水灭火系统的有水幕系统、雨淋系统及水雾系统。

### （一）闭式自动喷水灭火系统

1. 湿式自动喷火灭火系统

湿式自动喷水灭火系统一般由管道系统、闭式喷头、湿式报警阀、水流指示器、报警装置和供水设施等部分组成。火灾发生时，在火场温度作用下，闭式喷头的感温元件温度满足指定的动作温度，随后开启喷头喷水灭火，阀后压力下降，湿式阀瓣打开，水经延时器之后通向水力警铃，发出声响报警信号；与此同时，水流指示器及压力开关也将信号传送至消防控制中心，经系统判断确认火警后将消防水泵启动向管网加压供水，实现持续自动喷水灭火。

湿式自动喷水灭火系统具有施工和管理维护方便、使用可靠、结构简单、灭火速度快、控火效率高及建设投资少等优点。但其管路在喷头中始终充满水。因此，一旦发生渗漏会损坏建筑装饰，应用受环境温度的限制，适合安装在温度不高于70℃，并且不低于4℃且能用水灭火的建（构）筑物内。

2. 干式自动喷水灭火系统

干式自动喷水灭火系统由管道系统、闭式喷头、水流指示器、干式报警阀、报警装置、充气设备、排气设备及供水设备等组成。干式喷水灭火系统由于报警阀后的管路中无水，不怕环境温度高，不怕冻结，因此适用于环境温度低于4℃或高于70℃的建筑物及场所。

干式自动喷水灭火系统同湿式自动喷水灭火系统相比较，增加了一套充气设备，管网内的气压要经常保持在一定范围内，因而管理较为复杂，投资较多。该系统喷水前需排放管内气体，灭火速度不如湿式自动喷水灭火系统快。

3. 干湿式自动喷火灭火系统

干湿两用自动喷水灭火系统是干式自动喷水灭火系统和湿式自动喷水灭火系统交替使用的系统，其组成包括闭式喷头、管网系统、干湿两用报警阀、信号阀、水流指示器、末端试水装置、充气设备和供水设施等。干湿两用系统在使用场所环境温度高于70℃或者低于4℃时为干式，在4℃~70℃时，可转换成湿式系统。

4. 预作用自动喷水灭火系统

预作用自动喷水灭火系统由管道系统、雨淋阀、闭式喷头、火灾探测器、报警控制装置、控制组件、充气设备及供水设施等部件组成。

预作用系统在雨淋阀以后的管网中平时充氮气或者低压空气，可避免由于系统破损而造成的水渍损失。此外，这种系统有能在喷头动作前及时报警并转换成湿式系统的早期报警装置，克服了干式喷水灭火系统必须待喷头动作完成排气之后才可以喷水灭火，从而延迟喷水时间的缺点。然而，预作用系统比干式系统或湿式系统多一套自动探测报警和自动控制系统，建设投资多，构造较为复杂。因此，要求系统处于准工作状态时严禁系统误喷、严禁管道漏水、替代干式系统等场所，应采用预作用系统。

5. 自动喷水—泡沫联用灭火系统

在普通湿式自动喷水灭火系统中并联一个钢制带橡胶囊的泡沫罐，橡胶囊内装轻水泡沫浓缩液，在系统中配控制阀和比例混合器就成了自动喷水—泡沫联用灭火系统。

该系统的特点是闭式系统采用泡沫灭火剂，强化了自动喷水灭火系统的灭火性能。当采用先喷水后喷泡沫的联用方式时，前期喷水起控火作用，后期喷泡沫可以强化灭火效果；当采用先喷泡沫后喷水的联用方式时，前期喷泡沫起灭火作用，后期喷水可达到冷却和防止复燃效果。该系统流量系数大，水滴穿透力强，可以有效地用于高堆货垛和高架仓库、柴油发动机房、燃油锅炉房及停车库等场所。

6. 重复启闭预作用系统

重复启闭预作用系统是在预作用系统的基础上发展起来的。此系统不但能自动喷水灭火，而且能在火灾扑灭后自动关闭系统。重复启闭预作用系统的工作原理和组成与预作用系统相似，不同之处是重复启闭预作用系统采用了一种既可以在环境恢复常温时输出灭火信号，又可输出火警信号的感温探测器。当感温探测器感应到环境的温度超出预定值时报警，将具有复位功能的雨淋阀和供水泵开启，为配水管道充水，在喷头动作后喷水灭火。在喷水情况下，当火场温度恢复到常温时，探测器发出关停的信号，系统按设定条件延迟喷水一段时间后停止喷水，关闭雨淋阀。如果火灾复燃、温度再次升高，系统则再次启动，直至彻底灭火。

重复启闭预作用系统优于其他喷水灭火系统，但造价较高，通常只适用于灭火后必须及时停止喷水，要求减少不必要水渍的建筑，如集控室计算机房、电缆间、配电间及电缆隧道等。

## （二）开式自动喷水灭火系统

1. 雨淋喷水灭火系统

雨淋喷水灭火系统采用开式洒水喷头，由雨淋阀控制喷水范围，通过配套的火灾自动报警系统或者传动管系统监测火灾，并自动启动系统灭火。发生火灾时，火灾探测器将信号送到火灾报警控制器，压力开关与水力警铃一起报警，控制器输出信号打开雨淋阀，同时启动水泵连续供水，使整个保护区内的开式喷头喷水灭火。雨淋系统可由电气控制启动、传动管控制启动或者手动控制。传动管控制启动包括湿式和干式两种方法。

2. 水幕消防给水系统

水幕消防给水系统主要由开式喷头、水幕系统控制设备及探测报警装置、供水设备，以及管网等组成。

3. 水喷雾灭火系统

水喷雾灭火系统是用水喷雾头取代雨淋灭火系统中的干式洒水喷头而形成的。水喷雾由水在喷头内冲撞、回转及搅拌后喷射出为细微的水滴形成的，具有较好的冷却、窒息与电绝缘效果，灭火效率高，可扑灭电气设备火灾、液体火灾、石油加工厂火灾，多用于变压器火灾等。

## 三、自动喷水灭火系统施工质量控制措施

### （一）管网安装

1. 管网连接

管子基本直径小于或等于100mm时，应采用螺纹连接；管网中管子基本直径大于100mm时，可用焊接或法兰连接。连接后，管道的通水横断面面积均不得减小。

2. 管道支架、吊架、防晃支架的安装

管道支架、吊架、防晃支架的安装应符合下列要求：

（1）管道的安装位置应符合设计要求。

（2）管道应固定牢固。

（3）管道支架、吊架、防晃支架的形式、材质、加工尺寸及焊接质量等应符合设计规定。

（4）管道吊架、支架的安装位置不应妨碍喷头的喷水效果；管道支架、吊架与喷头之间的距离不宜小于300mm，与末端喷头之间的距离不宜大于750mm。

（5）竖直安装的配水干管应在其始端和终端设防晃支架或采用管卡固定，其安装位置距地面或楼面的距离宜为1.5~1.8m。

（6）当管子的基本直径等于或大于50m时，每段配水干管或配水管设置防晃支架不应少于1个；当管道改变方向时，应增设防晃支架。

（7）配水支管上每一直管段、相邻两喷头间的管段设置的吊架不应少于1个；当喷头之间距离小于1.8m时，吊架可隔段设置，但吊架的间距不宜大于3.6m。

（8）管道穿过建筑物的变形缝时应设置柔性短管，穿过墙体或楼板时应加设套管，套管长度不得小于墙体厚度，或应高出楼面或地面50mm，管道的焊接环缝不得置于套管内。套管与管道的间隙应采用不燃材料填塞密实。

（9）管道水平安装宜有一定的坡度，且应坡向排水管；当局部区域难以利用排水管将水排净时，应采取相应的排水措施。喷头若少于5只，可在管道低凹处装加堵头，当喷头多于5只时，宜装设带阀门的排水管。

（10）配水干管、配水管应做红色或红色环圈标志，目的是便于识别自动喷水灭火系统的供水管道。红色与消防器材色标规定一致。

（11）管网在安装中断时，安装人员应将管道的敞口封闭，目的是防止安装时造成异物自燃或人为地进入管道，堵塞管网。

### （二）喷头安装

（1）喷头安装应在系统试压、冲洗合格后进行。

（2）喷头安装时，不得对喷头进行拆装、改动，并严禁给喷头附加任何装饰性涂层。

（3）喷头安装应使用专用扳手，严禁利用喷头的框架施拧；喷头的框架、溅水盘产生变形或释放原件损伤时，应更换规格、型号相同的喷头。

（4）安装在易受机械损伤处的喷头，应加设喷头防护罩。

（5）喷头安装时，溅水盘与吊顶、门、窗、洞口或障碍物的距离应符合设计要求。

（6）安装前检查喷头的型号、规格，使用场所应符合设计要求。

（7）喷头的公称直径小于10mm时，应在配水干管或配水管上安装过滤器。

（8）当梁、通风管道、排管、桥架宽度大于1.2m时，增设的喷头应安装在其腹面以下部位。

### （三）报警阀组安装

（1）报警阀组的安装应在供水管网试压、冲洗合格后进行。安装时应先安装水源控制阀、报警阀，然后进行报警阀辅助管道的连接。水源控制阀、报警阀与配水干管的连接应使水流方向一致。报警阀组安装的位置应符合设计要求；当设计无要求时，报警阀组应安装在便于操作的明显位置，距室内地面高度宜为1.2m。两侧与墙的距离不应小于0.5m，正面与墙的距离不应小于1.2m，报警阀组凸出部位之间的距离不应小于0.5m。安装报警阀组的室内地面应有排水设施。

（2）报警阀组附件的安装应符合下列要求：

①压力表应安装在报警阀上便于观测的位置。

②排水管和试验阀应安装在便于操作的位置。

③水源控制阀安装应便于操作，且应有明显开闭标志和可靠的锁定设施。

④在报警阀与管网之间的供水干管上，应安装由控制阀、检测供水压力、流量用的仪表及排水管道组成的系统流量压力检测装置，其过水能力应与系统过水能力一致；干式报警阀组、雨淋报警阀组应安装检测时，水流不进入系统管网的信号控制阀门。

（3）湿式报警阀组的安装应符合下列要求：

①应使报警阀前后的管道中能顺利充满水；压力波动时，水力警铃不应发生误报警。

②报警水流通路上的过滤器应安装在延迟器前且便于排渣操作的位置。

（4）干式报警阀组的安装应符合下列要求：

①应安装在不发生冰冻的场所。

②安装完成后，应向报警阀气室注入高度为50～100mm的清水。

③充气连接管接口应在报警阀气室充注水位以上部位，且充气连接管的直径不应小于15mm，止回阀、截止阀应安装在充气连接管上。

④气源设备的安装应符合设计要求和国家现行有关标准的规定。

⑤安全排气阀应安装在气源与报警阀之间，且应靠近报警阀。

⑥加速器应安装在靠近报警阀的位置，且有防止水进入加速器的措施。

⑦低气压预报警装置应安装在配水干管一侧。

⑧下列部位应安装压力表：报警阀充水一侧和充气一侧、空气压缩机的气泵和储气罐上、加速器上。

⑨管网充气压力应符合设计要求。

（5）雨淋阀组的安装应符合下列要求：

①雨淋阀组可采用电动开启、传动管开启或手动开启的方式，开启控制装置的安装应安全可靠。水传动管的安装应符合湿式系统有关要求。

②预作用系统雨淋阀组后的管道若需充气，其安装应按干式报警阀组有关要求进行。

③雨淋阀组的观测仪表和操作阀门的安装位置应符合设计要求，并应便于观测和操作。

④雨淋阀组手动开启装置的安装位置应符合设计要求，且在发生火灾时应能安全开启

和便于操作。

⑤压力表应安装在雨淋阀的水源一侧。

### (四) 其他组件安装

1. 主控项目

（1）水流指示器的安装应符合下列要求：

①水流指示器的安装应在管道试压和冲洗合格后进行，水流指示器的规格、型号应符合设计要求。

②水流指示器的电器元件部位应竖直安装在水平管道上侧，其动作方向应和水流方向一致；安装后的水流指示器桨片、膜片应动作灵活，不应与管壁发生碰擦。

（2）控制阀的规格、型号和安装位置均应符合设计要求；安装方向应正确，控制阀内应清洁、无堵塞、无渗漏；主要控制阀应加设启闭标志；隐蔽处的控制阀应在明显处设有指示其位置的标志。

（3）压力开关应竖直安装在通往水力警铃的管道上，且不应在安装中拆装改动。管网上的压力控制装置的安装应符合设计要求。

（4）水力警铃应安装在公共通道或值班室附近的外墙上，且应安装检修、测试用的阀门。水力警铃和报警阀的连接应采用热镀锌钢管，当镀锌钢管的公称直径为20mm时，其长度不宜大于20m；安装后的水力警铃启动时，警铃声强度应不小于70dB。

（5）末端试水装置和试水阀的安装位置应便于检查、试验，并应有相应排水能力的排水设施。

2. 一般项目

（1）信号阀应安装在水流指示器前的管道上，与水流指示器之间的距离不宜小于300mm。

（2）排气阀的安装应在系统管网试压和冲洗合格后进行；排气阀应安装在配水干管顶部、配水管的末端，且应确保无渗漏。

（3）节流管和减压孔板的安装应符合设计要求。

（4）压力开关、信号阀与水流指示器的引出线应用防水套管锁定。

（5）减压阀的安装应符合下列要求：

①减压阀安装应在供水管网试压、冲洗合格后进行。

②减压阀安装前应检查，规格型号应与设计相符；阀外控制管路及导向阀各连接件不应有松动；外观应无机械损伤，并应清除阀内异物。

③减压阀水流方向应与供水管网水流方向一致。

④应在进水侧安装过滤器，并宜在其前后安装控制阀。

⑤可调式减压阀宜水平安装，阀盖应向上。

⑥比例式减压阀宜垂直安装；当水平安装时，单呼吸孔减压阀其孔口应向下，双呼吸孔减压阀的孔口应呈水平位置。

⑦安装自身不带压力表的减压阀时，其前后相邻部位应安装压力表。

（6）多功能水泵控制阀的安装应符合下列要求：

①安装应在供水管网试压、冲洗合格后进行。

②在安装前应检查：规格型号应与设计相符；主阀各部件应完好；紧固件应齐全、无松动；各连接管路应完好，接头紧固；外观应无机械损伤，并应清除阀内异物。

③水流方向应与供水管网水流方向一致。

④出口安装其他控制阀时应保持一定距，以便于维修和管理。

⑤控制阀宜水平安装，且阀盖向上。

⑥安装自身不带压力表的多功能水泵控制阀时，应在其前后相邻部位安装压力表。

⑦进口端不宜安装柔性接头。

（7）倒流防止器的安装应符合下列要求：

①应在管道冲洗合格后进行。

②不应在倒流防止器的进口前安装过滤器或者使用带过滤器的倒流防止器。

③宜安装在水平位置，当竖直安装时，排水口应配备专用弯头。倒流防止器宜安装在便于调试和维护的位置。

④倒流防止器两端应分别安装闸阀，而且至少有一端应安装挠性接头。

⑤倒流防止器上的泄水阀不宜反向安装，泄水阀应采取间接排水方式，其排水管不应直接与排水管（沟）连接。

⑥安装完毕后，倒流防止器在首次启动使用时，应关闭出水闸阀，缓慢打开进水闸阀，待阀腔充满水后，缓慢打开出水闸阀。

## 第四节　室内排水系统施工质量控制

### 一、排水系统材料质量要求

室内排水工程中，地下排水管道、室内排水立管与横支管在安装前，所用材料的质量和施工条件，必须符合设计和施工条件的要求。室内地下、地上管道排水工程所用的管材包括铸铁管、碳素钢管、预应力钢筋混凝土管、钢筋混凝土管、混凝土管、陶土管、缸瓦管和硬聚氯乙烯塑料管。雨水管道，宜使用排水铸铁管、钢管、钢筋混凝土管、混凝土管、缸瓦管和排水塑料管。

排水工程用的管材材质、规格必须按设计要求选用，质量应符合要求，有出厂合格证。铸铁排水管及管件的规格品种应符合设计要求。灰口铸铁管的管壁薄厚均匀，内外光滑整洁，无浮砂、包砂、粘砂，更不允许有砂眼、裂纹、飞刺和疙瘩。承插口的内外径及管件造型规格须整齐一致，法兰接口平整、光洁、严密，地漏和返水弯的扣距必须一致，不得有偏扣、乱扣、方扣、丝扣不全等现象。镀锌碳素钢管及管件管壁内外镀锌均匀，无锈蚀，内壁无飞刺，管件无偏扣、乱扣、方扣、丝扣不全、角度不准等现象。塑料管材和管件的颜色应一致，无色泽不均及分解变色线；管材的内外壁应光滑、平整、无气泡、无裂口、无明显的痕纹和凹陷等缺陷；管材的端面必须平整，并垂直于轴线。

接口材料的类型有水泥、石棉、膨胀水泥、石膏、氯化钙、油麻、耐酸水泥、青铅、塑料胶接剂、胶圈、塑料焊条、碳钢焊条等。接口材料须具备相应的出厂合格证、材质单和复验单等资料。

防腐材料的类型有沥青、汽油、防锈漆、沥青漆等，应按设计要求选用。

对于上述所有进场材料和管配件，监理工程师必须严格检查，检查各种材料的产品合格证、质保书和试验审核单，审核实物与书面资料的一致性。若室内排水管材及配件质量不符合要求，监理工程师有权不予签认。

## 二、施工安装过程质量监控内容

室内地下、地上排水工程安装技术和质量要求，应达到正常运行的要求，保证安装结构的牢固稳定和排水功能的顺利畅通。因此，排水工程应按以下要求进行施工和质量监控。

### （一）室内排水管道铺设原则

1. 排水管应满足最佳水力条件

（1）卫生器具排水管与排水横支管可用90°斜三通连接。

（2）横管与横管（或立管）的连接，宜采用45°或90°斜三（四）通，不得采用正三（四）通。

（3）排水立管不得不偏置时，宜采用乙字弯管或两个45°弯头连接。

（4）立管与排出管的连接，宜采用两个45°弯头或弯曲半径不小于4倍管径的90°弯头。

（5）排出管与室外排水管道连接时，前者管顶标高应大于后者；连接处的水流转角不小于90°，若有大于0.3m的落差可不受角度的限制。

（6）最低排水横支管直接连接在排水横干管或排出管上时，连接点距排水横干管弯头位置不得小于3m。

（7）排水横管应尽量做直线连接，减少弯头。

（8）排水立管宜设在杂质、污水排放量最大处。

2. 排水管应满足维修便利和美观要求

（1）排水管道一般应在地下埋设，或在楼板上沿墙、柱明设，或吊设于楼板下；当建筑或工艺有特殊要求时，排水管道可在管槽、管井、管沟及吊顶内暗设。

（2）为了便于检修，必须在立管检查口设检修门，管井应每层设检修门与平台。

（3）架空管道应尽量避免通过民用建筑的大厅等建筑艺术和美观要求较高的地方。

3. 排水管应保证生产及使用安全

（1）排水管道的位置不得妨碍生产操作、交通运输和建筑物的使用。

（2）排水管道不得布置在遇水能引起燃烧、爆炸或损坏的原料、产品与设备的上方。

（3）架空管道不得吊设在生产工艺或对卫生有特殊要求的厂房内。

（4）架空管道不得吊设在食品仓库、贵重物品仓库、通风小室以及配电间内。

（5）排水管道应避免布置在饮食业厨房的主副食操作、烹调的上方，不能避免时应采取防护措施。

（6）生活污水立管应尽量避免穿越卧室、病房等对卫生、安静要求较高的房间，并避免靠近与卧室相邻的内墙。

（7）排水管道若穿过地下室外墙或地下构筑物的墙壁处，应采取防水措施。

## （二）施工条件

室内地下排水管道和室内排水管道在施工时，必须保证下列施工条件。

（1）图纸已经会审且技术资料齐全，已进行技术、质量和安全交底。

（2）土建基础工程基本完成，管沟已按图纸要求挖好，其位置、标高、坡度经检查符合工艺要求，沟基完成相应的处理并已达到施工要求强度。

（3）基础及过墙穿管的孔洞已按图纸位置、标高和尺寸预留好。

（4）地下管道铺设完，各立管甩头已按施工图和有关规定正确就位。

（5）各层卫生器具的样品已进场，进场的材料、机具能保证连续施工。

（6）工作应在干作业条件下进行，如遇特殊情况下施工时，应按设计要求制定施工措施。

### （三）一般技术和质量要求

1. 管道基础和管座（墩）

排水管道埋设在地下部分，管道基础土严禁松散，应进行夯实以保证土的密实性。管座（墩）设置的位置正确、稳定性好，防止因加载之后受力不均，造成断口漏水，影响使用功能。

2. 生活污水管管径

管道直径必须与设计图相符合，如设计不明确时，可参照下列的应用场所和要求予以选用。

（1）除个别洗脸盆、浴盆和妇女卫生盆等排泄较洁净污水的卫生器具排出管可采用管径小于50mm的管材外，其余室内排水管管径均不得小于50mm。

（2）对于排泄含大量油脂、泥沙、杂质的公共食堂排水管，干管管径不得小于100mm，支管管径不得小于75mm。

（3）对于含有棉花球、纱布杂物的医院（住院处）卫生间内洗涤盆或污水池的排水管，以及易结污垢的小便槽排水管等，管径不得小于75mm。

（4）对于连接有大便器的管道，即使仅有一个大便器，其管径仍不小于100mm。

（5）对于大便槽的排出管，管径应不小于150mm。

3. 通气管的设置

（1）通气管不得与风道或烟道连接，通气管高出屋面不得小于300mm，但必须大于最大积雪厚度。

（2）在通气管出口4m以内有门窗时，通气管应高出门窗顶600mm或引向无门窗一侧。

（3）在上方容许人停留的平屋面上，通气管应高出屋面2m，如采用金属管时，一般应根据防雷要求设防雷装置。

（4）通气管出口不宜设在建筑物挑出部分（檐口、阳台和雨篷等）的下面。

4. 排水管材的连接方法

排水管材的选用和接头连接方法应按设计要求进行，当设计无明确规定时应按照下述要求进行。

（1）铸铁管：排水铸铁管比给水铸铁管的管壁薄，管径50~200mm，不能承受高压，常用于生活污水管和雨水管等。其优点是耐腐蚀、耐久性好，缺点是性脆、自重大、长度短。接口为承插式，一般采用石棉水泥、膨胀水泥、水泥等材料接口连接。

（2）焊接钢管：用在卫生器具排水支管及生产设备的非腐蚀性排水支管，管径小于或等于50mm时，可采用焊接或配件螺纹、法兰等连接。

（3）陶土管：陶土管具有良好的耐腐蚀性能，适用于排除弱酸性生产污水。一般采用水泥承插接口，水温不高时，可采用沥青玛瑞脂接口。缺点是管材机械强度较低，不宜设置在荷载大或振动大的地方。

（4）耐酸陶瓷管：适用于排除强酸性污水，一般用承插式耐酸砂浆接口。

（5）无缝钢管：用于检修困难、机器设备振动大的地方以及管道内压力较高的非腐蚀性排水管，接口一般为焊接或法兰连接。

5. 排水管件

排水工程常用的主要管件的应用范围和连接要求如下：

（1）弯头：用于管道转弯处，使管道改变方向，弯头的角度有90°和45°两种，一般排水工程宜用45°弯头，不宜90°弯头，因后者易产生排水阻力堵塞排水管道。

（2）乙字弯管：排水立管在室内距墙比较近，但下面的基础比墙要宽，在为了绕过基础或其他障碍物而转向时，常用乙字弯管连接。

（3）存水弯：存水弯也叫水封，设在卫生器具下面的排水支管上。使用时，存水弯中经常存有水，可防止排水管道中的气体进入室内。存水弯有S形和P形两种。

（4）三通：用于两条管道汇合处，有正三通、顺流三通和斜三通三种。

（5）四通：用在三条管道汇合处，有正四通和斜四通两种。

（6）管箍：管箍也叫套袖或接轮，用于将两段排水直管连在一起。

### （四）硬聚氯乙烯塑料管及管件的连接和质量监控

建筑排水管材以硬聚氯乙烯（PVC-U）、管件以PVC树脂为主要原料，加入专用助剂，在制管机内经挤出和注射成型而成。其物理性能优良，耐腐蚀，抗冲击强度高，流体阻力小，不结垢，内壁光滑，不易堵塞，并达到建筑材料难燃性能要求，耐老化，使用寿命长，室内及埋地使用寿命可达50年以上，户外使用寿命达50年。此外，PVC-U管材还具有质量轻，便于运输、储存和安装，造价低与便于维修等优点，广泛适用于建筑物内排水系统，在考虑管材的耐化学性和耐热性的条件下，也可用于工业排水系统。

硬聚氯乙烯管道连接方法：室内排水工程硬聚氯乙烯管道常用的连接方法有黏合剂承接接口、焊接连接接口和法兰配件连接等。各种连接的技术要求如下：

（1）黏合剂承插连接：①排水用硬聚氯乙烯塑料管承插接口，采用黏合剂时，黏合剂的理化性能必须符合产品说明书和设计要求。

②伸缩节：施工人员需安装排水用硬聚氯乙烯塑料管的伸缩节，供热胀冷缩补偿，以防止塑料管因温度变化引起伸缩，造成管道的变形和损坏。因此，安装排水用硬聚氯乙烯塑料管道时，必须按设计要求的位置和数量装设膨胀伸缩节。

（2）焊接连接：①焊接管端必须具有25°~45°的坡口；管道焊接表面应清洁、平整，采用搭接焊时应将焊接处表面刮出麻面。

②焊接时，焊条与焊缝两侧应均匀受热，外观不得有弯曲、断裂、烧焦和宽窄不一等缺陷。

③焊条与焊件应熔化良好，不允许有浮盖、重积等缺陷。

④塑料焊条应符合下列规定：焊条的直径应根据管道的壁厚选择，管壁厚度小于4mm时，焊条直径为2mm；管壁厚度为4~16mm时，焊条直径为3mm；管壁厚度大于16mm时，焊条直径为4mm；焊条材质与母材的材质相同；焊条弯曲（试验）180°时不应断裂，但在弯曲处允许有发白现象；焊条表面光滑无凸瘤，切断面必须紧密均匀，无气孔与夹杂物。

（3）法兰连接：硬聚氯乙烯塑料排水管采用法兰连接时，是在管端截面边缘用焊接连接法兰；或将管端加热到140℃~145°C，采用手工翻边或用模具压制成法兰，再将钢法兰套在管道法兰处用螺栓连接；或在塑料管翻边法兰上钻孔，将翻边法兰间用螺栓直接连接。

### （五）排水工程施工质量监控内容

1. 一般规定

室内排水工程施工质量监控的主要内容是控制坐标、标高、坡度、坡向和检查口、清扫口的位置是否正确。

（1）坐标、标高：坐标和标高是排水管道安装控制的重点，它是确保排水性能和使用功能的主要要求。

①排水管网的坐标和标高是指管道的起点、终点、井位点和分支点以及各点之间的直线管段所要求的正确位置。

②排水管道安装过程中，应严格控制管网的坐标和标高。

（2）坡度：排水管道安装坡度必须符合设计要求，保证泄水通畅。铸铁排水管道的标准坡度和最小坡度须特别注意。

（3）坡向：排水管道横支管在预制和安装时的坡向，必须符合泄水的流向。

（4）检查口、清扫口的作用是管道内的沉淀物造成堵塞时便于检查与清扫。

2. 室内排水工程施工质量监控要点

管道施工作业条件和控制要点：①埋地管道施工控制要点：埋地管道必须铺设在未经扰动的坚实土层上，或铺设在按设计要求需经夯实的松散土层上；管道及管道支墩或管道支撑不得铺设在冻土层和未经处理的扰动的松土上；沟槽内遇有块石要清除；沟槽要平直，沟底要夯实平整，坡度符合要求；穿过建筑基础时要预先留好管洞。

②暗装管道（包括设备层、管道竖井、吊顶内的管道）首先应该核对各种管道的标

高、坐标，其次管道应排列有序，符合设计图纸要求。

③室内明装管道要在与土建结构进度相隔1~2层的条件下进行安装，室内地平线标高和房间尺寸线应弹好，在粗装修工序已完成无其他障碍下进行安装。

## （六）排水管道施工质量监控

1. 室内地下埋设管道施工质量监控

室内地下管道的施工质量监控是指在底层埋设时的管控。安装时应根据设计图纸要求和器具、立管、清扫口等位置的实际情况，测量其尺寸，按要求的规格进行预制连接，同时将管沟挖好夯实。接着将管放入管沟内，找好坡度、位置、尺寸，稳固找正，并将需要的接管口工作坑挖好，而后将接往器具、清扫口、立管等处的管道分别按位置尺寸接至所需高度，再将所有接口连接，然后将管两侧填土踩实，留出管口以便试水检查。安装后，甩头和排出口均应堵盖好，防止污物流入管内。地下埋设管道安装后，水泥强度应达80%，并进行灌水试验检查。

2. 排水立管施工质量监控

排水立管用以排泄建筑物上层的污水，把横支管排出的污水经立管送到出户管。排水立管管径一般不小于50mm。为便于管道承口填塞操作，立管承口与墙净距应不小于30mm。安装时，施工人员应预先在现场用线锤找出立管中心线，并用粉笔画在墙上，对于本楼层，则从上层楼板往上量出安装支管高度；再由此处用尺往下量出本层立管接横管的三通口，求出立管尺寸，配出立管；然后将管临时立起，用线锤吊直与三通口找正，把立管临时固定，最后用粉笔把部件的接触点和连接点在现场标出。对个别部件可先行预制，再与直管部分连接。整个立管从底层装配到屋顶间为止，并用铁钩加以固定。装立管时承口向上，在离地面1m处设检查口，以清扫立管。

排水立管是聚集来自各器具污水的排水管道，立管的垂直度不能偏差太大，否则会产生阻力或改变流体形状，造成上层管道内出现负压，下层产生正压，这将导致上下各层的水封全部失效，形成气塞或水塞，发生管锤振动现象，破坏管道及接口，使管道渗漏。

管道的接口一律用素灰打口，灰面不得超出承口平面。排水立管穿过楼板时，不得随意打洞和破坏楼板钢筋，以免影响结构强度从而造成严重的事故。立管安装必须考虑与支管连接的可能性和排水是否畅通、连接是否牢固，用于立管连接的零件必须是45°斜三通，弯头一律采用45°的，所有立管与排出管连接时，要用两个45°弯头，底部应做混凝土支座。为了防止在多工种交叉施工中将碎砖、木块、灰浆等杂物掉入管道内，在安装立管时，不应从+0.00开始，应是+0.00~+1.00m处的管段暂不连接，待抹灰工程完成后，再将该段连接好。这样就杜绝了在施工过程中造成堵塞的现象。

立管最上面的一段伸出屋顶，其作用是连通大气，使室内排水管网中的有害气体排到大气中，以及防止水封被破坏。其管径应比立管管径大50mm，伸出屋面距离为0.7m，并在上端加设通气帽。

3. 排水支管施工质量监控

安装支管必须符合排水设备的位置、标高的具体要求。支管安装需要有一定的坡度，以使污水能够畅通地流入立管。支管的连接件不得使用直角三通、四通和弯头，承口应逆水安装。地下埋设和楼板下部明装支管要事先按照图纸要求多做预制，尽量减少死口。接管前应将承口清扫干净，并打掉表面上的毛刺，插口向承口内安装时要观察周边的间隙是否均匀，在一般情况下，其间隙不能小于8~10mm，打完口后再用塞刀将其表面压平压光。支管安装的吊钩可安在墙上或楼板上，其间距不能大于1.5m。

4. 排水短管施工质量监控

短管安装施工时首先应准确定出长度。短管与横支管连接时均有坡度要求。因此，即使卫生器具相同，其短管长度也各不相同，它的尺寸都需要实际量出。大便器的短管要求承口露出楼板30~50mm，测量时应以伸出长度加上楼板厚度及至横管三通承口内总长度计算；拖布槽、小便斗及洗脸盆等短管长度，也应采用这个方法量出。短管在地面上切断后便可安装卫生器具。

5. 出户管施工质量监控

出户管的作用是接受一根或几根立管的污水排到室外检查井。出户管的长度应按管径比例确定：当管径100mm以下时，不应超过10m；当管径100mm及以上时，长度不得超过15m。出户管要直线铺设，不能拐弯和突变管径。

安装时应将第一根管的插口插入检查井壁孔中，按要求的坡度，使管口边与检查井内表面相平，所连接排水管的下壁应比检查井的流水面高出一个管径，然后依次将管道排至屋的外墙与内部排水管相连接，经检查标高、坡度符合要求后填塞好接头，并按规定认真做好养护。

6. 室内雨水管道施工质量监控

雨水管道的作用与排水管道大体相同，这种管道用于民用建筑很少，一般适用于工业厂房和公共建筑。其安装方法及要求如下：

（1）室内雨水管道的组成部分包括雨水漏斗、水平分支管、出户管、检查井等。雨水漏斗安装在屋面上，收集屋面上的雨水、雪水。它能够迅速地排出屋面上的积水，其应安装在天沟内最低处。雨水漏斗的安装必须与其他有关工种密切合作，才能保证质量，否则会造成屋面漏水而影响生活和生产功能的使用。

（2）雨水排水立管一般取柱子中心，在公共建筑中沿间墙铺设。在空中悬吊的水平横向管道的长度最长不超过15m，其坡度不小于0.005；当大于15m时需设检查口。在平屋顶安装雨水漏斗时，一般漏斗之间的距离不能超过12m。横向管道不得跨越房屋的伸缩缝。

（3）雨水管道不能与生活污水管道相连接，但生产废水允许与雨水管道相连接。

（4）雨水立管距地面1m处应装设检查口。密闭雨水管道系统的埋地管，应在靠立管处设水平检查口。高层建筑的雨水立管在地下室或底层向水平方向转弯的弯头下面，应设支墩或支架，并在转弯处设检查口。

7.通气管施工质量监控

通气管施工的优劣和使用功能的好坏有着直接关系。通气管的主要作用，是将管道内产生和散发的有害气体畅通无阻地排到大气中，并且保护室内卫生器具的水封不被破坏。

因此，做好通气管的安装，对整个排水系统十分重要。对于只有一个卫生器具或几个卫生器具并联起来集中共用一个水封时，这样的系统可以不安装通气立管。但在下列情况下，必须安装辅助式通气立管或专用通气立管以及环形通气管。

（1）对于横管的长度大于12m，且沿横管的方向上装有4个以上的卫生器具，应安装辅助通气立管。

（2）大便器安装超过6个且安装在同一管线上时，应安装辅助通气管或环形通气管。

（3）虽然数量未超过上述要求，但要求较高的建筑，如高层建筑、高级公共建筑，也可安装辅助通气立管。

8.成品保护工作

室内排水管道在灌水和通球试验合格后，应按下列要求做好成品保护工作。

（1）灌水和通球试验合格后，从室外排水口放净管内存水。

（2）将灌水试验临时接出的短管全部拆除，各管口恢复到原位，拆管时严防污物落入管内。

（3）用木塞、盲板等临时堵塞封闭管口，确保堵塞物不能落入管内。

（4）管口临时封闭后，应立即对管道进行防腐、防漏等处理，并对管道进行隐蔽。凡不当时隐蔽者，应采取有效防护措施，否则应重做灌水和通球试验。

（5）地下管道灌水合格后进行回填土前，对低于回填土面高度的管口，应做出明显标志，在分项工程交工前按回填尺寸要求进行全部回填。

# 第七章 消防工作规划

## 第一节 消防的作用原则及法规体系

### 一、消防工作的意义和作用

消防工作是人们同火灾做斗争的一项专门工作,其任务是预防火灾和减少火灾危害,保护公民人身及财产安全,维护公共安全,维护社会秩序、生产秩序、教学和科研秩序以及人民群众的生活秩序,保障社会主义现代化建设的顺利进行。做好消防工作是国家建设、人民安全的需要,是全体社会成员的共同责任。任何单位和个人都有维护消防安全和预防火灾的义务。

#### (一)消防工作的意义

消防工作是国民经济和社会发展的重要组成部分,是发展社会主义市场经济不可或缺的保障条件。消防工作的好坏直接关系到人民生命财产安全和社会的稳定。此外,事故的善后处理往往也牵扯了政府很多精力,严重影响了经济建设的发展和社会的稳定,有些火灾事故还在国内外政治方面产生不良影响,教训是十分沉痛和深刻的。因此,做好消防工作,预防和减少火灾事故特别是群死群伤的恶性火灾事故的发生,具有十分重要意义。

消防工作是一项社会性很强的工作,它涉及社会的各领域和各个行业,与人们的生活有着十分密切的关系。随着社会的发展,仅就用火、用电、用气的广泛性而言,消防安全问题所涉及的范围几乎无所不在。全社会每个行业、每个部门、每个单位甚至每个家庭,都面临着预防火灾、确保消防安全的问题。总结以往的火灾教训,绝大多数火灾都是由于一些领导、管理者和职工群众思想麻痹、行为放纵、不懂消防规章或者有章不循、管理不严、明知故犯、冒险作业造成的。火灾发生后,有不少人缺乏起码的消防科学知识,遇到火情束手无策,不知如何报警,甚至不会逃生自救,导致严重后果。

消防安全管理工作应坚持群众性的原则，要求管理者树立坚定的群众观点，始终不渝地相信群众的智慧和力量，要采取各种方式方法广泛向群众宣传和普及消防知识，提高广大群众自身的防灾能力，要把各条战线、各行各业，包括机关、团体、企事业单位、街道、村寨、家庭等各方面的社会力量动员起来，参加义务消防队，实行消防安全责任制，开展群众性的防火和灭火工作；要依靠群众的力量，整改火灾隐患，改善消防设施，促进消防安全。

## （二）消防工作的作用

做好消防安全工作是社会经济发展、人民安居乐业的重要保障。"预防火灾和减少火灾的危害"是对消防立法意义的总体概括，包括两层含义：一是做好预防火灾的各项工作，防止火灾发生；二是一旦发生了火灾，就应及时、有效地进行扑救，减少火灾的危害。消防工作就是要做好火灾的预防和扑救火灾的准备工作，其作用可归纳为以下方面。

1. 保护公民生命财产和公共财产的安全

科学技术的发展，促进了经济建设的发展，使得国家的物质财富不断增长和集中，石油化工、天然气等易燃易爆物资的使用范围越来越广，生产和生活中的用火用电越来越多，可能引起火灾的因素也随之增多。因此，如果消防工作做不好，一旦火灾发生，就会给公民生命财产及公共财产带来不可再生的损失。

2. 保护历史文化遗产

我国是一个具有悠久历史文化而又富于革命传统的伟大的社会主义国家，北京、西安、开封、洛阳等许多历史名城内都坐落着气宇轩昂、富丽堂皇的宫殿、寺院，有的至今仍然保持良好。这些古代建筑、历史文物和革命文物都体现了中华民族悠久的历史、光荣的革命传统和光辉灿烂的文化，若惨遭火灾，将会造成不可挽救、无法弥补且无法用金钱计算的经济损失。做好消防工作对保护和继承我国的历史文化遗产，发扬革命传统和教育后人，发展我国的旅游事业，都具有深远的历史意义和现实意义。

3. 减轻地震次生火灾的损失

我国是世界上多地震的国家之一。地震是一种破坏性很强的自然灾害，一次强烈的地震，不仅会使房屋倒塌，人畜伤亡，而且震后往往导致次生火灾。地震次生火灾的危害性是不容忽视的，对抗震防火的具体措施应在平时的防火工作中贯彻和落实。

4. 打击防火犯罪，维护社会安定

放火历来是刑事犯罪分子进行破坏活动的手段之一。做好消防工作，严格各项消防保卫措施，加强对放火案件的侦破，严厉打击放火犯罪分子，积极同放火犯罪分子做斗争，对保卫国家财产和公民生命财产具有重要作用。

## 二、消防工作的方针和原则

消防工作贯彻"预防为主、防消结合"的方针，按照政府统一领导、部门依法监管、单位全面负责、公民积极参与的原则，实行消防安全责任制，建立健全社会化的消防工作网络。

### （一）消防工作的方针

消防工作应贯彻"预防为主，防消结合"的工作方针。这一方针科学、准确地表达了"防和消"的辩证关系，反映了人民同火灾做斗争的客观规律，也体现了我国消防工作的特色。所谓"预防为主"就是要在思想和行动上把预防火灾放在首位，在建筑消防系统的设计、施工、管理等方面把好消防安全质量关；落实各项防火措施，积极开展消防安全宣传教育和培训，制定并落实消防安全管理制度，加强消防安全管理，把工作的重点放在预防火灾的发生上，减少火灾事故的发生。

所谓"防消结合"就是在消防工作的实践中，要把同火灾做斗争的两个基本手段——"防"与"消"有机地结合起来，在做好各项防火工作（如消防监督、检查、建审、宣传等）的同时，在思想上、组织上和物资上做好准备，不但要加强专业消防队伍（公安消防队伍）正规化和现代化的建设，还要抓好企业、事业专职消防队伍和群众义务消防队伍的建设，随时做好灭火的准备，以便火灾发生时能够及时、迅速、有效地予以扑灭，最大限度地减少火灾所造成的人身伤亡和财产损失。

在"预防为主，防消结合"这一方针中，"防"与"消"是相辅相成、缺一不可的，"重消轻防"和"重防轻消"都是片面的。"防"与"消"是同一目标下的两种手段，只有全面、正确地理解了它们之间的辩证关系，并且在实践中认真地贯彻落实，才能达到有效同火灾做斗争的目的。总体来看，我国的消防工作方针，几十年来在全国范围的实际工作中起到了重要的导向和制约作用，也取得了明显的经济效益和社会效益，这是不可否认的事实。从这里我们不难看出，消防工作方针的导向和制约作用，反映得是否较为全面和充分，在实践中是否体现出应有的成效和价值，是检查和验证其制定是否正确和切实的重要依据和唯一标准，这一点是绝对的。

### （二）消防工作的原则

消防工作按照"政府统一领导、部门依法监管、单位全面负责、公民积极参与的原则，实行消防安全责任制，建立健全社会化的消防工作网络"。这一原则分别强调了政府、部门、单位和普通群众的消防安全责任问题，是消防工作经验和客观规律的反映。消防安全是政府社会管理和公共服务的重要内容，是社会稳定和经济发展的重要保障。这是贯彻落实科学发展观、建设现代服务型政府、构建社会主义和谐社会的基本要求。政府有关部门对消防工作齐抓共管，这是由消防工作的社会化属性决定的。各级公安、建设、工商、质监、教育、人力资源和社会保障等部门应当依据有关法律法规和政策规定，依法履行相应的消防安全监管职责。单位是社会的基本单元，是消防安全管理的核心主体。公民是消防工作的基础，没有广大人民群众的参与，消防工作就不会发展进步，全社会抗御火灾的基础就不会牢固。"政府""部门""单位""公民"四者都是消防工作的主体，政府统一领导，部门依法监管，单位全面负责、公民积极参与，共同构筑消防安全工作格局，任何一方都非常重要，不可偏废。

### 三、我国消防法规体系

消防法律法规是指国家制定的有关消防管理的一切规范性文件的总称，包括消防法律、消防法规（消防行政法规、地方性消防法规）、消防规章（消防行政规章和地方政府消防规章）以及消防技术标准等。

我国的消防法律法规体系是以消防行政法规、地方性消防法规、各类消防规章、消防技术标准以及其他规范性文件为主干，以涉及消防的有关法律法规为重要补充的消防法律法规体系，其调整对象是在消防管理过程中形成的各种社会关系，其立法目的是规范社会生活中各种消防行为，预防火灾和减少火灾的危害，保护公共财产和公民人身、财产的安全，维护公共安全，保障社会主义现代化建设的顺利进行。

### （一）消防法律

《消防法》是我国的消防专门法律，是我国消防工作的基本法，在推动我国消防法制的建设、公共消防设施建设、规范消防监督执法，提高社会化消防管理水平以及提高广大群众自防自救等诸多方面起到了积极作用，也在预防和减少火灾危害，保护人身、财产安全，维护公共安全工作中切实取得了成效。

### （二）消防法规

1. 行政法规

消防行政法规是国务院根据宪法和法律，为领导和管理国家消防行政工作，按照法定程序批准或颁布的有关消防工作的规范性法律文件。

2. 地方性法规

地方性消防法规，由省、自治区、直辖市、省会、自治区首府、国务院批准的较大的市的人大及其常委会在不与宪法、法律和行政法规相抵触的情况下，根据本地区的实际情况制定的规范性文件。全国大部分省、自治区、直辖市有立法权的人大常委会均制定了符合本地实际情况的消防条例。

### (三) 消防规章

1. 消防行政规章

消防行政规章,是由国务院各部、各委员会、中国人民银行、审计署和具有行政管理职能的直属机构,根据法律和国务院的行政法规、决定、命令,在本部门的权限内制定和发布的命令、指示、规章等。消防规章可由公安部单独颁布,也可由公安部会同其他部门联合下发。

2. 地方政府规章

地方政府规章由省、自治区、直辖市、省会、自治区首府、国务院批准的较大的市的人民政府批准或颁布。

## 第二节 消防安全责任制及保障途径

### 一、消防安全责任制

多年来消防工作的实践证明,消防安全责任制是一项十分必要且行之有效的火灾预防制度,也是落实各项火灾预防措施的重要保障。消防工作实行"消防安全责任制",即要求各级人民政府,各机关、团体、企业、事业单位和个人在经济和社会生产、生活活动中依照法律规定,各负其责的责任制度。因此,各级人民政府、各地区、各部门、各行业、各单位以及每个社会成员都应当遵守消防法律、法规和规章,不断增强消防法制观念,提高消防安全意识,切实落实本地区、本部门、本单位的消防安全责任制,认真履行法律规定的防火安全职责。

### (一) 实行消防安全责任制的必要性

1. 消防安全责任制的由来与发展

实行消防安全责任制是我国经济体制改革和社会发展的需要。随着改革开放政策的实施,社会主义计划经济建设逐步向市场经济转变,国有、集体、外资、股份、私营等企业不断涌现,而这些企业经济活动中都实行"独立核算、自主经营、自负盈亏"的政策,企业具有较大的独立性、自主性。政府在社会经济活动中也由过去统包、统揽、统管逐步向宏观调控方面转变。

2. 实行消防安全责任制的必要性

消防工作是一项社会性的工作，是社会主义物质文明和精神文明建设的重要组成部分，是发展社会主义市场经济不可或缺的保障条件。消防工作的质量直接关系社会安定、政治稳定和经济发展，做好消防工作是全社会的共同责任，各级政府要负责，机关、团体、企事业单位要负责，每个公民也要负责。

长期以来，一些地方和单位的消防安全责任制不明确、不具体、不落实，消防工作中存在的问题长期得不到解决，消防基础设施严重滞后于经济建设的发展。实行消防安全责任制，确定本单位和所属部门、岗位的消防安全责任人，既是法律对社会各单位消防安全的责任要求，也是各机关、团体、企业、事业单位做好自身消防安全工作的必要保障。只有这样，才能把消防工作落实到行动上，落实到具体工作中。

（二）消防安全责任制的实现形式

依法履行消防安全责任制，不仅需要各级政府、各部门、各单位、各岗位消防安全责任人对自己承担的防火安全责任明确，思想重视，付诸实施，而且需要建立一定的制约机制，保障消防安全责任制正常运行，强化消防安全责任制落实。这种制约机制一般采取以下两种形式、三项措施。

1. 两种形式

（1）签订消防安全目标责任状

签订消防安全目标责任状，即将法律赋予单位或消防安全责任人的消防安全责任，结合本地区、本部门、本单位、本岗位的消防工作实际，化解为年度消防安全必须实现的目标，在上级政府与下级政府之间，上级部门与下级部门之间，单位内部上下级之间，层层签订消防安全目标责任状。

（2）进行消防安全责任制落实情况评估

进行消防安全责任制落实情况评估，即按照级别层次，组织专家对消防安全责任制落实情况进行评估考核。

2. 三项措施

贯彻落实消防安全责任制，不但要采取以上两种形式，还必须有以下三项措施做保障。

一是要把责任状中规定的消防安全目标落实情况或评估结果，作为评价一级政府、一个部门、一个单位或消防安全责任人的政绩依据之一。

二是要把责任状中规定的消防安全目标落实情况或评估结果，作为评比先进、晋升的条件，实行一票否决制。例如，消防安全责任制不落实，重大火灾隐患整改不力或发生重大火灾的单位，不能评比先进，消防安全责任人不应晋级提升职务。

三是要把责任状中规定的消防安全目标落实情况或评估结果，作为奖惩的依据。对消防安全责任制的落实，消防安全工作做得好的单位或个人，应给予荣誉的或经济的奖励，做得不好的应通报批评，扣发奖金或予以处罚。

### （三）消防安全工作职责

#### 1. 各级人民政府的消防工作责任

人民政府是组织和管理一个地区的政治、经济、文化等社会事务的行政机关。消防工作是一项社会性的工作，是各级人民政府的一项重要职能。消防工作由国务院领导，由地方各级人民政府负责。地方各级人民政府消防工作的主要责任如下。

（1）将消防工作纳入国民经济和社会发展计划，保障消防工作与经济建设和社会发展相适应。国民经济和社会发展计划是国家对国民经济和社会发展各项内容所进行的分阶段的具体安排，是党和国家发展国民经济的战略部署，是国家组织国民经济和社会发展的依据。将消防工作纳入国民经济和社会发展规划，有利于加快消防事业的发展，有利于扭转消防工作滞后于经济和社会发展的被动局面，提高全社会抗御火灾的能力，为经济建设和社会发展提供有力的安全保障。

（2）将消防设施建设规划纳入城市总体规划，并负责组织有关主管部门实施。地方各级人民政府应将消防安全布局、消防站、消防供水、消防通信、消防车通道、消防装备等内容的消防规划纳入城市总体规划，并负责组织有关主管部门实施。城市总体规划，主要包括城市的性质、发展目标和发展规模，城市主要建设标准的定额指标，城市建设用地布局、功能分区和各项建设的总体部署与各项专业规划、近期建设计划等。消防规划是城市总体规划的重要组成部分，消防规划是否合理，是衡量一个城市总体规划是否合理的重要标志之一。在城市建设和发展中，如果忽视消防规划，片面追求城市发展速度和经济效益，不能保证消防安全设施的合理安排，消防站、消防供水、消防通信、消防车通道等消防基础设施不能与城市总体建设同步进行，就会在发生火灾时造成重大经济损失，甚至影响和阻碍城市的发展，在这方面，一些地方的教训是十分深刻的。因此，城市人民政府必须将消防规划纳入城市总体规划，使城市的消防安全布局、消防站、消防供水、消防通信、消防车通道以及消防装备等方面的建设与其他市政基础设施建设统一规划、统一设计、统一建设。公共消防设施、消防装备不足或者不适应实际需要的，应当增建、改建、配置或者进行技术改造。

（3）加强科学研究，推广、使用先进消防技术、消防装备。随着城市建设的发展，高层建筑、大型商场、集贸市场不断涌现，新型建筑装饰材料广泛应用，这给消防工作提出了新的要求。城市消防如果不采用先进设备，吸收先进的经验，应用先进技术和材料，而沿用老办法，就很难解决消防工作中出现的新问题。因此，科研工作者有必要在引进国外先进消防技术的同时，加强我国消防科学技术的研究、开发、推广、使用先进的消防技术，逐步运用科学的理论和现代化的技术、设备，改变我国消防科学研究和消防器材生产落后的状况，也使消防管理成为一门综合性应用学科，以便发挥最佳消防安全效果，为保卫社会主义经济建设和人民生命财产安全做出贡献。

（4）组织相关部门开展消防宣传教育，提高公民的消防安全意识。无数的火灾事例说明，火灾的发生大多数是由于社会公民、岗位操作人员缺乏消防常识而引起的。如果说我国的消防基础设施和消防技术装备落后，那么我国的社会公民消防意识、消防法律知识和消防科学知识更加落后。要从根本上改变这种落后的局面，就必须下大力气进行消防宣传教育，建立消防职业学校或消防培训中心，健全职工消防安全培训制度，只有这样才能提高公民的消防安全意识，自觉地遵守消防法规，预防火灾事故发生。

（5）组织相关部门做好消防安全监督与检查工作。消防安全监督与检查是做好消防工作的一项基本措施，也是一项长期、经常性的工作。各级人民政府要在农业收获季节、森林和草原防火期间、重大节假日以及火灾多发季节，组织消防安全检查，检查防火措施的落实情况，检查火灾隐患；对检查中发现的火灾隐患，督促立即整改。抓住了重点时节的防火工作，消防工作就有了主动权。

（6）加强消防组织建设，增强扑救火灾的能力。地方各级人民政府应根据经济和社会发展的需要，建立多种形式的消防组织。消防组织是抗御火灾、保卫经济建设和人民安居乐业的重要力量。随着城乡建设和经济建设的发展，火灾逐年增多，公安消防警力不足的矛盾相当突出，仅靠现役消防人员承担日益繁重的消防灭火与抢险工作，显然是有困难的。为此，政府必须从我国的实际情况出发，借鉴国际通行做法，充分发挥中央、地方以及社会各方面的积极性，解决消防力量不足的问题；要在政府的领导下，在加强公安消防队伍建设的同时，积极发展县办、镇办、乡办和企业专职消防队以及遍布城乡的义务消防队伍，增强全社会抗御火灾的能力。

（7）统一指挥大型灭火抢险救援活动，调集所需物资支援灭火。大型火灾的扑救、重大事故的抢险救援工作，是一项政策性强、危险性大、多专业力量参与的工作。大型火灾扑救或重大事故的抢险救援工作仅靠公安消防队的指挥和施救力量往往是不够的，必须在政府统一指挥调度下实施。特别是在扑救大型火灾，进行重大事故处置，需要供水、电力、救护等方面力量和物资时，只有在政府的统一调度指挥下，才能迅速调集、快速参战，及时完成火灾扑救和抢险救援任务。

（8）奖励在消防工作中有突出贡献或者成绩显著的单位和个人。对因参加扑救火灾受伤、致残或者死亡的人员，政府应给予医疗、抚恤。

（9）决定对经济和社会生活影响较大的停产停业的处罚。在消防安全方面，因严重违反消防法规,需停业整改,对经济和社会生活影响较大的,如对供水、供气、供电等重要厂矿企业,重要的基建工程、交通、邮电通信枢纽,以及其他主要单位、场所的责令停产停业,公安消防机构必须报请当地人民政府,由人民政府依法作出责令停产停业决定后,公安消防机构再执行。

2. 居民、村民委员会的消防工作职责

城市街道办事处是城市区级政府的派出机构。乡镇人民政府、城市街道办事处对村民委员会、居民委员会的消防安全工作负有指导和监督的责任。城市居民委员会和农村村民委员会是城市居民、农村村民自我管理、自我教育、自我服务的基层群众性的自治组织。城市居民委员会和农村村民委员会的消防工作职责如下:

(1)宣传消防法律法规、普及消防知识,发动群众做好消防安全工作。通过消防宣传,使群众知法守法,懂得消防科学知识,自觉地做好消防安全工作。

(2)组织制定防火安全公约,督促居民遵守"防火安全公约"是居民、村民共同制定、共同遵守、相互监督的乡规民约,是做好居民消防安全工作的一项重要措施。

(3)组织建设群众义务消防队,组织灭火演练、扑救初期火灾、保护火灾现场,协助火灾原因调查。

(4)进行消防安全检查,检查居民、村民是否有违反防火公约的行为,用火、用电、使用燃气是否符合消防安全要求,楼梯等公共通道是否堆放杂物,是否存在火灾隐患等,发现隐患及时督促整改。

3. 有关行政主管部门的消防工作职责

有关行政主管部门,是指与社会消防工作直接相关的行业行政部门。根据《消防法》的规定,教育、劳动、新闻、出版、广播、电影、电视、建设等行业行政主管部门均负有消防工作职责。

(1)教育、劳动行业行政主管部门的消防工作职责

教育、劳动行业行政主管部门负有将消防知识纳入教学与培训内容的职责。消防工作是一门综合性的学科,它涉及社会科学和自然科学领域,与社会学、经济学、法学、管理学、物理学、化学、材料学、建筑学、电学等学科密切相关。目前,我国大、中、小学教程尚未将相关消防科学知识纳入相关学科中,导致学生不懂相关学科的消防知识。如建筑学专业教科书中没有消防设计内容,学生毕业到岗后,设计中消防设计没有得到贯彻实施,造成了大量人、财、物的浪费。因此,教育行业行政主管部门应将消防知识纳入教学内容,从根本上提高社会消防水平。

消防工作又具有较强的专业技术性,渗透到各行业及各工种岗位。许多火灾事故说明,许多火灾的原因是由从业人员不懂消防知识,违章操作引起的。因此,劳动行业行政主管部门在进行职工职业技能培训的同时,应将消防知识纳入培训内容,以提高职工的消

防安全操作技能。

（2）新闻、出版、广播、电影、电视等行业行政主管部门的消防工作职责

新闻、出版、广播、电影、电视等主管部门负有进行消防安全教育的职责和义务。新闻、出版、广播、电影、电视等行业是社会宣传机器，做好消防安全工作是社会共同的责任。因此，新闻、出版、广播、电影、电视主管部门应尽到消防宣传教育的义务，充分利用发挥各自的特点和优势，宣传消防法规和消防科学知识，报道消防工作中的先进经验和好人好事，披露消防工作中存在的问题，推进消防事业的发展。

（3）建设行政主管部门、建筑设计单位和建设单位的消防工作职责

建设行政主管部门，是指各级人民政府的主管建设的职能部门，其消防工作职责是为经公安消防机构审核通过的建筑工程颁发建设许可证，而对未经公安消防机构审核或者虽经审核而不合格的建筑工程，不予发放建筑施工许可证。

建筑设计单位，是指专门从事建筑工程设计的企业，其消防工作职责是必须按照国家工程建筑消防技术标准进行建筑工程设计；在进行建筑工程设计时，选用的建筑构件和建筑材料的防火性能必须符合国家标准或行业标准；在进行室内装修、装饰设计时，必须选用依照产品质量法的规定确定的检验机构检验合格的不燃、难燃材料进行设计。

建设单位，是指建筑工程的所有者或建筑工程的开发商，其消防工作职责是将建筑工程的消防设计图纸及有关资料报送公安消防机构进行审核；经公安消防机构审核的建筑工程消防设计需要变更的，报经原审核的公安消防机构核准，未经核准不得变更；建筑工程竣工时，未经公安消防机构验收或虽经验收而不合格的建筑工程，不得投入使用。

（4）机关、团体、企业、事业单位的消防安全工作职责

机关、团体、企业、事业单位以及民办非企业单位和符合消防安全重点单位定界标准的个体工商户要在当地政府的领导下，积极组织开展本单位的消防工作，认真履行消防安全职责。

4.公民的消防安全责任

社会是由公民组成的集团，社会财富是由公民共同创造并共同拥有的财富。公共消防设施，是为扑救火灾设置的灭火器具设备。保护社会财富，维护公共消防设施是公民应履行的义务。公民必须认真遵守消防法规，履行法律赋予的消防安全职责，只有这样，才能使社会财富免遭火灾危害，使公共消防设施免遭破坏。

公民的消防安全责任：学习和掌握消防科学知识，严格遵守消防法规，积极主动做好消防安全工作；自觉保护消防设施，不损坏、不擅自挪用、拆除、停用消防设施器材，不埋压圈占消火栓，不占用防火间距，不堵塞消防通道；不携带火种进入生产、贮存易燃易爆危险物品的场所，不携带易燃易爆危险物品进入公共场所或者乘坐公共交通工具；发现火灾应立即报告火警；私有通信工具应无偿为火灾报警提供便利；不谎报火警；成年公民

有参加有组织的灭火工作的义务。

综上所述，各级政府，政府相关各部门，各机关、团体、企业、事业单位以及每个公民，都要按照职责分工，认真履行工作职责和社会义务，切实树立消防安全责任主体意识，逐步建立和完善政府统一领导、部门履行职责、行业自觉管理、全民普遍参与、公安机关消防机构严格监督的消防安全运行机制，为国民经济的快速发展创造一个良好的消防安全环境。

## 二、保障建筑消防安全的途径

建筑的消防安全质量，与建筑设计、消防设施安装、消防设施的检测、维护保养有着直接关系。要保障建筑的消防安全，必须从源头抓起，从建筑设计、施工、设施维护以及日常的安全管理几方面抓起。

### （一）把好建筑消防系统设计关

建筑消防系统设计是建筑设计至关重要的一个环节，也是建筑消防安全的源头，采用符合标准的消防系统设计方案，是确保该建筑消防安全的首要条件。因此，城乡建设规划和建筑设计施工必须贯彻"预防为主，防消结合"的消防工作方针，严把建筑消防系统设计关，加强建设工程消防监督管理。建设单位应选择具有资质的设计单位进行建筑消防系统的设计，在保证建筑物使用功能的前提下，严格按照有关规范、标准及规定进行设计，保证建设工程设计质量，从源头上消除火灾隐患，从根本上防止火灾发生。

### （二）把好建筑消防系统施工关

建筑消防设施安装，是为达到设计功能和使用功能，保证消防安全的重要环节。因此，建设、施工及工程监理单位一定要把好建筑消防系统的施工关，公安机关消防机构也应加强对建设工程施工的监督与管理。为确保建筑消防设施与系统满足消防安全要求，建设与施工单位必须按照下列要求进行施工：选择具有消防工程施工资格、经验丰富、施工能力强的施工队伍施工；严格按经公安机关消防机构审批合格后的设计方案及有关施工验收规范进行施工；选择经检测合格，实际使用证明运行可靠、经久耐用的建筑消防产品。

### （三）做好消防系统与设施使用过程中的维护与维修工作

要保证建筑消防系统与设施始终保持良好的工作状态，消防管理人员必须做好消防系统与设施的检查、维护与维修工作。

1. 建立健全建筑消防设施定期维修保养制度

设有消防设施的建筑，在投入使用后，应建立消防设施的定期维修保养制度，使设施维修保养工作制度化，即使系统未出现明显的故障，消防管理人员也应在规定的期限内，按照规定对全系统进行定期维修保养。在定期的维修保养过程中，消防管理人员可以发现系统存在的故障和故障隐患，并及时排除，从而保证系统的正常运行。这种全系统的维修保养工作，至少应该每年进行一次。

2. 选择合格的专业消防设施维修保养机构

对建筑消防设施进行全系统的维修保养，工作量较大，技术性、专业性较强，一般的建筑使用单位通常不具有足够的人力和技术力量。因此，这项工作应选择经消防部门培训合格的专门从事消防设施维修保养的消防中介机构进行，并在对系统维修保养之后，出具系统合格证明，存档备查。

3. 选择经培训合格的人员负责消防设施的日常维修保养工作

由于对消防设施全系统进行维修保养的时间间隔较长，系统有可能在两次维修保养间出现故障因此，消防管理人员需要对系统进行经常性的维修保养。这种日常性的维修保养工作工作量小，技术性相对较低，可以由建筑使用单位抽调专人或由消防设施操作员兼职担任。日常性的消防设施维修保养工作可以随时发现系统存在的故障，对系统正常运行十分重要。每次对系统维修保养之后，消防管理人员应做好记录，存入设备运行档案。

4. 建立健全岗位责任制度

建筑消防设施通常由消防控制室中的控制设备和外围设备组成，许多单位只在消防控制室安排值班人员负责监管控制室内的设备，而未明确控制室以外的消防设施由哪个部门负责，致使外围消防设施出现故障不能及时被发现和排除，火灾发生时不能发挥其应有的作用。因此，消防单位仅仅明确消防控制室工作人员的职责是不够的，还应进一步明确整个消防设施全系统的岗位责任，健全包括全部消防设施在内的消防设施检查、检测、维修保养岗位责任制，从而保证消防设施始终处于良好的运行状态，在火灾发生时发挥其应有的作用。

### （四）做好建筑消防安全管理工作

消防单位应落实消防安全责任制度，即有领导负责的逐级防火责任制，做到层层有人抓；有生产岗位防火责任制，做到处处有人管；有专职或兼职防火安全干部，做好经常性的消防安全工作；有健全的各项消防安全管理制度，包括逐级防火检查，用火用电、易燃易爆品安全管理，消防器材维护保养，以及火警、火灾事故报告、调查、处理等制度；对火险隐患，做到及时发现、按期整改；一时整改不了的，采取应急措施，确保安全；明确消防安全重点部位，做到定点、定人、定措施，并根据需要采用自动报警、灭火等技术；对新职工和广大职工群众普及消防知识，对重点工种进行专门的消防训练和考核，做到经常化、制度化；制订灭火和应急疏散预案，并定期演练。

社会要发展，经济要繁荣，消防工作也要同步发展，只有严把建筑防火设计质量、建筑消防设施安装、检测与维修保养质量关，做好建筑消防安全管理工作，才能保证建筑物的消防安全，才能为经济建设和经济发展创造有利环境，发挥好消防工作为经济建设保驾护航的作用。

## 第三节 城市消防规划的任务与制定

### 一、城市消防规划的必要性

（一）城市大火的深刻教训

近年来，一些经济、技术比较发达的国家，在城市规划中正发展一门新兴的分支科学，即"城市消防规划"的研究。这是因为最近几个世纪以来，世界上已有不少城市相继发生了相当大的城市火灾，给城市生产、居民生活带来了严重影响。因此，城市规划部门应高度重视，在这方面开展深入的研究。我国一些城镇发生大火的主要教训归纳起来如下：

1.缺乏总体规划建设

我国许多城市建设有的无规划，有的有规划而不完善，建设中有很大的盲目性，乱搭乱建情况严重。有些旧城镇由于无规划，如将易燃易爆的工厂、仓库，布置在居民区或公共建筑附近，一旦发生火灾爆炸事故，危害极大。这类恶性事故时有发生。

2.建筑易燃，相距很近或相互毗连

这是旧城市和集镇存在的通病，一旦起火，就会形成大面积大火。

3.由于无规划，建设管理失去控制

在新中国成立初期，有些城市的易燃易爆的工厂、仓库、石油库布置在城市边缘，当时来说安全条件是好的或比较好的。随着城市建设的发展，建成区范围逐步扩大，相距越来越近，不安全因素逐渐增多，甚至成了难以整改的重大火险隐患，发生事故，造成损失的事故时有发生。

（二）当前消防规划建设必须解决的问题

多年来，我国城镇消防队（站）、消防水源、消防通信和消防通道等公共消防设施，在许多城市总体规划中未将其纳入城镇建设规划与其他基础设施同步建设。目前，全国绝大多数城市，消防队（站）布点稀，保护面积过大，难以达到把火灾扑灭在初期阶段的要求。城市供水管网大多流量小，水压低，消火栓的数量也严重不足。各大城市报警设施差，消防通道也普遍狭窄，尤其是城镇旧市区和易燃建筑物密集的棚户区，有些消防车根本无法通行。这种公共消防设施与保障城市安全要求严重失调的状况，是小火酿成重灾的一个重要原因。因此，各地政府和有关部门应对现有公共消防设施不完善的城镇做出安排，分步骤地加以解决；今后新建、改建、扩建城市，要严格执行规定，以提高城市的抗灾能力。

## 二、城市消防规划的内容与编制

### （一）城市应包括的范围

按照国家有关划分城乡标准的规定，设市城市和建制镇都属于城市的范畴，国家按行政建制设立直辖市、市镇。按照《中华人民共和国城乡规划法》的规定，城市是包括市和镇的完密的法律概念，不管行政管理的分工如何，在有关立法中，这一完整的法律概念不能割裂和曲解。

我国的建制镇包括县人民政府所在地的镇和其他县以下的建制镇，数量比较多，规模和发展水平的差异也比较大，有的只具备了城市居民点的雏形，但是从城市化趋势和发展的角变看，确定的城市规划与规划管理原则是完全适用的。为了防止建制镇盲目发展、浪费土地、布局混乱、环境污染等弊端，按照本法规定加强建制镇的规划和管理工作是必要的。

### （二）城市消防规划的基本内容

城市消防规划是城市总体规划的组成部分，总体规划的内容有：确定城市性质和发展方向，估计城市人口发展规模和选定有关城市总体规划的各项技术经济指标；选择城市用地，确定规划区范围，划分城市用地功能分区，综合安排工业、对外交通运输、仓库、生活居住、大专学校、科研单位和绿化等用地；布置城市道路系统和车站、港口码头、机场等主要交通运输设施的位置；提出大型公共建筑位置的规划意见；确定城市主要广场位置、交叉口形式、主次干道断面与主要控制点的坐标和标高；提出给水、排水、防洪、防泥石流、电力、电讯、煤气、供热、公共客运交通等各项工程规划；制订城市园林绿化规划；综合协调防火、防爆、治安、交通管理、防抗震和环境保护等方面的规划要求；制订改造城市旧区的规划；综合布置郊区的农业、工业、林业、交通、城镇居民点用地、蔬菜副食品生产基地、地方建筑材料和施工基地用地、郊区绿化和风景区以及其他各项工程设施；安排近期建设用地，提出近期建设的主要项目，确定近期建设范围和建设步骤；估算城市近期建设总造价。

总体规划一般包括下列图纸和文件：

①城市现状图：按规划设计需要，在地形测量图上分别绘出城市各项用地的位置和范围；城市各项公用设施、交通设施和主要工程构筑物的位置；各项工程管线的位置等。

②城市用地评价图：根据城市用地的地形、地质、水文等自然条件以及用地的建设发展情况，对建设用地的适宜状况进行技术的、经济的分析评价；将其结果一一在图上绘出。

③城市环境质量评价图：了解和掌握环境质量现状及其发展变化趋势，对环境质量现状和发展变化对人和生物的危害程度、污染状况作出客观的评定，为有关部门拟定环境管理对策、防治和合理规划提供科学依据。环境质量评价图中分环境质量现状评价和预断评价，其中还分单要素环境质量评价（如空气、水、土壤、噪声）和环境质量综合评价等。

④城市规划总图：图上主要标明城市的规划用地范围；工业、仓库、对外交通运输用地的位置；居住用地的位置；大型公共建筑的位置；主要道路系统；主要河湖水体；公共绿地；卫生防护地带；工业废弃场位置，以及其他为城市服务的设施用地等。

⑤城市工程设施规划图：包括城市道路交通、城市给水排水工程、城市供电、电讯、热力、燃气等供应工程的规划图，还包括城市用地工程措施。城市园林绿化系统以及城市人防工程等规划图。

⑥城市近期建设规划图：标明城市近期各项建设的用地范围和工程设施的位置。

郊区规划图：标明郊区的农业、工业、林业、交通、城镇居民点用地、蔬菜、副食品生产基地，地方建筑材料和施工基地，郊区绿化和风景区用地，以及其他各项工程设施位置和范围等。

⑦总体规划说明书：概述城市的历史和现状特点以及发展依据，说明规划中的主要问题和解决措施。规划所依据的详细资料和技术经济分析资料，根据城市的不同规模、性质和特点，根据当地的具体条件，总体规划的图纸及其内容可以有所增减，也可以绘制分图，还可合并绘制图纸。

总体规划图纸应根据城市用地范围的大小、地形图的条件以及图纸内容的要求和表达方式选择合适的比例尺，一般用五千分之一或一万分之一。郊区规划图纸的比例尺可适当缩小。

总体规划和说明书的详尽程度，应达到详细规划和各种专业规划依据的要求；各项工程专业规划要基本上达到专业工程设计任务书的要求。

城市消防规划是城市总体规划中的一项专项规划，是总体规划的深化和具体化。由于情况、条件不同，各城市的消防规划不可能完全一样，应根据各自的条件不同做出取舍，一般应包括以下内容：易燃易爆工厂、仓库的布局（如石油化工厂，仓库设置位置、距离）；火灾危险大的工厂、仓库的选点、周围环境条件：散发可燃气体、可燃蒸汽和可燃粉尘工厂的设置位置，风向，安全距离等；城市燃气的调压站布点、与周围建筑物的间距；液化石油储存站、储配站的设置地点，与周围建筑物、构筑物、铁路、公路防火的安全距离等；城市汽车加油站的布点、规模、安全条件、现有不合格和存在危险隐患的城市加油站如何整改，改善安全条件；位于居民区，且火灾危险性较大的工厂（如木器厂、造纸厂、竹器厂、松香厂、油脂厂等）如何采取有效措施，消除隐患，保障安全；城市易燃棚户区，如何结合旧城改造，拆除危房，提高耐火能力，消除火险隐患。扩宽狭窄消防通道，增加水源，为灭火创造有利条件；对古建筑和重点文物单位应考虑保护措施，弄清本城市古建筑的数量，保护级别（国家级、省市级、市县级保护单位）及保护措施等；燃气管道保护措施；高压输电线路的安全走廊，采取的安全保护措施，保护建筑和人员安全的措施；消防站根据需要与可能，按规定达到布点要求（含各建制镇消防站设置要求）；消防给水根据现状，提出规划要求。尚无水源的人员密集居住区，增设消防设施；消防训练场场地面积要求；消防车通路改进措施与新规划区设置消防车道要按规定；消防通信和调度指挥。根据现状，对设置火灾报警设备提出规划要求，如有线报警、无线报警和综合报警系统等；消防瞭望根据各城市具体条件，确定消防瞭望台的监控范围、需要配备的先进观测设备等。城市消防规划的说明书和图纸，宜参照城市总体规划的要求编写。

### （三）编制城市消防规划的组织领导

城市人民政府负责组织编制城市规划。县级人民政府对所在地镇的城市规划，由县级人民政府负责组织编制。这是因为城市规划特别是城市总体规划涉及城市建设和发展的全局，要通盘考虑城市的土地、人口、环境、工业、农业、科技、文教、商业、金融、交通、市政、能源、通信、防灾等各方面的内容，统筹安排，综合部署。因此，政府需要收集多方面的基础资料，进行多方面的发展预测，协调多方面相互联系又相互制约的关系，这样一件综合性很强的重要工作，绝不是一个部门所能胜任的，必须由城市人民政府直接领导和组织。在城市人民政府的领导下，城市规划以行政主管部门为主，或委托具有相应规划设计资格的规划设计单位，协同其他有关部门共同完成。在编制城市规划的过程中，政府应当广泛征求人民群众和有关部门的意见，进行充分的技术、经济论证和多方案比较和优化，使之尽量科学合理。城市规划编制完成后，一般应当由上级城市规划行政主管部门组织鉴定，以保证规划质量。

城市消防规划虽是城市总体规划的一项专项规划，涉及面却很广，如城市总体布局在消防安全的要求。消防站布点和设置的地点条件、城市消防给水、消防车通道、消防通信指挥以燃气、电力、城市加油站、对外交通、车站、码头等的消防规划等方面同样不是由一个部门所能胜任的,因此应当由城市公安消防监督机构会同城市规划、供水、供电、燃气、电信、市政工程、工商行政等部门共同编制,并纳入城市总体规划。

### (四)深入调查研究,充分掌握基础资料

城市规划方案或城市消防规划方案有反映城市发展和城市建设的客观规律,符合实际情况,才能指导城市建设包括消防设施的建设。如果对客观情况没有进行周密系统的调查研究,对城市的发展条件和主要矛盾缺乏深入的了解和科学的分析,规划方案必然与实际情况不符。对调查研究工作不重视,了解和掌握的基础资料、情况不足而导致盲目建设,会造成很大的损失。

编制城市规划应当具备勘察、测量以及有关城市和区域经济社会发展、自然环境、资源条件、历史和现状情况等基础资料,这是科学合理地制订定城市规划的基本保证。特别是城市勘察和城市测量,是编制城市规划前期一项十分重要的基础工作。城市勘测资料是城市用地选择、用地和环境评价、城市防灾规划、确定城市布局以及具体落实各项用地和各项建设的重要依据。

1. 城市勘察资料

城市勘察资料指与城市规划和建设有关的地质资料,主要包括工程地质,即城市所在地区的地质构造,地面土层物理状况,城市规划区内不同地段的地基承载力以及滑坡、崩塌等基础资料;地震地质,即城市所在地区断裂带的分布及活动情况,城市规划区内地震烈度区划等基础资料;水文地质,即城市所在地区地下水的存在形式、储量、水质、开采及补给条件等基础资料。我国的许多城市,特别是北方地区城市,地下水往往是城市的重要水源。勘明地下水资源,对于城市选址、预测城市发展规模、确定城市的产业结构等都具有重要意义。

2. 城市测量资料

城市测量资料主要包括城市平面控制网和高程控制网、城市地下工程及地下管网等专业测量图以及编制城市规划必备的各种比例尺的地形图等。

3. 气象资料

气象资料主要包括温度、湿度、降水、蒸发、风向、风速、日照、冰冻等基础资料。

4. 水文资料

水文资料主要包括江河湖海水位、流量、流速、水量、洪水淹没界线等。大河两岸城市应收集流域情况、流域规划、河道整治规划、现有防洪设施。山区城市应收集山洪、泥石流等基础资料。

5. 城市历史资料

城市历史资料主要包括城市的历史沿革、城址变迁、市区扩展以及城市规划历史等基

础资料。

**6. 经济与社会发展资料**

经济与社会发展资料主要包括城市国民经济和社会发展现状及长远规划、国土规划、区域规划等有关资料。

**7. 城市人口资料**

城市人口资料主要包括现状及历年城乡常住人口、暂住人口、人口的年龄构成、劳动力构成、自然增长、机械增长等。

**8. 城市自然资源资料**

城市自然资源资料主要包括矿产资源、水资源、燃料动力资源、农副产品资源的分布、数量、开采利用价值等。

**9. 城市土地利用资料**

城市土地利用资料主要包括现状及历年城市土地利用分类统计、城市用地增长状况、规划区内各类用地分布状况等。

**10. 工矿企事业单位的现状及规划资料**

工矿企事业单位的现状及规划资料主要包括用地面积、建筑面积、产品产量、产值、职工人数、用水量、用电量、运输量及污染情况等。

**11. 交通运输资料**

交通运输资料主要包括对外交通运输和市内交通的现状（用地、职工人数、客货运量、流向、对周围地区环境的影响以及城市道路、交通设施等）。

**12. 各类仓储资料**

各类仓储资料主要包括用地、货物状况及使用要求的现状及发展预测。

**13. 建筑物现状资料**

建筑物现状资料主要包括现有主要公共建筑的分布状况，用地面积、建筑面积、建筑质量等，现有居住区的情况以及住房建筑面积、居住面积、建筑层数、建筑密度、建筑质量等。

**14. 工程设施资料**

工程设施资料主要包括市政工程、公用事业现状资料，场站及其设施的位置与规模，管网系统及其容量，防洪工程等。

**15. 城市环境资料**

城市环境资料主要包括环境监测成果，各厂矿、单位排放污染物的数量及危害情况，城市垃圾的数量及分布，其他影响城市环境质量的有害因素的分布状况及危害情况，地方病及其他有害居民健康的环境资料。

掌握基础资料，不应该什么都收集，什么都去掌握，这样既费时间和精力，又不能圆满地完成消防规划任务。城市规划需要收集前面所述几个方面的基础资料,同时可以借用许多基础资料,如城市水源、气象、历史、人口、自然资源、工矿企业单位现状、交通运输、商业、建筑现状、文物古迹等资料,并且要侧重了解与城市消防规划有关的资料。

### (五)城市旧区改建消防规划

城市旧区是城市在长期历史发展和演变过程中逐步形成的,进行各项政治、经济、文化、社会活动的居民集聚区。城市旧区的形成,显示了各个不同历史阶段发展的轨迹,也集中积累了历史遗留下来的种种矛盾和弊端。因此,我国不少城市的旧区都或多或少地存在布局混乱、房屋破旧、居住拥挤、交通阻塞、环境污染、市政和公共设施短缺等问题,不能适应城市经济社会发展和改革开放的需要。这种情况要求政府按照统一的规划,保护好优秀的历史文化遗产的传统风貌,充分利用并发挥现有各项设施的潜力,根据各城市的实际情况和存在的主要矛盾,有计划、有步骤、有重点地对旧区进行充实和更新。所以,保护、利用、充实和更新构成了旧区改建的完整概念。

按照统一规划、合理布局、综合开发、配套建设的原则,有条件的城市应当尽量避免零星分散地进行建设,特别是零星征用土地进行住宅建设。新区开发和旧区改建都应按照规划,选择适当的地段集中成片地进行,但是不能过于追求高标准,盲目地大拆大建。城市近期开发和改建的地段,必须提前进行规划,提高规划设计质量,合理利用土地,搞好空间布局,并严格按照规划与合理的开发程序,先地下、后地上,进行配套建设,保证基础设施先行以及环境建设同步实施。要切实加强整合开发全过程的规划管理和建设管理,不断提高综合开发率和综合开发水平。同新开发区一样,当地市公安消防部门应根据各自不同条件,按照国家有关规定,分别提出消防规划要求,以使城市公共消防设施得到同步建设,协调发展。

### (六)城市消防规划的调整和修改

城市总体规划经批准后必须严格执行,且需要执行一个较长的过程。在城市发展过程中总会不断产生新的情况,出现新的问题,提出新要求,作为指导城市建设与发展的城市总体规划,也应随着城市经济与社会发展要求。因此,适时做相应的调整和修改。近年来,随着城市改革、开放的深入发展,已有不少城市总体规划准备或已着手调整、修改。

# 第八章 智慧城市建设与发展

## 第一节 智慧城市由来及发展趋势

智慧城市是城市发展的一种高级形态，凝结着人们对美好生活的向往与对理想城市的期待。城市发展至今，经历了几千年的演进历史，历经了城市形成阶段、现代城市发展阶段以及智慧城市发展阶段。厘清城市发展脉络，梳理智慧城市概念，探寻智慧城市发展趋势，有助于更深层次、更系统地研究智慧城市问题。

### 一、城市的起源及发展

城市不是现代文明的产物，其由来已久，早期城市、传统城市、近代城市、现代城市的不断演化和发展，形成了当代城市的雏形。认识城市起源、厘清城市发展脉络，有助于更好地理解智慧城市的由来及发展。

#### （一）城市的起源

在我国古代，"城"和"市"是两个不同的概念，"城"是指具有防守城墙的军事据点，其主要标志是修建了防御性的城墙；"市"是指开展商业活动、进行商品交易的场所，其主要标志是拥有开展商业活动的场所。随着人类社会的不断发展，人们对"城"与"市"的功能要求不断提升，有了"城市"这一概念，这时的城市主要是指兼具经济功能和军事功能的地区。随着经济活动的不断发展，城市又逐渐衍生出更多功能，包括社会分工、地理环境等，可以说城市不是由单一因素产生的，其受经济、社会、政治、自然等诸多因素影响而产生，随着经济、社会、政治、自然等因素变化而不断发展。

#### （二）城市的发展

城市自诞生以来，已经经历了5000多年的历史演变，从城市发展进程来看，可以分为早期城市、传统城市、近代城市和现代城市四个阶段。

早期城市。据史料记载，城市最早出现在今伊拉克境内的乌尔。1360年，世界出现了人口超10万的城市，在今埃及境内。早在夏商时期，我国便有了城市的雏形，夏朝的禹阳城、商朝的汤城都具备了城市的功能，并具有一定规模；随着社会的不断进步和生产力的不断发展，在战国时期，城市得到了前所未有的发展，功能更完善，规模更宏大。早期城市的主要特点是：产生于奴隶社会，城市规模较小，城市功能较为单一，经济发展较为滞后，社会阶层分化较为明显。早期城市兼具政治、经济、军事等功能，且政治功能凸显。

传统城市。传统城市是封建社会发展的产物。这一时期，社会生产力有了较大进步，手工业专业化、集聚化趋势明显，社会产品日益丰富，交通运输手段日益增多，商业活动日益频繁，从而使得城市不断发展壮大。传统城市的主要特点是：发展于封建社会，城市规模日益扩大，城市功能更丰富，城市经济有了较大发展，社会阶层分化仍较明显。传统城市的主要功能是：随着商品经济发展，城市功能不断完善，城市不再单单是政治经济中心，也有了文化中心的功能。虽然这一时期城市有了较大发展，但仍属于农耕社会，城市的发展仍是由农业经济发展推动的。

近代城市。近代城市在城市发展历程中具有里程碑意义。在这一时期，以蒸汽机的发明和广泛应用为标志的工业革命，创造了人类历史上前所未有的生产力。在工业革命的作用下，社会生产力有了前所未有的发展，逐渐摆脱了对土地的依附，产业专业化程度不断提高，资本、人才等资源不断集中，交通运输业持续发展，这些因素推动城市发展进程加快，城市数量迅速增加，城市规模不断扩大，城市功能日益完善，城市化进程开始出现，城市发展有了质的提升。

现代城市。20世纪初，城市发展进入了现代阶段。这一阶段，城市人口迅猛增长，经济实力大大增强，城市功能日臻完善，出现了前所未有的特大城市和城市群。现代城市逐渐演变为一个地区或一个国家的政治、经济、文化中心。这一时期的城市在城市布局上也更加合理，出现了工业集聚区、商业聚集区、居住密集区等多板块布局，也有越来越多的城市在这一时期发展成为世界级大都市，成为全球经济、文化中心。然而，随着人口与经济活动向城市的过度集中，城市运行也出现了诸多问题，人口膨胀、交通拥堵、环境恶化、住房紧张、就业困难等"城市病"日益凸显。

### （三）城市发展趋势

1. 信息化。随着新一轮科技革命和产业变革，信息技术的广泛应用和"互联网+"的迅速推广，人类社会已逐渐向信息社会迈进。信息社会将使人们对城市空间依赖程度大幅降低，任何地方都可以成为人们生活、工作的场所。可以说，信息技术将颠覆城市发展的空间结构，颠覆城市建设理念，依靠规模扩张、数量增大的城市传统发展之路显然已不适合时代发展要求，迫切需要转变发展模式，适应信息社会发展需要，将信息化作为未来城市发展的基本方向。

2. 绿色化。工业革命以来，随着城市化进程的不断提升和粗放型发展方式的持续推进，城市生态危机愈演愈烈，逐渐成为困扰城市发展的首要难题。缓解城市生态压力，解决城市生产、生活与环境之间的矛盾，推动城市绿色化、低碳化、生态化发展，走可持续发展之路将是未来城市发展的主要趋势之一。

3. 人本化。工业革命给城市发展带来了大量的物质文明，人们在追求物质利益的同时，忽略了人自身存在的价值，忽略了人与自然和谐共生的意义，开始疯狂攫取自然馈赠给人们的丰富物质，从而造成了严重的环境问题和不可再生资源的过度消耗。面对日益凸显的资源环境问题，人们开始反思工业革命以来城市的发展模式，以物质为基础的城市发展模式显然是不可持续的，这就需要城市转变发展方式，将发展重心从追求数量和规模的扩张转移到人的全面发展上，将"以人为本"作为城市发展的核心要求和根本标准。

## 二、智慧城市概念辨析及发展

现代城市在经历了数字城市、知识城市、创新城市、生态城市后等发展模式，迎来了智慧城市，智慧城市是一个复杂、相互作用的系统，是城市发展过程中的高级阶段。梳理智慧城市概念，探寻智慧城市发展趋势，有助于更深层次、更系统地研究智慧城市问题。

### （一）智慧城市相关概念辨析

近年来，城市概念有了新内容，除了智慧城市这一概念，还出现了数字城市、知识城市、创新型城市、生态城市等城市概念，这些新的城市概念与智慧城市既存在一定区别，又有着某种联系。

1. 数字城市。如同生态城市、园林城市，是对城市发展方向的一种描述，是指以数字技术、信息技术、移动通信技术为支撑，以宽带网络为纽带，以全球定位系统、地理信息系统、遥感技术、虚拟技术等为手段的新的城市形态。数字城市是信息技术作用于城市的具体表现，在城市规划上，可以通过信息数据、仿真模拟技术，让城市规划更符合城市发展需要；在城市建设上，可以通过信息技术设施建设，提高城市建设水平；在城市管理上，可以利用信息数据、遥感技术等多种手段，增强城市管理的科学性。

2. 知识城市。"知识城市"是20世纪90年代兴起于欧美国家的城市发展新理念。20世纪90年代，随着经济全球化进程的加快，信息技术的迅猛发展，劳动力、资源等传统生产要素对经济增长的贡献率持续下降，知识、技术等新兴生产要素对经济增长的贡献率不断上升，全球进入了知识经济时代，为顺应经济发展需要，知识城市应运而生。一般来说，知识城市的核心内涵是通过知识培育、技术创新、科学研究推动城市发展，从而减少资源消耗与环境污染，实现城市可持续发展。知识城市不是单纯追求经济发展的城市形态，而是兼具社会发展、环境生态保护的城市发展形态，是集高质量社会环境、高效率政务环境、高水平生态环境于一体的城市发展形态；知识城市不是单纯依靠知识经济的城市发展形态，还涵盖了科技城市、创新城市、生态城市的概念。

3. 创新型城市。创新型城市是21世纪初提出的概念，是随着城市经济功能逐渐由传统产业向高新产业转变、传统制造向研发和服务转变而产生的。从发展内涵来看，创新型城市是以创新为核心驱动力的城市发展形态，其主要特征是具有较强自主创新能力、较完善创新制度、较高水平创新投入、较完备基础设施和较多创新型企业。从发展类型上看，创新型城市目前主要有四种类型：一是文化创新型城市，即依托文化创新打造的全新的城市发展形态，如法国巴黎、英国伦敦等；二是工业创新型城市，即以工业创新带动城市创新的发展模式，如美国堪萨斯等；三是服务创新型城市，即把发展现代服务业作为创新型城市发展的主攻方向，如美国纽约、日本东京等；四是科技创新型城市，即以雄厚的科技实力、较强的创新能力和明显的科技产业优势为特征的城市发展形态，如美国硅谷、印度班加罗尔等。

4. 生态城市。随着全球生态环境的持续恶化，20世纪70年代联合国教科文组织提出了生态城市的概念。从生态城市发展内涵上看，生态城市是按照生态学原则建立起来的经济、社会、自然相协调发展的新型社会关系，是充满绿色空间、生机勃勃的开放城市，是管理高效、运转协调的健康城市，是以人为本、宜居宜业的家园城市。从生态城市建设路径上看，在政策法规方面，会制定公共交通补贴政策、环保政策以保障生态城市建设；在社会生活方面，生态城市会将控制人口规模、提高居民生态意识放在重要位置；在经济建设方面，生态城市会更注重经济结构调整，实现经济集约发展；在自然环境方面，生态城市会最大限度地节约自然资源，保护自然环境。

5. 智慧社区。智慧社区是指大数据、物联网、云计算、人工智能、虚拟与现实等新一代信息技术作用于社区建设的新的社区形态，是包括智慧教育、智慧医疗、智慧养老、智慧楼宇、智慧政务等诸多领域的社区发展形态。

从上述分析来看，数字城市、知识城市、创新型城市、生态城市、智慧社区所描述的发展形态，也是智慧城市所追求的方向。但与智慧城市丰富的内涵相比，智慧社区包含范围较小，其他形式的城市定义的内容相对单一，主要从某一方面来丰富城市的内涵，如数字城市更多强调信息化，知识城市更多强调知识推动城市发展的重要作用，创新型城市强调创新是推动城市可持续发展的核心驱动力，生态城市则是从绿色、生态、低碳视角描绘了未来城市发展方向。智慧城市可以说是上述城市类型的集合体。

## （二）智慧城市的内涵、属性与特征

### 1. 智慧城市的概念与内涵

自IBM提出"智慧地球"概念以来，智慧城市作为智慧地球的重要内容开始引起广泛关注，人们对其概念进行了诸多阐述和演绎，就现有文献来看可以分为技术类、应用类和系统类。

（1）技术角度定义智慧城市，即认为信息技术在智慧城市建设中具有重要地位，应从完善信息基础设施体系、构建智能产业体系等方面推动智慧城市建设。该角度定义智慧城市，是将智慧城市与数字城市等同起来，把握了智慧城市的基础，突出了智慧城市建设的基础支撑，却忽略了智慧城市建设的根本及出发点。

（2）应用角度定义智慧城市，出发点是解决城市存在的诸多问题，建设手段是以新一代信息技术为支撑，建设目标是建立全面、健康、以人为本的城市发展新模式。该视角定义智慧城市，体现了以人为本的智慧城市建设目标，体现了全面提升的智慧城市建设愿景，但同时，这类定义没有涉及具体实施路径，缺乏可行性。

（3）系统角度定义智慧城市，认为智慧城市是将以人为本作为核心，以信息技术为支撑，推动城市管理和服务创新的城市发展新形态。该角度定义智慧城市，兼顾了应用型和技术型定义的核心内涵，较完整地展现了智慧城市的内涵，但定义表述较为冗长。

关于智慧城市的概念，至今学术界和业界都还没有一个准确定义。笔者认为，智慧城市是一个复杂、相互作用的系统，是城市发展过程中的高级阶段，是以云计算、物联网等新一代信息技术为基本手段，以提高城市公共管理水平和服务为基本目标，实现城市可持续发展和为人类拥有更美好的城市生活为最终目的的城市发展新形态；智慧城市的本质在于信息化与城市化的高度融合，在于实现经济转型、产业升级、城市提升，在于提升人们生活水平、企业竞争力和城市可持续发展能力；智慧城市建设的核心在于以社会和谐为基本前提，以民生幸福为考核标准，实现人与自然可持续发展、人与人协调发展，不断提升城市幸福感。

### 2. 智慧城市的基本属性、基本特征与建设内容

从智慧城市定义来看，智慧城市具有公共性与区域性、系统性与协同性、创新性与融合性等多种属性，拥有全面透彻的感知、宽带泛在的互联、智能融合的应用及以人为本的创新等特征。

（1）基本属性

①本质属性

公共性与区域性。智慧城市所提供的产品和服务均是为社会服务的，这就决定了智慧城市所提供的产品和服务具有公共产品的属性，即在消费或使用上具有非竞争性，在受

益上具有非排他性。也就是说，智慧城市所提供的产品和服务，在消费使用上不会因为一部分人消费使用而影响另一部分人的消费使用，如智慧政务；在对某一产品或服务的应用上，不会排斥另一部分人对它的使用，如智慧医疗。同时，每个智慧城市都有其自己的特色，如创新型城市深圳将智慧城市建设的重点放在智慧产业上；港口城市宁波则将智慧物流作为智慧城市建设的核心；交通枢纽郑州将智慧交通放在更突出的位置；历史名城南京则将智慧城市建设与历史文化传承结合起来。可以说，公共性体现了智慧城市建设的共性，而区域性则体现了智慧城市建设的个性，只有兼具公共性和区域性才能建设具有自身特色的智慧城市。

系统性与协同性。智慧城市不是单一的个体，也不是若干要素的简单叠加，智慧城市是由若干子系统组成的一个复杂的整体系统。这一系统包括智慧产业、智慧政务、智慧环境、智慧生活等诸多子系统，这些子系统是相互影响、相互联系、相互作用的有机整体。充分发挥智慧城市的系统作用，使各子系统可以根据系统需要，各司其职实现价值最大化，需要协同各子系统之间的关系，实现城市各子系统的深度整合和高度利用，为城市居民提供更高效、更智能、更灵活、更及时、更便利的服务。

创新性与融合性。智慧城市是新一轮科技革命和产业变革的产物，是信息技术不断创新、知识经济不断发展的产物，是持续创新的产物。在生产方式选择方面，智慧产业是智慧城市的主要选择，智慧产业体现了产业的智慧化、高端化、信息化，是持续创新的结果；在生活方式选择上，智慧生活是智慧城市的主要选择，智慧生活体现了市民生活的智慧化、便利化，是创新驱动的产物。可以说，智慧城市为创新提供了支撑平台，为新技术、新产业、新业态、新模式发展提供了重要载体。同时智慧城市具有融合性，例如，人们将传感器、芯片、RFID等技术广泛应用于城市的基础设施建设中，实现了对城市的全面感知；将新一代信息技术全面接入电信网、广播电视网、互联网中，实现了城市的全面连接；利用大数据分析城市经济社会问题，实现了信息资源的深度融合；云计算平台，缩小了时间、空间距离，实现了信息资源共享。可以说，智慧城市的融合性让城市生活更智慧、更便捷、更高效。

②技术属性

大数据及大数据分析。智慧城市是在一个统一的云平台上集成了城市管理和服务相关的各系统，这些系统在云平台上聚集了海量的数据，针对这些海量数据的分析就是大数据分析。基于大数据分析技术，智慧城市系统从海量堆积的交互数据中发现带有趋势性、前瞻性的信息，为城市管理者带来巨大的价值。与传统数据分析相比较，大数据分析和应用对于数据来源、处理技术、基础资源等方面提出了新要求，更有助于智慧城市建设。

云计算。云计算是指提供基于互联网的软件服务，是智慧城市的基础设施，是整个智慧城市系统的统一信息平台。从体系结构上看，云计算不仅在应用软件层，还包括硬件平台、云平台和云服务三个层次。硬件平台是包括服务器、网络设备、存储设备等在内的所有硬件设施，它是云计算的数据中心，负责智慧城市数据处理；云平台是云服务的运行平台，保障了云计算的有效运行；云服务是指可以在互联网上使用一种标准接口来访问的一个或多个软件功能，可实现智慧政务服务、智慧环境服务、智慧旅游服务等。

移动互联网。过去十年，IT技术给人们带来的最大变化是从PC转向移动设备。智慧城市建设当然离不开移动互联网，已经投入实施的智慧城市系统无一例外地要求建设无线城市门户，要求所有智慧系统（如智慧旅游、智慧政务等）提供手机客户端系统。移动互联网让城市更智慧。

物联网。在IBM提出的"智慧地球"概念中，把感应器嵌入和装备到全球每个角落的电网、铁路等各种物体中，普遍连接形成物联网，然后通过超级计算机和"云计算"将物联网整合，最终形成"互联网+物联网=智慧的地球"。所以，建设好物联网是建设智慧城市必不可少的环节。物联网就是物物相连的网络，是指物体通过智能感知装置，经过传输网络，到达指定的信息承载体，实现全面感知、可靠传送和智能处理，最终实现物与物、人与物之间的智能化识别、定位、跟踪、监控和管理的一种智能网络。物联网用途广泛，涉及智能交通、环境保护、政府工作、公共安全、平安家居、智能消防、工业监测、老人护理、个人健康等多个领域，这些都将为智慧城市建设提供基础技术支撑。

（2）基本特征

全面透彻的感知。全面透彻的感知是智慧城市区别于传统城市最主要的特征之一，主要表现在如下三个方面：一是智慧城市通过利用各种感知设备、智能化系统，立体感知城市发展变化。二是智慧城市通过对感知数据进行智能分析，全面监控城市发生的变化。三是智慧城市通过智能化集成，对城市发生的变化作出主动响应，促进城市和谐高效运行。这三方面相互作用、相互影响、相互渗透，共同打造了智慧城市全面透彻的感知。

宽带泛在的互联。智慧城市宽带泛在的互联主要体现在两方面：一是信息技术为智慧城市互联提供了基础条件。新一代信息技术为城市中物与物、人与物、人与人的全面互联、互通、互动提供了重要支撑；新一代信息技术为城市中的随时、随地、随意、随需提供了可能。二是信息技术为智慧城市互联提供了实现能力。宽带、互联网、物联网等新一代信息技术是智慧城市的基础支撑，这些信息技术增强了智慧城市随时随地实现智慧服务的能力。

智能融合的应用。智慧城市智能融合的应用主要体现在两方面：一是信息技术为智慧城市智能融合应用提供了可能。智慧城市是一个复杂的系统，新一代信息技术的广泛应用拓宽了城市数据获取渠道，收集、分析并处理这些数据，大大提升了政府的决策能力，为智慧城市智能发展提供了可能。二是信息技术为人与智慧城市融合发展提供了可能。信息技术的应用有助于为个人随时、随地、随意、随需提供可能，彰显个人参与智慧城市发展的力量。

以人为本的创新。以人为本的创新是智慧城市区别于其他城市类型最为重要的特征，主要体现在两方面：一是智慧城市注重以人为本。智慧城市建设的最终目标是最大限度地为人民在生活、生产过程中提供便捷服务，因此以人为本是其重要突破口。二是智慧城市的创新是以人为本的创新。智慧城市的建设离不开公众的广泛参与，公众广泛参与式创新需要更注重以人为本、市民参与、社会协同的开放创新空间的塑造以及公共价值与独特价值的创造，更注重从市民需求出发，并通过维基、微博、Fab Lab、Living Lab等工具和方法强化用户参与的广度和深度，汇聚公众智慧，不断推动用户创新、开放创新、大众创新、协同创新，以人为本实现经济、社会、环境的可持续发展。

（3）建设内容

智慧城市建设内容涵盖业务、技术、管理、数据资源、基础设施、建设运营机制等，主要包括以下几方面。

①无处不在的惠民服务：以"关注民生、保障民生、改善民生"为宗旨，聚焦服务对象的感受和体验，简化、优化公共服务流程，提升公共服务能力和群众满意度，为公众提供均等、便捷、个性化、主动的服务。

②精准精细的城市治理：全面、准确、实时地感知城市态势，实现包括横向和纵向在内的跨部门、跨层级工作的协同；丰富公众参与城市治理的渠道，形成"全民攻坚、共享"的社会治理格局。

③融合创新的产业经济：构建充满活力、开放、包容的城市创新环境，促进城市中各主体积极参与技术、体制机制、建设模式等方面的探索与创新，催生新产业、新业态诞生，为经济发展提供源源不断的新动能。

④低碳绿色的宜居环境：打造绿色、宜居的生活环境，促进经济与生态环境协调发展，加强城市居住功能（教育、医疗、交通、住宅、环境等）与产业经济发展的同步规划，实现"以产促城、以城兴产、产城融合"的可持续发展。

⑤智能集约的基础设施：在能源、交通、建筑、环境监测等领域构建起智能化基础设施网络，实现精准监测、智能控制、运营优化。统筹规划各级各类IT基础设施资源和数据资源，实现IT基础设施和数据资源的集约化、平台化供给。

⑥安全可靠的运行体系：切实针对城市关键基础设施、重要平台和信息系统等重点领域提供全天候、全方位的安全保障。通过技术防护、法律法规、管理制度、安全教育等多种形式，保障城市基础设施、网络、数据、行为等方面的安全可控，实现城市网络空间清朗、城市安全可靠运行。

⑦持续创新的体制机制：注重科技创新与体制机制创新相结合，通过在行政体制、统筹机制、管理机制、运营机制、城市治理模式等方面的不断探索与创新，提高政府的治理

能力和治理水平。

⑧共享开放的信息资源：以政府开放数据为基础，逐步汇聚企业、互联网以及城市物联网数据，在保障安全的前提下建设城市数据开放平台，实现数据安全开放、可信共享，促进部门协同和数字经济发展。

### （三）智慧城市的发展阶段

智慧城市是新一轮科技革命和产业变革的产物，是信息技术持续创新的必然结果。在信息技术持续创新的推动下，智慧城市经历了简单的数字化与电子化融合阶段、网络化与信息化融合阶段、信息化与工业化融合阶段、信息化与工业化深度融合阶段、智慧化阶段以及新型智慧城市阶段。

## 第二节 智慧城市建设的环境分析

### 一、我国智慧城市建设的基础条件

智慧城市建设是一项复杂的系统工程，需要一定的基础条件作为支撑，如良好的信息技术支撑、强有力的组织支撑、健全的制度保障等。

#### （一）智慧城市建设所需的技术条件

智慧城市是一项复杂的系统工程，需要以下几种强有力的信息技术作为支撑。

1. 先进的感知技术。智慧城市的建设离不开对整个城市的运行、管理状况展开及时、准确的监控，及时获取城市管理数据，掌握城市运行态势，为城市管理者提供决策依据。通过感知技术，人们可以获取实时、有效、全方位的视频、语音、文字等多种类型的感知信息。

2. 不断更新的网络与通信技术。智慧城市的构建，不仅需要通过感知技术创造的感知网络，还需要强有力的通信网络系统。随着信息社会的到来，网络通信技术得到迅猛发展，特别是新一代网络通信技术、家庭网络技术、语义网络技术等全新通信技术的迅速崛起，互联网、物联网的迅速普及，为智慧城市建设基础信息网络提供了重要技术支撑。

3. 不断发展的应用技术。随着信息技术的持续创新和发展，应用技术也实现了较大创新，特别是云计算、多媒体仿真技术的出现，为智慧城市建设提供了重要技术支撑。云计算是信息技术持续创新的产物，它可以根据用户需求管理提高资源利用效率，可以通过个性化服务满足用户需求，可以通过资源虚拟化特征实现基础设施资源共享。多媒体仿真技术是一种感受技术，可以通过将仿真所产生的信息和数据转变为被感受的场景、图形和过程，以辅助人们快速决策。

### （二）智慧城市建设所需的制度条件

智慧城市建设需要以下几种良好的制度条件。

1. 完善智慧城市建设的相关法律法规。智慧城市是城市发展的新形态，在建设过程中会出现各类新问题，这就必须建立一套完善的规章制度推动智慧城市建设，让智慧城市在建设过程中有法可依、有章可循。在消除信息壁垒方面，智慧城市建设过程中可以通过立法明确信息的公开、集成，做到信息跨区域、跨部门的协调与合作，真正有效破除信息壁垒。

2. 健全智慧城市建设评价体系。智慧城市建设过程中可以通过法律规范明确智慧城市建设标准，构建和完善智慧城市建设评价体系，让智慧城市建设有章可循、有标准可参考、有评价指标可判断，为智慧城市建设管理部分提供有力参考，为进一步推动智慧城市建设提供重要决策。

3. 完善智慧城市建设相关配套制度。在人才政策方面，智慧城市建设是新兴领域，需要大量专业化、信息化方面人才，这就需要完善人才引育政策，持续加强信息化领域人才队伍建设，优化信息化领域人才队伍结构，完善信息化领域人才队伍激励，构建一支高素质的信息化领域人才队伍。在产业政策方面，智慧城市建设是一项复杂的系统工程，涉及多个智慧产业建设，因此政府需要完善产业政策，通过制定智慧产业扶持政策，如通过政府采购、税收优惠、土地保障等各项政策支持智慧产业发展。在资金政策方面，完全依靠政府资金支持是不可能实现智慧城市的，这就需要建立多主体、多渠道、多元化的融资体系，通过融资体系建设，让更多资本聚集到智慧城市建设中，确保智慧城市建设顺利推进。

## 二、我国智慧城市建设面临的机遇

当前，世界范围内以科技创新为引领的产业变革正在蓬勃兴起，经济全球化和信息化的交叉发展、我国新型城镇化建设的快速推进等都为智慧城市建设带来了重大的历史机遇。

### （一）新一轮科技革命和产业变革带来的机遇

当今世界，科学技术对人类社会的影响和作用越来越大。无论是经济、政治、文化、思想，还是日常生活，科技成果无所不在。科学技术成为生产力中最活跃的因素，科技是第一生产力，科技创新能力已经越来越成为综合竞争力的决定性因素。纵观人类文明的发展史，每一次重大的科技革命都会引起生产方式、生活方式以及思维方式的深刻变革和社会的巨大进步，都会引起城市的快速发展。实践证明，抓住科技革命的机遇，已成为一个国家推动城市发展的关键，谁抓住了科技革命的机遇，谁就将抢占城市发展的制高点。

### （二）国家推进新型城镇化建设带来的机遇

智慧城市是城镇化发展到一定阶段的产物。新型城镇化建设，将为智慧城市发展带来重大机遇。从新型城镇化的发展内涵来看，新型城镇化是有别于传统城镇化的城市发展新模式，新型城镇化的"新"主要指的是发展观念的更新、技术水平的更新、体制机制的更新；新型城镇化的"型"指的是经济发展转型、城市发展转型、社会发展转型等。可以说，新型城镇化将全面考虑城市经济、产业、生态、民生的可持续发展，而这与智慧城市建设内涵是一致的，所以说新型城镇化的发展必将带来智慧城市的发展。从新型城镇化发展的发展路径来看，它将是智慧城市发展的重大机遇。

创新驱动发展是新型城镇化发展的主要路径之一，创新驱动有利于扩大高技术产业规模，提高信息服务、创意产业、智慧产业等高技术产业在城市经济发展中的比重；有利于变革服务方式，让智慧政务、智慧生活成为城市发展的主流。

实现资源整合是推动新型城镇化又一发展路径，城市管理涉及交通、医疗、环保、文化、教育等诸多内容，在传统城市管理模式下，建立多方协调、资源共享的管理机制相对困难，而在新型城市管理模式下，通过建立部门协作、全民参与的公共管理模式，可以实现官民互动、部门协同、信息共享、政务公开，破解信息孤岛难题。

加快信息化发展是推动新型城镇化建设的重要抓手，当前信息化已经覆盖城市经济社会发展的各方面，如信息化作用于基础设施建设，使得城市信息基础设施、智慧交通等有了较大发展；信息化作用于产业，使得智能制造、信息产业、智慧服务业等有了快速发展；信息化作用于政府管理，使得智慧政务融入政府管理全过程。

### （三）经济转型升级带来的机遇

当前，我国正处于经济高速增长转向高质量发展阶段，处于由中国制造转向中国智造阶段，处于从传统服务业转向现代服务业阶段，处于传统农业转向智慧农业阶段。可以说，我国目前正处于经济转型关键期，而智慧城市建设恰好能满足经济转型的需要。从经济增长方式转变来看，实现经济增长方式转变，形成优质、高效、协调、可持续的增长方式是当前经济迈向高质量发展阶段的迫切需要，而这一需要恰恰给智慧城市建设带来重大机遇。

  转变经济增长方式需要高新技术产业快速发展，智慧城市建设可以进一步促进我国高新技术产业发展，推动网络基础设施行业迅速发展，促进云计算、大数据、应用软件等信息产业加速发展。

  转变经济增长方式需要传统产业转型升级，智慧城市建设可以加速传统产业发展，形成广泛的产业融合，促使传统行业在信息技术作用下形成新的经济增长点。从经济发展模式转型来看，推动经济发展模式转型，提升自主创新能力，形成优化、节能、可持续的创新型发展模式是推动经济迈向高质量发展的内在要求，而这一要求给智慧城市建设带来了重大机遇。转变经济发展方式需要形成较强的创新能力，智慧城市建设需要相对成熟的智慧技术，而智慧技术的研发和应用，可以为社会发展提供创新思维和创新工具，从而有利于提升整个社会的创新能力和创新效率；转变经济发展方式需要推动经济可持续发展，智慧城市建设在智慧技术的作用下，通过技术革新、管理创新和业务更新，能够实现优化资源配置条件下的可持续发展；转变经济发展方式需要经济与环境协调发展，在智慧城市建设过程中，智慧理念、智慧技术不断得到普及和应用，使环境监督管理有效性得到增强，经济发展与环境保护之间的关系得到协调。

  从产业结构优化升级来看，加速产业结构优化升级，推动信息化与工业化、农业现代化深度融合，形成一批具有国际竞争力的战略性新兴产业是推动经济高质量发展的题中之义，而这一要求恰恰给智慧城市建设带来重大机遇。产业结构优化升级需要提高战略性新兴产业在产业结构中的比重，智慧城市建设可以促进以智慧产业为龙头的新一代信息产业的发展，提高信息产业在产业结构中的比重，推动我国信息产业结构优化升级；智慧城市建设可以促进信息技术与传统制造业、传统农业、传统服务业的融合发展，有助于实现制造业从传统制造向智能制造的转变、农业从传统农业向智慧农业的转变、服务业从普通服务向智慧服务的转变，从而全面优化产业结构。

## 第三节 我国智慧城市建设的总体思路

### 一、明确建设要求

（一）基本原则

我国智慧城市建设必须坚持以下原则。

1. 坚持普遍规律和城市特色相结合的原则。我国在破解智慧城市建设困境、推进智慧城市建设过程中必须牢牢遵循智慧城市发展的普遍规律和自身规律，在此基础上，必须体现各城市的自身优势，如区域优势、产业优势、自然资源优势、人文环境优势、创新优势等，切实解决智慧城市的概念、内涵、思路、重点、路径等的智慧城市"中国化"问题，避免盲目崇拜、照抄照搬、千篇一律的智慧城市，将我国智慧城市打造成为既遵循全球智慧城市发展趋势又富有中国特色的智慧城市。

2. 坚持市场调节和政府调控相结合的原则。要紧紧围绕破解智慧城市建设困境这一目标，坚持市场化的改革方向，突出市场机制在智慧城市建设中的基础性、决定性作用，以建立高效、自由、开放、富有活力的市场环境为指引，以激发市场主体积极性为目标，让企业成为智慧城市建设的生力军和主导者。同时，根据我国智慧城市建设面临诸多难题的现实情况，全面强化各级政府职能转变，科学有效地发挥政府在智慧城市建设中的宏观调控功能，不断完善智慧城市建设的宏观发展环境，形成以市场为导向、以制度建设为重点的发展格局。

3. 坚持统筹规划和分级分类推进相结合的原则。破解智慧城市建设困境，加快推进我国智慧城市建设是一项系统工程，涉及科技、财政、工信、发改、城建、国土等不同职能部门，国企、民企、军工等不同所有制经济，研发、转化、生产等不同环节，企业、高校、科研机构、中介机构等不同市场主体，各方利益纵横交错十分复杂，理顺各方关系，使之成为一个有机的整体本身就不是一蹴而就的工作。因此政府必须统筹规划，在智慧城市建设的大框架下科学谋划，充分考虑各方主体的利益诉求，并在此基础上合理地设计总体目标、阶段目标以及具体目标，分级分类推进，方能落实创新驱动发展战略最终目标的实现。

4. 坚持自主创新和开放合作相结合的原则。开放创新是推动智慧城市建设的强大动力。政府应持续深化重点领域和关键环节创新，加强政策创新、制度创新、管理创新与服务模式创新，持续完善创新创业平台，不断提升自主创新能力，为智慧城市建设提供重要的技术支撑；推进全方位、宽领域、多层次对外开放，积极推动国外智慧城市与国内智慧城市互动建设，更好地利用两个市场、两种资源，形成内外联动、双向开放的智慧城市建设开放新格局。

## （二）建设目标

1. 围绕我国智慧城市建设，建成一批特色突出、功能完善、体系完备的泛在化、融合化、智敏化智慧城市，形成一批智慧生活更便捷、智慧经济更高端、智慧治理更精细、智慧政务更协同的智慧城市，打造一批智慧城市标杆。

2. 城市生活更智慧、更便捷。有效破解城市发展中的交通拥挤、环境污染、基本公共服务短缺等诸多问题，通过将大数据、物联网等新一代信息技术应用于医疗领域，打造智慧医疗系统，让"看病难"问题得到解决；通过将新一代信息技术应用于教育领域，发展智慧教育，有效破解教育不公平难题；利用物联网、传感器、大数据等推动智慧交通系统建设，有效缓解城市交通拥挤问题；利用新一代信息技术推动智慧养老建设，让老有所养成为现实。

3. 城市经济更智慧、更高端。智慧经济蓬勃发展，让智慧经济成为智慧城市建设的重要支撑。坚持应用为先，统筹规划，鼓励试点示范，以市场需求带动智慧产业发展，努力建成世界领先水平农业，努力实现智能制造，努力构建智慧服务体系；坚持供给为上，引进、培育一批智慧型产业；坚持改革为要，为智慧产业发展提供要素保障、制度保障。

4. 城市治理更智慧、更精细。不断深化智慧治理，逐渐建立网格化的城市综合管理平台。通过互联网、物联网、虚拟现实等信息技术，实现人与人、人与物、物与物之间的互联互通和全面感知，实时掌握城市运行状态；通过信息技术应用，促进信息共建共享，实现城市治理一体化与精准化；通过"互联网+"模式，全面整合服务资源和服务渠道，打造智能化政务体系和公共服务体系，实现社会共治共享；通过健全法律法规体系，推进网络空间规范化；充分利用互联网手段畅通市民参与城市治理渠道，提高市民对城市的获得感。

5. 城市政务更智慧、更协同。充分利用"互联网+"思维，推动电子政务体系建设，让政府更好地为市民服务。通过顶层设计和统筹规划，形成协同的智慧政务管理体系；加快大数据、云计算、物联网、互联网的应用，整合各类信息数据，建成统一的网络平台，全面提升政府服务的智能化水平。

## 二、突出建设重点

### （一）突出以人为本

以人为本是智慧城市建设的出发点和落脚点，智慧城市建设的目的是更好地满足人们对城市生活的需要，让市民享受更高质量的城市生活。而我国传统智慧城市建设则将建设重点放在技术和管理上，忽视了"技术"与"人"的互动、"信息化"与"人本化"的协同，导致"信息孤岛"长期存在，市民参与度与感知度都较差。可以说，破解智慧城市这一现实困境，首先就要突出以人为本，坚持以人民为中心的发展思想，以主体智慧推动城市进步，以人人参与提高城市感知度。

一是要强调发挥城市主体的作用。城市智慧从某种意义上而言就是城市主体的智慧，即"人"的智慧，也就是说人的素质、能力、智慧决定着城市发展的智慧程度。因此，在推动智慧城市建设过程中，需要充分发挥城市主体"人"的作用，将城市的"智慧化"程度与"人"的智慧化水平协同起来，使"人"的智慧与"城市"的智慧共促共进，全面提高智慧城市建设水平。

二是要强调城市获得感的提升。这就需要在智慧城市建设过程中把更多精力放在满足市民对城市的需求上，让市民在智慧城市建设中体会到更多幸福感、获得感。

三是要强调城市底蕴。智慧城市建设不仅要利用物联网、大数据、云计算、人工智能等新一代信息技术，还需要根据城市的资源禀赋、基础条件、人文底蕴打造具有城市特色的智慧城市，将智慧城市建设与城市人文底蕴相结合，将满足人们物质需求与精神需求相结合，将智慧城市打造成为有品质、有文化、有灵魂、有深度的智慧城市。

### （二）突出创新驱动

智慧城市的本质是对现有城市的重构，从强调以资源投入为主、重视发展速度和数量，重构为以资源有效配置为主、重视发展效率和质量。这一重构体现在创新驱动上，一方面通过制度创新实现资源的有效配置，另一方面通过技术创新、模式创新等提高发展效率和质量。而在我国传统智慧城市建设中，则更多强调现有技术的应用、现有模式的应用、现有制度的应用，缺乏创新驱动，从而导致智慧城市建设传统路径依赖较为严重，技术依存度较高。因此，为破解智慧城市建设面临的这一现实困境，应重点突出创新驱动，通过技术创新为智慧城市建设提供技术支撑，通过制度、管理、模式创新为智慧城市建设提供良好的发展环境。

一是进一步推动技术传统，加快发展信息技术，通过发展数据采集的传感技术、数据传输的网络宽带技术、数据处理的云计算技术、数据存储的云存储技术、数据共享的云平台技术、网络信息安全的量子通信和加密技术等，将智慧城市建设的核心技术掌握在自己手里，持续降低技术依存度。

二是进一步推动制度创新，通过建立一整套有利于智慧城市建设的制度体系，如激励体系、评价体系、监测体系等，从源头上彻底摆脱传统城市建设路径依赖。

三是进一步推动模式创新，通过创新投入模式、创新收益模式、创新运营模式、创新建设模式等，为智慧城市建设保驾护航。

### （三）突出城市特色

打造具有自身特色的智慧城市是智慧城市建设的必然选择。政府在智慧城市建设过程中，既要充分考虑智慧城市建设的共性因素，如利用互联网、物联网、云计算、大数据、人工智能等新一代信息技术作用于城市发展，打造智慧民生、智慧产业、智慧政务等，让城市发展处处彰显智慧化；更要凸显城市自身的特色和个性，通过打造独具城市特色的智慧城市，有效破解我国智慧城市千城一面的发展难题。例如，北京在推动智慧城市建设时，应将老北京传统文化融入其中，将"文化智能传承"作为智慧城市建设的目标之一，将智慧城市建设与打造全国的文化中心结合起来，打造成为"文化传承融合"型智慧城市；东莞在推动智慧城市建设时，应凸显"世界工厂"的工业优势，将智慧城市建设与智慧产业发展协同起来，以智慧产业推动智慧城市建设，打造成为"智慧产业"型智慧城市；宁波在推动智慧城市建设时，应凸显"智慧港"的特色，将智慧城市建设与智慧港口建设统一起来，打造成为"智慧港口"型智慧城市；扬州在推动智慧城市建设时，紧紧围绕以人为本、深化信息技术在城市服务领域中的应用，在智慧民生方面走在全国前列，打造国家级示范工程。

### （四）突出绿色低碳

绿色低碳是智慧城市建设的内在要求。一些发达国家在智慧城市建设过程中，普遍重视城市的绿色低碳发展，如斯德哥尔摩将物联网、传感器、大数据、人工智能等信息技术应用于城市管理，对二氧化碳排放量进行严格控制，确保城市低碳绿色；维也纳积极推行绿色城市计划，通过打造绿色建筑、绿色交通等，最终将维也纳建设成为绿色智慧城市。

纵观我国，在推动智慧城市建设过程中，往往忽略了城市绿色低碳发展，将智慧城市建设与城市绿色低碳发展割裂开来。因此，为破解智慧城市建设面临的这一现实困境，我国应突出绿色低碳发展，通过新能源作用于建筑物，打造绿色建筑；通过新技术、新能源作用于交通，打造绿色交通；通过信息技术作用于城市生活，打造绿色生活。

一是推动绿色建筑建设，始终坚持宜居发展理念，合理利用绿色能源，如太阳能、风能等，将绿色发展理念贯穿建筑行业全过程。

二是推动绿色交通发展，积极发展新能源交通工具，从源头上减少二氧化碳排放量；全面开展绿色出行行动，鼓励公众使用绿色出行方式，进一步提升绿色出行方式的比重；大力实施公交优先战略，完善城市公共交通系统，扩大公共交通覆盖面，让绿色公共交通成为主流。

三是推动绿色生活方式，充分利用新一代信息技术，将物联网、传感器、人工智能、虚拟现实、大数据等新技术应用于能源消耗方式监测，推行智慧化电表、水表、燃气表等，让市民能够充分了解用水、用电、用气情况，并提出合理降低能源消耗；积极推广使用智能垃圾桶，提高垃圾回收利用效率。

### （五）突出开放合作

智慧城市建设离不开开放合作。在智慧城市建设上，一些发达经济体已经走在了前头，如巴塞罗那这些年一直致力于智慧城市建设，并建设成为欧洲智慧城市标杆；赫尔辛基一直精耕绿色低碳智慧城市，并将城市建设成为"生态型"智慧城市；阿姆斯特丹注重智慧城市的可持续发展，并建成了"可持续型"智慧城市。而我国在推动智慧城市建设中，往往忽略了外部力量，开放合作力量不够。鉴于此，我国在推动智慧城市建设过程中，要更加注重开放合作，充分调动外部资源更好地为我国智慧城市建设服务，通过开放，将国外先进经验和好的做法引进来，消化吸收再利用；通过合作，直接将国外的建设方案复制到国内，推动我国智慧城市快速发展。一是强调政企合作，充分调动企业积极性，吸引更多力量参与智慧城市建设，形成合力。二是强调对外合作，通过完善对外合作机制，构建对外合作平台，积极推动发达经济体的智慧城市与我国智慧城市展开合作，推动我国智慧城市快速发展。

## 三、构建建设机制

### （一）双调节机制：市场调节、政府调控

正确处理好政府与市场的关系是推动智慧城市建设的重点所在。智慧城市建设是一项复杂的系统工程，仅仅依靠政府力量或者市场力量推动都不能达到理想效果，比如在推动智慧城市建设的积极性上，政府力量远远大于市场的作用，而在智慧城市的创新方面，市场力量又远远优于政府的力量，可以说，在智慧城市建设上政府与市场各有优势。因此，推进智慧城市建设的过程需要同时充分调动政府和市场的积极性，通过构建市场调节与政府调控相结合的双调节机制，最大限度地发挥政府和市场的作用。

在宏观调控和微观监管方面，一是要明确智慧城市建设的需要，在充分考虑城市发展特色和城市资源禀赋的基础上作出符合城市发展特色的规划，有效避免智慧城市趋同化

问题;二是要利用产业政策、财税政策、金融政策等为智慧城市建设提供良好的政策环境。在产业政策方面,要出台有利于智慧产业发展的相关政策,通过产业政策引导智慧产业发展,完善智慧产业链条,构建生态化的产业结构;在财税政策方面,可以通过出台降税免税以及财政扶持等政策吸引更多社会资本参与智慧城市建设;在金融政策方面,可以通过发展风投基金、私募基金等方式构建起智慧城市建设的资金链,切实解决智慧城市建设过程中的资金短缺问题。在民生建设方面,一是要完善相关法律法规,首先要建立统一标准,智慧城市是一项新兴事物,从全球智慧城市建设情况来看,智慧城市仍处于发展初期,还没有成熟的范本可供参考。因此,在推动智慧城市建设过程中首先要制定一个统一标准,通过统一标准来衡量建设情况;其次要营造良好的法治环境,通过健全法律法规,为智慧城市发展提供法治保障。二是要优化公共服务平台,通过"互联网+智慧政务"整合城市信息资源,实现城市信息网络化、系统化,从而为市民生活带来方便。三是要加快智慧交通、智慧医疗、智慧教育、智慧社区等建设。在智慧交通方面,通过健全智能交通服务系统、车辆智能管理系统、电子收费系统等,全面提高城市交通治理能力和城市交通运行能力;在智慧医疗方面,通过建立电子处方系统、远程医疗系统等,全面提高诊疗水平,有效缓解看病难、看病贵等难题;在智慧教育方面,通过建立远程教育系统、智慧管理系统等,不断提高学校教学水平和管理水平,有效缓解教育不公问题;在智慧社区方面,通过发展电子政务,为市民提供快捷方便的政务服务。

智慧城市建设还需要充分发挥市场的作用。一是要利用市场竞争机制加快创新。应对市场竞争是推动企业发展的动力所在,良性的市场竞争能倒逼市场主体发挥主动性、创造性,进而形成一批新技术、新模式、新业态等。在智慧城市建设中,市场竞争将倒逼更多企业加入创新,从而推动智慧城市领域新一轮信息技术发展。二是要利用市场价格机制实现集约节约发展。以市场为导向推动智慧城市建设除了可以集聚更多的资源参与建设中,还可以推动资源反复利用,通过资源反复利用和重新组合,实现智慧城市集约节约发展。三是要利用市场风险机制推动包容性发展。智慧城市是一新兴事物,智慧城市建设没有成熟的范例可供参考,所以在实际建设过程中不确定因素加大,而在市场风险机制的推动下,市场主体能"循果治因",从而有效规避多方风险,推动智慧城市实现包容性增长。四是要利用市场供求机制吸引更多参与者。

## (二)双带动机制:创新带动、示范带动

我国智慧城市建设基于当前正处于城镇化快速推进阶段,基于正处于新一代科技革命和产业变革时期,基于正处于城市交通拥挤、住房困难、环境恶化、资金紧张等城市问题凸显期。显然,为适应城市发展阶段的变化,破解城市发展难题,仅仅依靠传统推动城市发展的路径是行不通的,我国迫切需要通过创新带动智慧城市建设,以技术创新、治理创

新更好地满足智慧城市建设的技术要求和管理要求。从全球智慧城市发展现状来看，智慧城市还是一个新事物，全球还没有成熟的范本可供参考，这就需要打造一批具有较强示范意义的智慧城市，以示范带动更多的城市参与智慧城市建设。

### （三）双共享机制：信息开放共享、利益共创共享

当前我国智慧城市建设还面临着"信息孤岛"市场主体参与不积极等问题，这就需要构建双共享机制，通过建立信息开放共享机制，打破各行业、各领域相互分割、碎片化架构，实现信息开放、融合；通过建立利益共创共享机制，吸引更多市场主体参与智慧城市建设，缓解智慧城市建设技术、资金难题。

我国智慧城市是政府推动下的智慧城市，而智慧城市是一个涉及多环节、多领域、跨部门的复杂的系统工程，完全依靠政府的力量是很难实现的，如技术创新问题、资金短缺问题，仅仅通过政府力量是不可能彻底解决的，必须借助市场的力量。引导和吸引更多的市场主体参与智慧城市建设需要利益共享机制的建立。一是通过利益共享机制吸引更多主体参与技术创新。企业是推动技术创新的主要推动者，智慧城市破解技术难题还需要大量企业参与其中，通过建立利益共享机制，让企业共享智慧城市建设成果，从而再吸引更多企业参与智慧城市建设技术创新。二是通过利益共享机制吸引更多资本参与智慧城市建设。企业是"理性经济人"，其是否参与智慧城市建设的主要衡量标准为是否有利可图，这就需要健全利益共享机制，通过合理的利益分配，吸引更多的企业、资金参与智慧城市建设，破解智慧城市建设资金难题。

# 第九章　土木基础工程施工技术

## 第一节　土方工程施工技术

### 一、土方工程的内容及施工要求

（一）土方工程的内容

土方工程包括一切土地挖掘、填筑、运输等过程，以及排水降水、土壁支撑等准备工作和辅助工程。常见的土方工程施工有以下内容。

1. 场地平整

场地平整是指将天然地面改造成所要求的设计平面时所进行的土石方施工全过程（厚度在300mm以内的挖填和找平工作）。场地平整的特点是工作量大、劳动繁重以及施工条件复杂。

2. 基坑（槽）及管沟开挖

基坑（槽）及管沟开挖是指开挖宽度在3m以内且长度为宽度3倍的基槽，或开挖底面积在20m²且长为宽3倍以内的土石方工程，它是为浅基础、桩承台及管沟等施工而进行的土石方开挖。基坑（槽）及管沟开挖的特点是要求开挖的标高、断面、轴线准确，土石方量少，受气候影响较大。

3. 地下工程大型土石方开挖

地下工程大型土石方开挖是指对人防工程、大型建筑物的地下室、深基础施工等进行的地下大型土石方开挖工程（宽度大于3m，开挖底面积大于20m²，场地平整土厚大于300mm）。地下工程大型土石方开挖的特点是涉及降低地下水位、边坡稳定与支护、地面沉降与位移、邻近建筑物的安全与防护等一系列问题。

4. 土石方填筑

土石方填筑是指对低洼处用土石方分层填平的工程，可分为夯填和松填。土石方填筑特点是对填筑的土石方，要求严格选择土质，分层回填压实。

### （二）土方工程的施工要求

土方工程施工要求标高、断面准确，土体有足够的强度和稳定性，工程量小，工期短，费用较低。但土方工程的面广量大、劳动繁重、施工条件复杂（土方工程多为露天作业，施工受当地气候条件影响大；土的种类繁多，成分复杂；工程地质及水文地质变化多，也对施工影响较大）。因此，在组织土方工程施工前，施工企业应根据现场条件，制订技术可行、经济合理的施工方案。

## 二、场地平整

场地平整是将自然地面改造成人们所要求的地面。场地设计标高应满足规划、生产工艺、运输、排水及最高洪水水位等要求，并力求使场地内土方挖填平衡且土方量最小。

建筑工程项目施工前需要确定场地设计平面，并进行场地平整。场地平整的一般施工工艺程序如下：

现场勘察→清除地面障碍物→标定整平范围→设置水准基点→设置方格网→测量标高→计算土石方挖填工程量→平整土石方→场地碾压→验收。

场地平整过程中应注意以下工作：施工人员应到现场进行勘察，了解地形、地貌和周围环境，确定现场平整场地的大致范围；平整前应把场地内的障碍物清理干净，然后根据总图要求的标高，从水准基点引进基准标高，作为确定土方量计算的基点；应用方格网法和横断面法计算该场地按设计要求平整开平挖和回填的土石方量，做好土石方平衡调配，减少重复挖运，以节约运费；大面积平整土石方宜采用推土机、平地机等机械进行，大量挖方宜用挖掘机进行，用压路机进行填方压实。

## 三、土方调配

土方调配是土方工程施工组织设计（土方规划）中的一个重要内容，在平整场地土方工程量计算完成后进行。编制土方调配方案应根据地形及地理条件，把挖方区和填方区划分成若干个调配区，计算各调配区的土方量，并计算每对挖、填方区之间的平均运距（挖方区重心至填方区重心的距离），确定挖、填方各调配区的土方调配方案。

土方调配的目的是在使土方总运输量最小或土方运输成本最小的条件下，确定挖、填方区土方的调配方向和数量，从而达到缩短工期和降低成本。

## （一）调配区的划分原则

施工企业在进行土方调配时，首先要划分调配区。划分调配区应注意下列几点：①调配区的划分应该与工程建（构）筑物的平面位置相协调，并考虑它们的开工顺序、工程的分期施工顺序；②调配区的大小应该满足土方施工主导机械（铲运机、挖土机等）的技术要求；③调配区的范围应该和土方工程量计算用的方格网相协调，通常可由若干方格组成一个调配区；④当土方运距较大或场地范围内土方不平衡时，可根据附近地形，考虑就近取土或就近弃土，这时一个取土区或弃土区都可作为一个独立的调配区。

## （二）平均运距的确定

调配区的大小和位置确定之后，施工人员便可计算各挖填方调配区之间的平均运距。当用铲运机或推土机平土时，挖方调配区和填方调配区土方重心之间的距离，通常就是该挖填方调配区之间的平均运距。

当挖、填方调配区之间距离较远，采用汽车、自行式铲运机或其他运土工具沿工地道路或规定线路运土时，其运距应按实际情况进行计算。

## （三）土方施工单价的确定

当采用汽车或其他专用运土工具运土时，调配区之间的运土单价，可根据预算定额确定。

当采用多种机械施工时，确定土方的施工单价较为复杂，因为施工人员不仅要考虑单机核算问题，还要考虑运、填配套机械的施工单价，从而确定一个综合单价。

# 四、土方工程的机械化施工

## （一）推土机

推土机是在拖拉机上安装推土板等工作装置而成的机械，是场地平整工程土方施工的主要机械之一。推土机是集铲、运、平、填于一身的综合性机械，由于其操纵灵活、运转方便、所需工作面小，行驶速度快，易于转移、能爬30°左右的缓坡等优点，有着十分广泛的应用。

推土机的适用范围：推土机开挖的基本作业是铲土、运土和卸土三个工作行程和空载回驶行程。多用于场地清理和平整、开挖深度在1.5m以内的基坑、填平沟坑，以及配合铲运机、挖土机工作等。在推土机后面可安装松土装置，也可拖挂羊足碾进行土方压实工作。推土机可以推挖一至三类土，四类土以上需经预松后才能作业。推土机经济运距在

100m以内，效率最高的运距为60m。

推土机的生产率主要取决于推土机推移土的体积及切土、推土、回程等工作的循环时间。为提高生产率可采用下坡推土、并列推土、槽形推土等施工方法。

## （二）铲运机

铲运机是一种能独立完成铲土、运土、卸土、填筑、整平的土方机械。铲运机管理简单，生产率高且运转费用低，在土方工程中常应用于大面积场地平整、填筑路基和堤坝等。它最适宜于开挖含水量不超过27%的松土和普通土，坚土（三类土）和沙砾坚土（四类土）需用松土机预松后才能开挖。自行式铲运机在运距为800～1500m时效率最高，拖式铲运机在运距为200～350m时效率最高。

铲运机的生产率主要取决于铲斗装土容量和铲土、运土、卸土、回程的工作循环时间。为提高生产率，可采用下坡铲土、推土机助铲等方法，以缩短装土时间和使铲斗装满。

## （三）单斗挖土机

1. 正铲挖土机

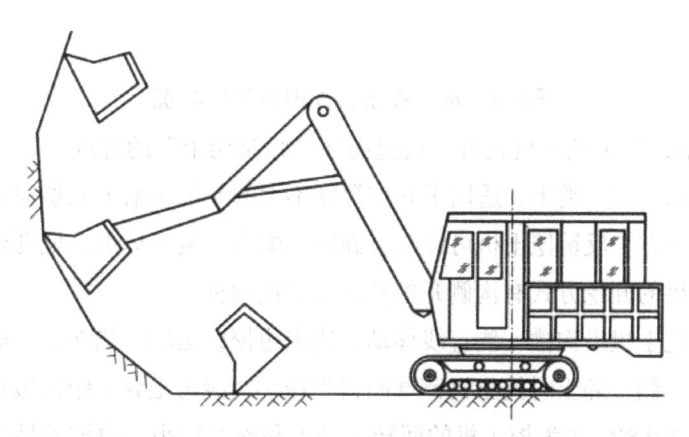

**图9-1 正铲挖土机外形及工作状况**

如图9-1所示，正铲挖土机具有"前进向上，强制切土"的特点。正铲挖土机适用于开挖停机面以上的一至四类土和经过爆破的岩石、冻土，与运土汽车配合能完成整个挖运任务，可用于大型干燥基坑以及土丘的开挖。正铲挖土机开挖方式有正向挖土、侧向卸土和正向挖土、后方卸土两种。正向挖土、侧向卸土是挖土机沿前进方向挖土，运输工具在挖土机一侧开行和装土。采用这种作业方式时，挖土机卸土时铲臂回转角度小、装车方便、循环时间短、生产效率高，而且运输车辆行驶方便，避免了倒车和小转弯，因此应用最广泛。

正铲挖土机由于作业于坑下，无论采用哪种卸土方式，都应先挖掘出口坡道，坡道的坡度为1∶10~1∶7。

正向挖土、后方卸土是挖土机沿前进方向挖土，运输工具在挖土机后方装土。这种作业方式的工作面较大，但挖土机卸土时铲臂回转角度大，运输车辆要倒车驶入，增加工作循环时间，生产效率降低。此作业方式一般只宜用于开挖工作面较狭窄且较深的基坑（槽）、沟渠和路堑等。

**2. 反铲挖土机**

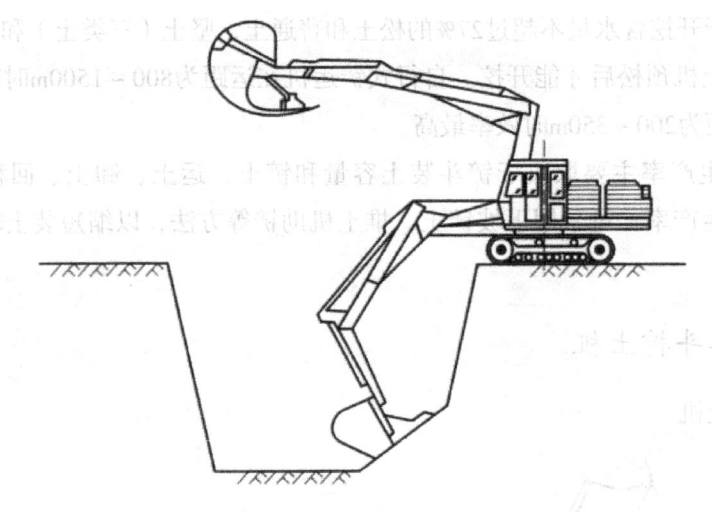

图9-2　反铲挖土机外形及工作状况

如图9-2所示，反铲挖土机具有"后退向下，强制切土"的特点。反铲挖土机适用于开挖停机面以下的一至三类土，适用于开挖深度不大的基坑（槽）或管沟等及含水量大或地下水位较高的土方。反铲挖土机可以与自卸汽车配合，装土运走，也可弃土于坑（槽）附近。反铲挖土机的开挖方式有沟侧开挖和沟端开挖两种。

沟侧开挖是挖土机沿沟槽一侧直线移动，边走边挖，运输车辆在挖土机旁装土或直接将土卸在沟槽的一侧。卸土时挖土机铲臂回转半径小，能将土弃于距沟边较远的地方，但挖土宽度（一般为0.8R，R为挖土机的回转半径）和深度较小，边坡不易控制。由于机身停在沟边工作，边坡稳定性差，因此该方法只在无法采用沟端开挖方式或挖出的土无须运走时采用。

沟端开挖是挖土机在基坑（槽）的一端，向后倒退着挖土，汽车在两旁装车运土，也可直接将土甩在基坑（槽）的两边堆土。此法的优点是挖掘宽度不受挖土机械最大挖掘半径的限制，铲臂回转半径小，开挖的深度可达到最大挖土深度。

**3.抓铲挖土机**

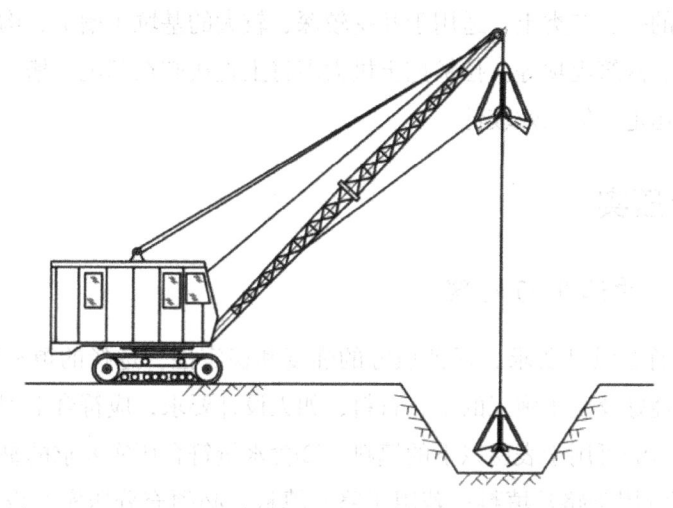

**图9-3 抓铲挖土机外形及工作状况**

如图9-3所示，抓铲挖土机具有"直上直下，自重切土"的特点。抓铲挖土机适用于开挖停机面以下一、二类土，如挖窄而深的基坑、疏通旧有渠道以及挖取水中淤泥等，或用于装卸碎石、矿渣等松散材料。在软土地基的地区，其常用于开挖基坑、沉井等。抓铲挖土机的开挖方式有沟侧开挖和定位开挖两种。

沟侧开挖是抓铲挖土机沿基坑边移动挖土，适用于边坡陡直或有支护结构的基坑开挖。

定位开挖是抓铲挖土机立于基坑一侧抓土；对较宽的基坑，则在基坑两侧或四周抓土。挖淤泥时，抓斗易被淤泥吸住，此时应避免用力过猛，以防翻车。

**4.拉铲挖土机**

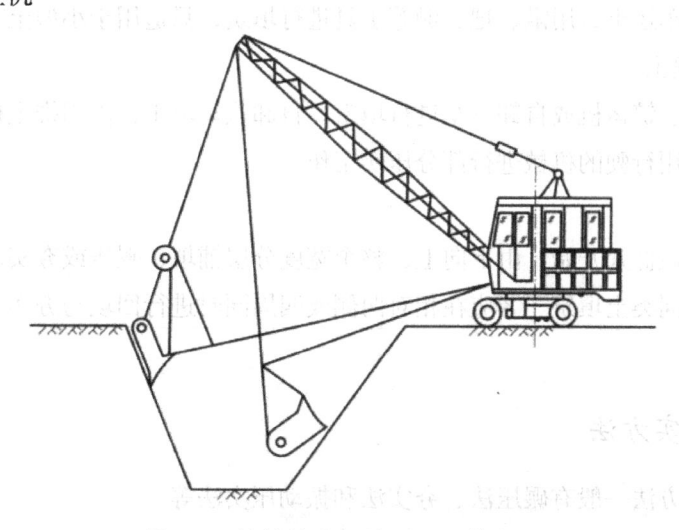

**图9-4 拉铲挖土机外形及工作状况**

如图9-4所示，拉铲挖土机具有"后退向下，自重切土"的特点。拉铲挖土机适用于开挖停机面以下的一、二类土，适用于开挖较深、较大的基坑（槽）、沟渠，挖取水中泥土以及填筑路基、修筑堤坝等。拉铲挖土机大多将土直接卸在基坑（槽）附近堆放，或配备自卸汽车装土运走，但工效较低。

## 五、填土压实

### （一）土料的选用与处理

填土土料应符合设计要求，保证填方的强度和稳定性。选择的填料应为强度高、压缩性小、水稳定性好及便于施工的土、石料，如无设计要求，应符合下列规定：①碎石类土、沙土和爆破石渣可用于表层以下的填料。②含水量符合压实要求的黏性土，可作为各层的填料，但不宜用于路基填料；若用于路基填料，必须充分压实并设有良好的排水设施。③一般不能选用淤泥和淤泥质土、膨胀土、有机质含量大于8%的土、含水溶性硫酸盐大于5%的土或含水量不符合压实要求的黏性土作为填料。

填土土料应严格控制含水量，施工前应进行检验。土的含水量过大，应采用翻松、晾晒、风干等方法降低含水量，或采取掺入干土、打石灰桩等措施；土的含水量偏低，则可预先洒水湿润，否则难以压实。

### （二）填土的方法

1. 填土方法

（1）人工填土

一般用手推车运土，用锹、耙、锄等工具进行填筑，只适用于小型土方工程。

（2）机械填土

可用推土机、铲运机或自卸汽车进行填筑。自卸汽车填土，需用推土机推平。采用机械填土时，可利用行驶的机械进行部分压实工作。

2. 填土要求

①填土应从最低处开始，由下向上，整个宽度分层铺填、碾压或夯实。②填土应分层进行并尽量采用同类土填筑。③应在相对两侧或四周同时进行回填与夯实。④当天填土应在当天压实。

### （三）压实方法

填土的压实方法一般有碾压法、夯实法和振动压实法等。

1. 碾压法

碾压法适用于大面积填土工程。

碾压机械有平碾、羊足碾和气胎碾等。应用最普遍的是刚性平碾；羊足碾只能用于压实黏性土；气胎碾工作时是弹性体，给土的压力较均匀，填土质量较好。

2. 夯实法

夯实法主要用于小面积填土，其优点是可以压实较厚的土层。夯实机械有夯锤、内燃夯土机、蛙式打夯机和振动压实机等。

（1）夯锤

它借助起重机提起并落下，质量大于1.5 t，落距为2.5~4.5m，夯土影响深度可超过1m，常用于夯实湿陷性黄土杂填土以及含有石块的填土。

（2）内燃夯土机

作用深度为0.4~0.7m，蛙式打夯机的作用深度一般为0.2~0.3m。二者均为应用较广的夯实机械。

（3）振动压实机

它主要用于压实非黏性土。

（四）影响填土压实的因素

影响填土压实质量的主要因素有压实功、土的含水量及每层铺土厚度等。

1. 压实功的影响

填土压实后的密度与压实机械在其上所施加的功有一定的关系。若土的含水量一定，则在开始压实时，土的密度急剧增加，到接近土的最大密度时，压实功虽然增加许多，但土的密度则变化甚小。在实际施工中，砂土需碾压或夯击两三遍，粉质黏土需碾压或夯击三四遍，粉土或黏土需碾压或夯击五六遍。此外，松土不宜用重型碾压机械直接滚压，否则土层会出现强烈的起伏现象，效率不高；如果先用轻碾压实，再用重碾压实，就会取得较好效果。

2. 含水量的影响

在同一压实功条件下，填土的含水量对压实质量有直接影响。较为干燥的土由于土颗粒之间的摩擦阻力较大，因而不易压实；当含水量超过一定限度时，土颗粒之间的孔隙由水填充而呈饱和状态，压实功不能有效地作用在土颗粒上，同样不能得到较好的压实效果。只有当填土具有适当含水量时，水起了润滑作用，土颗粒之间的摩擦阻力减小，土才易被压实。每种土都有其最佳含水量，土在最佳含水量条件下，使用同样的压实功进行压实，所得到的密度最大。工地上简单检验黏性土最佳含水量的方法一般是以手握成团、落地开花为适宜。为了保证填土在压实过程中的最佳含水量，土过湿时应翻松晾干，也可掺入同类干土或吸水性土料；土过干时，应洒水湿润。

3. 铺土厚度的影响

土在压实功的作用下，其应力随深度增加而逐渐减小，影响深度与压实机械、土的性质和含水量等有关。铺土厚度应小于压实机械压土时的作用深度，铺得过厚，要压很多遍才能达到规定的密实度；铺得过薄，同样要增加机械的总压实遍数。最优的铺土厚度应能使土方压实而使机械的功耗最少。

上述三方面影响因素之间是互相关联的。为了保证压实质量，提高压实机械的生产率，重要工程应根据土质和所选用的压实机械在施工现场进行压实试验，以确定达到规定密实度所需的压实遍数、铺土厚度及最优含水量。

## 第二节 地基与基础工程施工技术

### 一、基坑验槽与地基处理

当基坑（槽）挖至设计标高并清理后，施工企业应组织勘察、设计、监理、施工方和业主代表共同检查坑底土层是否与勘察、设计资料相符，是否存在填井、填塘、暗沟、墓穴等不良情况，这一过程称为验槽。验槽合格后方能进行基础工程施工。

验槽的方法以观察为主，对于基底以下的土层不可见部位辅以夯、拍或轻便勘探共同完成。观察验槽应重点注意柱基、墙角、承重墙下受力较大的部位，仔细观察基底土的结构、孔隙、湿度、含有物等，并与设计勘察资料相比较，确定是否已挖到设计的土层。可疑之处应局部下挖检查。

#### （一）换填垫层法

当软弱土层地基的承载力和变形满足不了建筑物的要求，而软弱土层的厚度又不是很大时，将基础底面以下处理范围内的软弱土层的部分或全部挖去，然后分层换填强度较大的砂（碎石、素土、灰土、高炉干渣、粉煤灰）或其他性能稳定、无侵蚀性的材料，并压（夯、振）实至要求的密实度为止，这种地基处理的方法称为换填垫层法。它还包括低洼地域筑高（平整场地）或堆填筑高（道路路基）。

机械碾压、重锤夯实、平板振动等换填压实施工方法不但可处理分层回填土，还可加固地基表层土。

按回填材料不同，垫层可分为砂垫层、砂石垫层、碎石垫层、素土垫层、灰土垫层、二灰垫层、干渣垫层和粉煤灰垫层等。

换填垫层法适用于浅层软弱地基及不均匀地基的处理，如淤泥、淤泥质土、湿陷性黄土、素填土、杂填土地基及暗沟、暗塘等。

1. 换填垫层的压实原理及垫层的作用

换填垫层的压实原理与土方回填的压实原理相同，只需确定最优含水量。

在工程实践中，对垫层的碾压质量的检验，要求能获得填土的最大干密度，其最大干密度可用室内击实试验确定。在标准的击实方法的条件下，施工人员对于不同含水量的土样，可得到不同的干密度，从而能够借此绘制干密度和制备含水量的关系曲线，在曲线上的峰值，即为最大干密度，与之相应的制备含水量为最优含水量。

垫层主要有如下几方面的作用。

（1）提高地基承载力

浅基础的地基承载力与持力层的抗剪强度有关，如果以抗剪强度较高的砂或其他填筑材料代替软弱的土，可提高地基的承载力，避免地基被破坏。

（2）减少沉降量

一般地基浅层部分沉降量在总沉降量中所占的比例是比较大的。以条形基础为例，在相当于基础宽度的深度范围内的沉降量约占总沉降量的50%。如以密实砂或其他填筑材料代替上部软弱土层，就可以减少这部分的沉降量。砂垫层或其他垫层对应力的扩散作用，使作用在下卧层土上的压力较小，这样也会相应减少下卧层土的沉降量。

（3）加速软弱土层的排水固结

建筑物的不透水基础直接与软弱土层相接触时，在荷载的作用下，软弱土层地基中的水被迫绕基础两侧排出，因而使基底下的软弱土不易固结，形成较大的孔隙水压力，还可能导致由于地基强度降低而产生塑性破坏的危险。砂垫层和砂石垫层等垫层材料透水性大，软弱土层受压后，垫层可作为良好的排水面，使基础下面的孔隙水压力迅速消散，加速垫层下软弱土层的固结并提高其强度，避免地基土的塑性破坏。

（4）防止冻胀

粗颗粒的垫层材料孔隙大，不易产生毛细管现象，因此在寒冷地区可以防止土中结冰所造成的冻胀。这时，砂垫层的底面应满足当地冻结深度的要求。

（5）消除膨胀土的胀缩作用

在膨胀土地基上可选用砂、碎石、块石、煤渣、二灰或灰土等材料作为垫层以消除胀缩作用，但垫层厚度应依据变形计算确定，一般不少于0.3m，且垫层宽度应大于基础宽度，而基础的两侧宜用与垫层相同的材料回填。

## 2. 垫层材料选择

（1）砂石

宜选用碎石、卵石、角砾、圆砾、砾砂、粗砂、中砂或石屑（粒径小于2mm的部分不应超过总重的45%），应级配良好，不含植物残体、垃圾等杂质。使用粉细砂或石粉（粒径小于0.075mm的部分不超过总重的9%）时，应掺入不少于总重30%的碎石或卵石。砂石的最大粒径不宜大于50mm。湿陷性黄土地基不得选用砂石等透水材料。

（2）粉质黏土

土料中有机质含量不得超过5%，同时不得含有冻土或膨胀土。当含有碎石时，其粒径不宜大于50mm。用于湿陷性黄土或膨胀土地基的粉质黏土垫层，土料中不得夹有砖、瓦和石块。

（3）灰土

其体积配合比宜为2∶8或3∶7。土料宜用粉质黏土，不宜使用块状黏土和砂质粉土，不得含有松软杂质，并应过筛，其粒径不得大于15mm。石灰宜用新鲜的消石灰，其粒径不得大于5mm。

（4）粉煤灰

其可用于道路、堆场和小型建筑、构筑物等的换填垫层。粉煤灰垫层上宜覆土0.3~0.5m。粉煤灰垫层中采用掺加剂时，应通过试验确定其性能及适用条件。作为建筑物垫层的粉煤灰应符合有关放射性安全标准的要求。粉煤灰垫层中的金属构件、管网宜采取适当的防腐措施。大量填筑粉煤灰时应考虑对地下水和土壤环境的影响。

（5）矿渣

垫层使用的矿渣是指高炉重矿渣，可分为分级矿渣、混合矿渣及原状矿渣。矿渣垫层主要用于堆场、道路和地坪，也可用于小型建筑、构筑物地基。选用的矿渣松散重度不小于11 kN/m，有机质及含泥总量不超过5%。设计、施工前必须对选用的矿渣进行试验，在确认其性能稳定并符合安全规定后方可使用。作为建筑物垫层的矿渣应符合有关放射性安全标准的要求。易受酸、碱影响的基础或地下管网不得采用矿渣垫层。大量填筑矿渣时，应考虑对地下水和土壤环境的影响。

（6）其他工业废渣

在有可靠试验结果或成功工程经验时，质地坚硬、性能稳定、无腐蚀性和放射性危害的工业废渣等均可用于填筑换填垫层。被选用的工业废渣粒径、级配和施工工艺等应通过试验确定。

（7）土工合成材料

分层铺设的土工合成材料与地基土构成了加筋垫层。所用土工合成材料的品种性能及填料的土类应根据工程特性和地基土条件，按照现行国家标准要求，通过设计并进行现场试验后确定。作为加筋的土工合成材料应采用抗拉强度较高、受力时伸长率不大于5%、耐久性好、抗腐蚀的土工格栅、土工格室、土工垫或土工织物等土工合成材料；垫层填料宜用碎石、角砾、砾砂、粗砂、中砂或粉质黏土等材料。当工程要求垫层具有排水功能时，垫层材料应具有良好的透水性。

3. 垫层的施工

（1）机械碾压法

机械碾压法是采用各种压实机械来压实地基土的方法。此法常用于基坑底面积宽大、开挖土方量较大的工程。

工程实践中，对垫层碾压质量的检验，要求获得填土最大干密度。其关键在于施工时控制每层的铺设厚度和最优含水量，其最大干密度和最优含水量宜采用击实试验确定。所有施工参数（如施工机械、铺填厚度、碾压遍数和填筑含水量等）必须由工地试验确定。由于现场条件与室内试验不同，施工现场应以压实系数与施工含水量对压实功能进行控制。

（2）重锤夯实法

重锤夯实法是用起重机将夯锤提升到某一高度，然后自由落锤，不断重复夯击以加固地基。重锤夯实法一般适用于地下水位距地表0.8m以上稍湿的黏性土、砂土、湿陷性黄土、杂填土和分层填土。

重锤夯实法的主要设备为起重机械、夯锤、钢丝绳和吊钩等。

当直接用钢丝绳悬吊夯锤时，吊车的起重能力应大于锤重量的3倍。采用脱钩夯锤时，起重能力应大于夯锤重量的1.5倍。

夯锤宜采用圆台形，锤重宜大于2t，锤底面单位静压力宜为15~20kPa。夯锤落距宜大于4m。

（3）平板振动法

平板振动法是使用振动压实机来处理无黏性土或黏粒含量少、透水性较好的松散杂填土地基的一种方法。

振动压实的效果与填土成分、振动时间等因素有关，一般振动时间越长，效果就越好，但振动时间超过某一值后，振动引起的下沉基本稳定，再继续振动就不能起到进一步压实的作用。为此，施工前需要进行试振，以得出稳定下沉量和时间的关系。对主要由炉渣、碎砖、瓦块组成的建筑垃圾，振动时间在1min以上；对含炉灰等细粒的填土，振动时间为3~5min，有效振实深度为1.2~1.5m。

振实范围应从基础边缘放出0.6m左右，先振基槽两边，后振中间，振动压实的标准是以振动机原地振实不再继续下沉为合格，并辅以轻便触探试验检验其均匀性及影响深度。振实后地基承载力宜通过现场载荷试验确定。一般经振实的杂填土地基承载力可达

100~120kPa。

## （二）强夯法

强夯法是用起重机反复将夯锤提到高处使其自由落下，给地基以冲击和振动能量，使地基土中出现冲击波和动应力，可提高地基土的强度、降低土的压缩性、改善砂土的抗液化条件、消除湿陷性黄土的湿陷性等，将地基土夯实的地基处理方法。强夯法适用于处理碎石土、砂土、低饱和度的粉土与黏性土、湿陷性黄土、素填土和杂填土等地基。但强夯产生的振动对已建成或在建的建筑物有影响时，不得采用。

1. 强夯法的加固机理

强夯法是利用强大的夯击能给地基以冲击力，并在地基中产生冲击波，在冲击力作用下，夯锤对上部土体进行冲切，土体结构破坏，形成夯坑，并对周围土进行动力挤压。

目前，强夯法加固地基有三种不同的加固机理：动力密实、动力固结和动力置换。这些机理的不同取决于地基土的类别和强夯施工工艺。

2. 施工方法

（1）试夯

强夯法施工前应在现场有代表性的场地上进行试夯，其有效加固深度和夯点的夯击次数应根据现场试夯得到的数据或当地经验确定。

（2）夯锤

强夯锤质量可取10~40t，其底面形式宜采用圆形或多边形，锤底面积宜按土的性质确定，锤底静接地压力值可取25~40kPa，对于细颗粒土锤底静接地压力宜取较小值。锤的底面宜对称设置若干个与其顶面贯通的排气孔，孔径可取250~300mm。

（3）强夯机械

施工机械宜采用带有自动脱钩装置的履带式起重机或其他专用设备。采用履带式起重机时，可在臂杆端部设置辅助门架，或采取其他安全措施，防止落锤时机架倾覆。自动脱钩装置应具有足够的强度，且施工时工作灵活。

（4）强夯法的施工步骤

强夯施工可按下列步骤进行：①清理并平整施工场地；②标出第一遍夯点位置，并测量场地高程；③起重机就位，夯锤置于夯点位置；④测量夯前锤顶高程；⑤将夯锤起吊到预定高度，开启脱钩装置，待夯锤脱钩自由下落后，放下吊钩，测量锤顶高程，若发现因坑底倾斜而造成夯锤歪斜时，应及时将坑底整平；⑥重复步骤⑤，按设计规定的夯击次数及控制标准，完成一个夯点的夯击；⑦换夯点，重复步骤③~⑥，完成第一遍全部夯点的夯击；⑧用推土机将夯坑填平，并测量场地高程；⑨在规定的间隔时间后，按上述步骤逐次完成全部夯击遍数，最后用低能量满夯，将场地表层松土夯实，并测量夯后场地高程。

（5）施工过程中的监测工作

施工人员在施工过程中应做好以下监测工作，并对各项参数及情况进行详细记录：①开夯前应检查夯锤质量和落距，以确保单次夯击能量符合设计要求；②在每一遍夯击前，应对夯点放线进行复核，夯完后检查夯坑位置，发现偏差或漏夯应及时纠正；③按设计要求检查每个夯点的夯击次数和每击的夯沉量。

（6）强夯法施工应注意的事项

当场地表土软弱或地下水位较高，夯坑底积水影响施工时，施工人员宜采用人工降低地下水位或铺填一定厚度的松散性材料，使地下水位低于坑底面以下2m。坑内或场地积水应及时排除。施工前应查明场地范围内的地下构筑物和各种地下管线的位置及标高等，并采取必要的措施，以免因施工而造成损坏。当强夯施工所产生的振动对邻近建筑物或设备会产生有害的影响时，应设置监测点，并采取挖同振沟等隔振或防振措施。

3. 质量检验

强夯施工结束后应间隔一定时间方能对地基加固质量进行检验。对碎石土和砂土地基，其间隔时间可取1~2周；对粉土和黏性土地基可取2~4周。

质量检验方法可采用：①室内试验；②十字板试验；③动力触探试验（包括标准贯入试验）；④静力触探试验；⑤旁压仪试验；⑥载荷试验；⑦波速试验。

强夯法检测点位置可分别布置在夯坑内、夯坑外和夯击区边缘，其数量应根据场地复杂程度和建筑物的重要性确定。对简单场地上的一般建筑物，每个建筑物设置的地基检验点不应少于3处；对复杂场地或重要建筑物地基应增加检验点数。检验深度应不小于设计处理的深度。强夯处理后的地基竣工验收时，承载力检验应采用原位测试和室内土工试验。

### （三）预压法

预压法是为提高软弱地基的承载力、减少建筑物建成后的沉降，预先对拟建地基进行堆载或真空预压，使软弱地基土土体中的孔隙水排出，逐渐固结，地基发生沉降，同时强度逐步提高的方法，又称为排水固结法。预压法包括堆载预压法和真空预压法。预压法适用于处理淤泥质土、淤泥和冲填土等饱和黏性土地基。

1. 预压法的加固机理

（1）堆载预压法的加固机理

堆载预压法是在建筑物建造以前，在建筑场地进行加载预压，使地基的固结沉降基本完成并提高地基土强度的方法。

在饱和软土地基上施加荷载后，孔隙水被缓慢排出，孔隙体积随之逐渐减少，地基发生压密、沉降、固结变形。同时随着超静水压力逐渐消散，有效应力逐渐提高，地基土强度逐渐增长。根据预压荷载大于或等于拟建建筑物荷载，预压分为超载预压和等载预压。堆载形式一般有土方堆载和加水堆载两种。

另外，预压时需要设置排水系统，如砂井或塑料排水带，以缩短排水距离，从而缩短预压工程的预压期，在短期内达到较好的固结效果，使沉降提前完成，同时加速地基土强度的增长，使地基承载力提高的速率始终大于施工荷载的速率，在保证工期的同时保证地基的稳定性。

（2）真空预压的加固机理

真空预压法是在需要加固的软土地基表面先铺设砂垫层，然后埋设垂直排水管道，再用不透气的封闭膜使其与大气隔绝，薄膜四周埋入土中，通过砂垫层内埋设的吸水管道，用真空装置进行抽气，使其形成真空，增加地基的有效应力。

抽真空时先后在地表砂垫层及竖向排水通道内逐步形成负压，使土体内部与排水通道、垫层之间形成压差。在此压差作用下，土体中的孔隙水不断由排水通道排出，从而使土体固结。

真空预压的原理主要反映在以下几方面：①薄膜上面承受等于薄膜内外压差的荷载；②地下水位降低，相应增加附加应力；③封闭气泡排出，土的渗透性加大。

真空预压是将覆盖于地面的密封膜下抽真空，使膜内外形成气压差，从而使黏土层产生固结压力。这是在总应力不变的情况下，通过减小孔隙水压力来增加有效应力的方法。真空预压是在负超静水压力下排水固结，又称为负压固结。

2. 预压法的施工

（1）材料要求

①普通砂井用中粗砂，含泥量不大于3%。②袋装砂井用的装砂袋，要有良好的透气、透水性，有足够的抗拉强度和一定的抗老化、耐腐蚀性能。常用的装砂袋材质有玻璃纤维布、聚丙烯编织布、黄麻布、再生布等。③钢管打砂井用，直径略大于砂井。④塑料排水板。⑤真空预压密封膜。⑥堆载用散料（如土、砂、石子、石块、砖等）。

（2）主要机具设备

预压法施工需要的主要机具有砂井成孔钻机，施工塑料排水带的插板机，真空预压法需要的射流真空泵及管路连接系统，堆载预压法需要的土方堆载机械等。

（3）作业条件

①认真熟悉图纸和施工技术规范，编制施工方案并进行技术交底。②收集详细的工程地质、水文地质资料，了解邻近建筑物和地下设施的类型及分布和结构质量等情况。③施工前应进行工艺设计，包括管网平面布置，排水管泵及电器线路布置，真空度探头位置、沉降观测点布置以及有特殊要求的其他设施的布置等。④测量基准点复测及办理书面移交手续。

（4）施工工艺

堆载预压法施工工艺流程如下：平整场地→施工定位→铺设水平排水垫层→打设竖向排水体→堆载预压→加载过程监测→卸载→质量检测工程验收。

真空预压法施工工艺流程如下：平整场地→铺设水平排水垫层→打设竖向排水体→埋设排水滤管→挖封闭沟→铺设密封膜→安装抽真空设备→抽真空及真空维持→真空预压卸荷→验收。

（5）施工要点

堆载预压法施工要点如下：①施工前，在地下预埋孔隙水压计测定孔隙水压的变化；在堆载区周边的地表设置位移观测桩，用精密测量仪器观测水平和垂直位移；在堆载区周边的地下安装钻孔倾斜仪或其他观测地下土体位移的仪器，测量地基土的水平位移和垂直位移。②预压期间应及时整理变形与时间、孔隙水压力与时间等关系曲线，推算地基的最终固结变形量、不同时间的固结度和相应的变形量，以便分析地基处理的效果并为确定卸载时间提供依据。③预压后的地基应进行十字板抗剪强度试验及室内土工试验等，以便检验处理效果。④有抗滑稳定控制的重要工程，应在预压区内选择有代表性的地点预留孔位，在加载的不同阶段进行不同深度的十字板抗剪试验和取土进行室内试验，以验算地基的抗滑稳定性，并检验地基的处理效果。

真空预压法施工要点如下：

①真空分布管的距离要适当，使真空度分布均匀，管外滤膜渗透系数不应小于$10^{-2}$cm/s。②泵及膜下真空度应达到96kPa和60kPa以上。真空预压的真空度可一次抽气至最大，当连续5d实测沉降小于2mm/d，或固结度大于或等于80%，或符合设计要求时，可停止抽气。③塑料膜下料时应根据不同季节预留伸缩量，夏季或冬季施工时应做好防晒、防冻措施。

（6）质量验收及标准

①施工前应检查施工监测措施，沉降、孔隙水压力等原始数据，排水措施，砂井（包括袋装砂井）、塑料排水带等的位置。②堆载预压施工应检查堆载高度、沉降速率等。真空预压施工应检查密封膜的密封性能、真空表读数等。③施工结束后，应检查地基土的强度及要求达标的其他物理力学指标，重要建筑物地基应做承载力检验。

（四）深层搅拌法

深层搅拌法属于水泥土搅拌法中的一种类型，另一种为粉体喷搅法。前者称湿法，后者称干法。本书只介绍深层搅拌法，而粉体喷搅法加固机理与施工工艺与之类似，具体请参阅相关资料。水泥土搅拌法适用于处理正常固结的淤泥与淤泥质土、粉土、饱和黄土、素填土、黏性土以及无流动地下水的饱和松散砂土等地基。

1. 加固机理

水泥加固土的物理化学反应过程与混凝土的硬化机理不同，混凝土的硬化主要是在粗骨料（比表面积不大、活性很弱的介质）中进行水解和水化作用，因此凝结速度较快。而在水泥加固土中，由于水泥掺量很小，水泥的水解和水化反应是在具有一定活性的介质——土的围绕下进行的，因此水泥加固土的强度增长过程比混凝土缓慢。

（1）水泥的水解和水化反应

普通硅酸盐水泥主要由氧化钙、二氧化硅、三氧化二铝、三氧化二铁及三氧化硫等组成，这些不同的氧化物分别组成了不同的水泥矿物，如硅酸三钙、硅酸二钙、铝酸三钙、铁铝酸四钙、硫酸钙等。用水泥加固软土时，水泥颗粒表面的矿物很快与软土中的水发生水解和水化反应，生成氢氧化钙、含水硅酸钙、含水铝酸钙及含水铁酸钙等化合物。所生成的氢氧化钙、含水硅酸钙能迅速溶于水中，使水泥颗粒表面重新暴露出来，再与水发生反应，这样，周围的水溶液就逐渐达到饱和。当溶液达到饱和后，水分子虽继续深入颗粒内部，但新生成物已不能再溶解，只能以细分散状态的胶体析出，悬浮于溶液中，形成胶体。

（2）土颗粒与水泥水化物的作用

当水泥的各种水化物生成后，有的自身继续硬化，形成水泥石骨架；有的则与其周围具有一定活性的黏土颗粒发生反应。

①离子交换和团粒化作用

黏土和水结合时表现出一种胶体特征，如土中含量最多的二氧化硅遇水后，会形成硅酸胶体微粒，其表面带有钠离子$Na^+$或钾离子$K^+$，它们能和水泥水化生成的氢氧化钙中钙离子$Ca^{2+}$进行当量吸附交换，使较小的土颗粒形成较大的土团粒，从而使土体强度提高。

水泥水化生成的凝胶粒子的比表面积约比原水泥颗粒大1000倍，因而产生很大的表面能，有强烈的吸附活性，能使较大的土团粒进一步结合起来，形成水泥土的团粒结构，并封闭各土团的空隙，形成坚固的联结，从宏观上看也就使水泥土的强度大大提高。

②硬凝反应

随着水泥水化反应的深入，溶液中析出大量的钙离子，当其数量超过离子交换的需要量后，在碱性环境中，能使组成黏土矿物的二氧化硅及三氧化二铝的一部分或大部分与钙离子进行化学反应，逐渐生成不溶于水的稳定结晶化合物，从而增大了水泥土的强度。

从电子扫描显微镜中观察可见，拌入水泥7d时，土颗粒周围充满了水泥凝胶体，并有少量水泥水化物结晶的萌芽。一个月后水泥土中生成大量纤维状结晶，并不断延伸充填到颗粒间的孔隙中，形成网状构造。到5个月时，纤维状结晶辐射向外伸展，产生分叉，并相互黏结形成空间网状结构，水泥的形状和土颗粒的形状已不能分辨出来。

③碳酸化作用

水泥水化物中游离的氢氧化钙能吸收水中和空气中的二氧化碳，发生碳酸化反应，生成不溶于水的碳酸钙，这种反应也能使水泥土增加强度，但增长的速度较慢，幅度也较小。

从水泥土的加固机理分析，搅拌机械的切削搅拌作用，实际上不可避免地会留下一些未被粉碎的大小土团在拌入水泥后将出现水泥浆包裹土团的现象，而土团间的大孔隙基本上已被水泥颗粒填满。因此，加固后的水泥土中会形成一些水泥较多的微区，而大小土团内部则没有水泥。只有经过较长的时间，土团内的土颗粒在水泥水解产物的渗透作用下，才逐渐改变其性质。所以，水泥土中不可避免地会产生强度较大和水稳性较好的水泥石区和强度较低的土块区。二者在空间相互交替，从而形成一种独特的水泥土结构。由此可见，搅拌越充分，土块被粉碎得就越小，水泥分布到土中越均匀，则水泥土结构强度的离散性越小，其宏观的总体强度也就越高。

2. 深层搅拌法的施工

（1）施工机械

深层搅拌法的施工机械主要有深层搅拌机（单、双、多轴）、灰浆搅拌机、贮浆桶、灰浆泵等。

（2）施工工艺

水泥土搅拌桩施工前应根据设计进行工艺性试桩，数量不得少于2根。当桩周为成层土时，应对相对软弱土层增加搅拌次数或增加水泥掺量。

①定位

起重机（或塔架）悬吊搅拌机到达指定桩位，对中。当地面起伏不平时，应使起吊设备保持水平。

②预搅下沉

待搅拌机的冷却水循环正常后，启动搅拌机电机，放松起重机钢丝绳，使搅拌机沿导向架搅拌切土下沉，下沉的速度可由电机的电流监测表控制。工作电流不应大于70A。如果下沉速度太慢，可从输浆系统补给清水以利钻进。

③制备水泥浆

搅拌机待下沉到一定深度时，即开始按设计确定的配合比拌制水泥浆，在压浆前将水泥浆倒入集料斗中。

④提升喷浆搅拌

搅拌机下沉到达设计深度后，开启灰浆泵将水泥浆压入地基中，边喷浆边旋转，同时严格按照设计确定的提升速度提升搅拌机。

⑤重复上、下搅拌

搅拌机提升至设计加固深度的顶面标高时,集料斗中的水泥浆应正好排空。为使软土和水泥浆搅拌均匀,施工人员可再次将搅拌机边旋转边沉入土中,至设计加固深度后再将搅拌机提升出地面。

⑥清洗

向集料斗中注入适量清水,开启灰浆泵,清洗全部管路中残存的水泥浆,直至基本干净,并将黏附在搅拌头上的软土清洗干净。

⑦移位

重复上述①~⑥步骤,再进行下一根桩的施工。由于搅拌桩顶部与上部结构的基础或承台接触部分受力较大,因此,通常还可对桩顶1.0~1.5m再增加一次输浆,以提高其强度。

（3）施工注意事项

①现场场地应平整,地上和地下一切障碍物必须清除。遇明浜、暗塘及场地低洼时应抽水和清淤,分层夯实回填黏性土料,不得回填杂填土或生活垃圾。开机前必须调试,检查桩机运转和输浆管畅通情况。②根据实际施工经验,水泥土搅拌法在施工到顶端0.3~0.5m处时,由于上覆压力较小,搅拌质量较差。因此,其场地平整标高应比设计确定的基底标高再高出0.3~0.5m,桩制作时仍施工到地面,待开挖基坑时,再将上部0.3~0.5m处桩身质量较差的桩段挖去。而对于基础埋深较大时,取下限;反之,则取上限。③搅拌桩垂直度偏差不得超过1%,桩位布置偏差不得大于50mm,桩径偏差不得大于4%。④施工前应确定搅拌机械的灰浆泵输浆量、灰浆经输浆管到达搅拌机喷浆口的时间和起吊设备提升速度等施工参数,并根据设计要求通过成桩试验,确定搅拌桩的配比等各项参数和施工工艺。宜用流量泵控制输浆速度,使注浆泵出口压力保持在0.4~0.6MPa,并应使搅拌提升速度与输浆速度同步。⑤制备好的浆液不得离析,泵送必须连续。拌制浆液的罐数、固化剂和外掺剂的用量以及泵送浆液的时间等应有专人记录。⑥为保证桩端施工质量,当浆液达到出浆口后,喷浆应搅拌座底30 s,使浆液完全到达桩端,特别是设计中考虑桩端承载力时,该点尤为重要。⑦预搅下沉时不宜冲水,当遇到较硬土层下沉太慢时,方可适量冲水,但应考虑冲水成桩对桩身强度的影响。⑧可通过复喷的方法达到桩身强度为变参数的目的。搅拌次数以1次喷浆2次搅拌或2次喷浆3次搅拌为宜,且最后1次提升搅拌宜采用慢速提升。当喷浆口到达桩顶标高时,宜停止提升,搅拌数秒,以保证桩头的均匀密实。⑨施工时因故停浆,宜将搅拌机下沉至停浆点以下0.5m处,待恢复供浆时再喷浆提升。若停机超过3 h,为防止浆液硬结堵管,宜先拆卸输浆管路,妥为清洗。⑩壁桩加固时,桩与桩的搭接时间不应大于24 h,如因特殊原因超过上述时间,应对最后一根桩先进行空钻留出榫头以待下一批桩搭接,如间歇时间太长（如停电等）,与第二根桩无法

搭接，则应在设计和建设单位认可后，采取局部补桩或注浆措施。⑪搅拌机凝浆提升的速度和次数必须符合施工工艺的要求，应有专人记录搅拌机每米下沉和提升的时间。深度记录误差不得大于100mm，时间记录误差不得大于5s。⑫根据现场实践表明，当水泥土搅拌桩作为承重桩进行基坑开挖时，桩顶和桩身已有一定的强度，若用机械开挖基坑，往往容易碰撞损坏桩顶，因此基底标高以上0.3m宜采用人工开挖，以保护桩头质量。这点对保证处理效果尤为重要，应引起施工人员足够的重视。

（4）质量检验

水泥土搅拌桩的质量控制应贯穿在施工的全过程，并应坚持全程的施工监理。施工过程中必须随时检查施工记录和计量记录，并对照规定的施工工艺对每根桩进行质量评定。检查重点是：水泥用量、桩长、搅拌头转数和提升速度、复搅次数和复搅深度、停浆处理方法等。

水泥土搅拌桩的施工质量检验可采用以下方法：①成桩7d后，采用浅部开挖桩头[深度宜超过停浆（灰）面下0.5m]，目测检查搅拌的均匀性，量测成桩直径。检查量为总桩数的5%。②成桩后3d内，可用轻型动力触探检查每米桩身的均匀性。检验数量为施工总桩数的1%，且不少于3根。

竖向承载水泥土搅拌桩地基竣工验收时，承载力检验应采用复合地基载荷试验和单桩载荷试验。

载荷试验必须在桩身强度满足试验荷载条件时，并宜在成桩28d后进行。检验数量为桩总数的0.5%～1%，且每项单体工程不应少于3点。

经触探和载荷试验检验后对桩身质量有怀疑时，应在成桩28d后，用双管单动取样器钻取芯样做抗压强度检验，检验数量为施工总桩数的0.5%，且不少于3根。

对相邻桩搭接要求严格的工程，应在成桩15d后，选取数根桩进行开挖，检查搭接情况。

基槽开挖后，应检验桩位、桩数与桩顶质量，如不符合设计要求，应采取有效措施补强。

## 二、桩基础施工

近年来，在土木工程建设中，各种大型建筑物、构筑物日益增多，规模越来越大，对基础工程的要求越来越高。为了有效地把结构的上部荷载传递到周围土壤深处承载能力较大的土层上，桩基础被广泛应用到土木工程中。

## （一）预制桩施工

1. 钢筋混凝土预制桩的制作、起吊、运输和堆放

（1）制作

①方桩

方桩即实心桩（RC桩），通常为边长250～550mm的方形断面，如在工厂制作，长度不宜超过12m；如在现场预制，长度不宜超过30m。桩的接头不宜超过2个。

②预应力管桩

预应力管桩即PC桩，预应力管桩一般为外径400～500mm的空心圆柱形截面，壁厚80～100mm，在工厂采用"离心法"制成，分节长度为8～10m，用法兰连接，桩的接头不宜超过4个，下节桩底端可设桩尖，也可以开口。管桩多采用先张法预应力工艺。

（2）起吊、运输和堆放

预制桩达到设计强度等级的70%后方可起吊，起吊时应用吊索按设计规定的吊点位置进行吊运。如无吊环且设计又未做规定，施工人员可按吊点间的跨中正弯矩与吊点处负弯矩相等的原则来确定吊点位置。起吊时钢丝绳与桩之间应加衬垫，以免损坏棱角。起吊时应平稳提升，避免摇晃、撞击和振动。

预制钢筋混凝土桩堆放高度不宜超过四层，地面应坚实、平整，垫长枕木。支承点在吊点位置，垫木上下对齐。

2. 预制桩沉桩工艺流程

预制桩的沉桩方法有锤击法、静力压桩法、振动法和水冲法等，首先介绍一般的沉桩工艺。

（1）施工准备

清除地上地下障碍物→平整场地→定位放线→通电、通水→安设沉桩机。

（2）合理确定沉桩顺序

由于预制桩沉桩对土体的挤密作用，会使先沉的桩因受水平推挤而造成偏移和变位，或被垂直挤拔造成浮桩，而后沉入的桩因土体挤密，难以达到设计标高或入土深度，或造成土体隆起和挤压，截桩过大，因此群桩施工时，为了保证沉桩工程质量，防止周围建筑物受土体挤压的影响，沉桩前应根据桩的密集程度、桩的规格、长短和桩架的移动方便等因素来正确选择沉桩顺序。对标高不一的桩，应遵循"先深后浅"的原则；对不同规格的桩，应遵循"先大后小、先长后短"的原则。

（3）工艺流程

①测量定位

施工人员应根据设计图纸编制工程桩测量定位图，并保证轴线控制点不受沉桩时振动

和挤土的影响，以及控制点的准确性；根据实际沉桩线路图，按施工区域划分测量定位控制网，一般一个区域内根据每天施工进度放样10~20根桩位，在桩位中心点地面上打入一根$\phi6$长30~40cm的钢筋，并用红油漆等标示；桩机移位后，应进行第二次核样，核样根据轴线控制网点所标示工程桩位坐标点（X、Y值），采用极坐标法进行核样，保证工程桩位偏差值小于10mm，并以工程桩位点为中心，用白灰按桩径大小画一个圆圈，以方便插桩和对中；工程桩在施工前，应根据施工桩长在匹配的工程桩身上画出以米为单位的长度标记，并按从下至上的顺序标明桩的长度，以便观察桩的入土深度。

②桩机就位

为保证沉桩机下地表土受力均匀，防止不均匀沉降，保证沉桩机械施工安全，施工人员应采用厚度为2~3cm的钢板铺设在桩机履带下，钢板宽度比桩机宽2m左右，以保证桩机行走和沉桩的稳定性；根据沉桩机桩架下端的角度计初调桩架的垂直度，并用线坠由桩帽中心点吊下与地上桩位点初对中。

③沉桩

桩插入土中时的垂直度偏差不应超过0.5%。施工人员应固定沉桩设备和桩帽，使桩、桩帽、沉桩设备在同一铅垂线上，确保桩能垂直下沉。沉桩过程中，如遇桩身倾斜、桩位位移、贯入度剧变、桩顶或桩身产生严重裂缝或破碎等异常情况，施工人员应暂停沉桩，处置后再行施工。当桩顶设计标高低于自然地面时，施工人员可采用送桩法将桩送入土中，桩与送桩器应在同一轴线上，拔出送桩杆后，桩孔应及时回填。

④接桩

当管桩需接长时，接头个数不宜超过3个且尽量避免在厚黏性土层中接桩。常用的接桩方法有焊接、法兰连接或硫黄胶泥锚接。前两种方法适用于各类土层，后一种适用于软土层。焊接接桩时，钢板宜用低碳钢，焊条宜用E43，先四角点焊固定，再对称焊接；法兰接桩时，钢板和螺栓也宜用低碳钢并紧固牢靠；硫黄胶泥锚接桩时的硫黄胶泥配合比应通过试验确定。

3. 预制钢筋混凝土桩常见的沉桩方式

（1）锤击沉桩

锤击沉桩设备包括桩锤、桩架和动力装置。

正常打桩宜采用重锤低击，桩锤的选用应根据地质条件、桩型、桩的密集程度、单桩竖向承载力及现有施工条件等决定。沉桩时，在桩的自重和锤重的压力下，桩便会沉入一定深度，等桩下沉达到稳定状态后，施工人员应再一次检查其平面位置和垂直度，校正符合要求后，即可进行打桩。为了防止击碎桩顶，施工人员应在混凝土桩的桩顶和桩帽之间、桩锤与桩帽之间放上垫木、麻袋等弹性衬垫做缓冲层。

桩终止锤击的控制应符合下列规定：①当桩端位于一般土层时，应以控制桩端设计标高为主，贯入度为辅；②桩端达到坚硬、硬塑的黏性土，中密以上粉土、砂土、碎石类土及风化岩时，应以贯入度控制为主，桩端标高为辅；③贯入度已达到设计要求而桩端标高未达到时，应继续锤击3阵，每阵10击，并按贯入度不应大于设计规定的数值确认，必要时，施工控制贯入度应通过试验确定。

（2）静压沉桩

静压沉桩桩机有机械式和液压式之分，目前使用的多为液压式静力压桩机，压力可达7000 kN。

静力压桩多采用分段预制、分节压入、逐段接长的施工方式，并在下节桩压入土中后，上端距地面0.8~1m时接长上节桩，继续压入。每根桩的压入、接长应连续。

静力压桩免去锤击应力，只需要满足吊桩弯矩、压桩和使用期间的受力要求，因此其截面尺寸、混凝土强度等级及配筋量都可以减少，可节省钢材、混凝土用量和降低施工成本。静力压桩无噪声、无振动，对周围环境的干扰和影响较小，特别适用于对噪声、振动有特殊要求的区域施工，如扩建工程、市区内基础工程与精密仪器车间的扩建、改建工程等。静力压桩桩顶不会承受锤击应力，可以避免桩顶破碎和桩身开裂，同时，压入桩所引起的桩周围土体隆起和水平位移比沉桩小得多，因此静压沉桩对土体结构的破坏程度和破坏范围要比锤击沉桩小，可以确保施工质量，提高施工速度。

静力压桩的摩阻力与桩的承载力有线性关系，因此不需要做试验试桩便可得出单桩承载力。终压条件应符合下列规定：①应根据现场试压桩的试验结果确定终压力标准。②终压连续复压次数应根据桩长及地质条件等因素确定。对于入土深度大于或等于8m的桩，复压次数可为2~3次；对于入土深度小于8m的桩，复压次数可为3~5次。③稳压压桩力不得小于终压力，稳定压桩的时间宜为5~10 s。

（3）振动法沉桩

振动法沉桩是将桩和振动桩锤连接在一起，振动桩锤产生的振动力通过桩身使土体振动，土体的内摩擦角小，强度降低而将桩沉入土中。此法适用于沉钢板桩、钢管桩及长度在15m内的细长钢筋混凝土预制桩，在砂土中效率最高，黏土中略差。

（4）射水沉桩

射水沉桩是锤击沉桩的一种辅助方法，利用高压水流经过桩侧面或空心桩内部射水管冲击桩尖附近水层，便于锤击。射水沉桩边冲边打，当沉桩至最后1~2m时，停止冲水，用锤击至规定标高。射水沉桩适用于砂土和碎石土。

4. 沉桩对周围环境的影响及预防措施

（1）沉桩对周围环境的影响

①沉桩的挤土效应使土体产生隆起和水平方向的挤压，引起相邻建筑物和市政设施的不均匀变形以致损坏（建筑物基础被推移、墙体开裂、管线破损断裂等）；挤土效应所引

起的环境影响以混凝土预制方桩和闭口钢桩为最甚，开口钢桩和混凝土管桩次之；锤击沉桩和静压沉桩都有挤土的不良效应。②锤击沉桩时的振动波对环境也有不良影响，会导致邻近建筑物产生剧烈的振动使门窗晃动，造成居民的不安；会影响精密设备和精密仪器的工作精度，甚至损坏设备。振动主要是由锤击沉桩引起，静压沉桩没有剧烈的振动影响。③锤击沉桩时的噪声对环境的污染相当严重，波及范围相当广，容易对居民生活造成不良影响。

（2）主要预防措施

①制订合理的沉桩施工组织计划。合理安排沉桩顺序、控制沉桩速度是降低挤土效应、防止出现事故的主要措施。沉桩顺序应背离保护对象由近向远沉桩，在场地空旷的条件下，宜采取先中央后四周、由里及外的顺序沉桩。每天的沉桩数量不宜过多，使挤土引起的孔隙水压力能有足够的时间消散，从而有效地减少挤土效应。②布置监测系统。在沉桩影响范围内，应布置对被影响建筑物的监测。沉桩影响范围一般为0.5~1.5倍的桩的入土深度。③采取防护措施。设置竖向排水通道，如塑料排水板、袋装砂井等，以便及时排水，使孔隙水压力得以迅速消散；在桩位或沉桩区外钻孔取土，在桩位取土是预钻孔措施，以减小挤土量，减小挤土效应；在沉桩区外钻孔的目的是消除从沉桩区传向被保护建筑物的挤土压力；在地下管线附近设置防挤沟或隔振沟。

（二）钻孔灌注桩施工

灌注桩包括混凝土灌注桩和钢筋混凝土灌注桩，是直接在桩位上就地成孔，然后在孔内灌注混凝土或钢筋混凝土而成的。各种成孔灌注桩的区别主要在于成孔的方法不同，成孔方法是根据不同的土质和地下水条件，同时考虑一定的技术经济因素进行选择的。

灌注桩的成孔分类主要有泥浆护壁成孔、干作业成孔、套管成孔等，其适用范围如下：①泥浆护壁成孔适用于地下水位以下的黏性土、粉土、砂土、填土、碎（砾）石土及风化岩层，以及地质情况复杂、夹层多、风化不均和软硬变化较大的岩层。②干作业成孔灌注桩适用于地下水位较低，在成孔深度内无地下水的土质，无须护壁可直接取土成孔。此法适用于黏性土、粉土、人工填土、中等密实以上的砂土、风化岩层。③套管成孔适用于黏性土、粉土、淤泥质土、砂土及填土。

灌注桩的特点是能适应地层的变化，无须接桩，施工时无振动、无挤土、噪声小，宜于建筑物密集区使用，但操作要求严格，需一定养护期，成桩后不能立即承受荷载。

1. 泥浆护壁成孔灌注桩

（1）主要机具设备

泥浆护壁成孔灌注桩的主要机具有成孔钻机（包括回转钻机、潜水钻机、冲击钻等，其中以回转钻机应用最多）、翻斗车或手推车、混凝土导管、套管、水泵、水箱、泥浆池，混凝土搅拌机，平、尖头铁锹，胶皮管等。

回转钻机由动力装置带动有钻头的钻杆转动，由钻头切削土壤，切削形成的土渣，通过泥浆循环排出桩孔。根据泥浆循环方式的不同，分为正循环回转钻机和反循环回转钻机。

正循环回转钻机成孔时泥浆由钻杆内部注入，从钻杆底部喷出，携带钻下的土渣沿孔壁向上经孔口带出并流入沉淀池，沉淀后的泥浆流入泥浆池再注入钻杆，如此循环进行。

反循环回转钻机成孔时泥浆由钻杆与孔壁间的间隙流入钻孔，由砂石泵在钻杆内形成真空，使钻下的土渣由钻杆内腔吸出至地面而流向沉淀池，沉淀后再流入泥浆池。反循环工艺泥浆上流的速度较高，排放土渣的能力强。

（2）施工工艺流程

①钻孔机就位。钻孔机就位时必须保持平稳，不发生倾斜、位移，为准确控制钻孔深度，应在机架上或机管上作出控制的标尺，以便在施工中进行观测、记录。②钻孔及注泥浆。调直机架挺杆，对好桩位（用对位圈），开动机器钻进，出土，达到一定深度后（视土质和地下水情况）停钻，孔内注入事先调制好的泥浆，然后继续进钻，同时挖好水源坑、排泥槽、泥浆池等。孔内注入泥浆有保护孔壁、防止塌孔、排出土渣及冷却与润滑钻头的作用。钻进时，护壁泥浆与钻孔的土屑混合，边钻边排出携带土屑的泥浆；当钻孔达到规定深度后，运用泥浆循环进行孔底清渣。③护筒埋设。钻孔深度到5m左右时，提钻埋设护筒；护筒内径应大于钻头100mm；护筒位置应埋设正确且稳定，护筒与孔壁之间应用黏土填实，护筒中心与桩孔中心线偏差不大于50mm；护筒埋设深度在黏性土中不宜小于1m，在砂土中不宜小于1.5m，并应保持孔内泥浆面高出地下水位1m以上。④继续钻孔。防止表层土受震动坍塌，钻孔时不要让泥浆水位下降，当钻至持力层后，若设计无特殊要求，可继续钻深1m左右，作为插入深度。施工中应经常测定泥浆的相对密度。⑤孔底清理及排渣。在黏土和粉质黏土中成孔时可注入清水，以原土造浆护壁，排渣泥浆的相对密度应控制在1.1~1.2；在砂土和较厚的夹砂层中成孔时，泥浆相对密度应控制在1.1~1.3；在穿过砂夹卵石层或容易坍孔的土层中成孔时，泥浆的相对密度应控制在1.3~1.5。⑥吊放钢筋笼。吊放钢筋笼前应绑好砂浆垫块；吊放时要对准孔位，吊直扶稳，缓慢下沉，钢筋笼放到设计位置时应立即固定，防止钢筋笼下沉或上浮。⑦射水清底。在钢筋笼内插入混凝土导管（管内有射水装置），通过软管与高压泵连接，开动泵水即射出，射水后孔底的沉渣即悬浮于泥浆中。⑧浇筑混凝土。停止射水后，应立即浇筑混凝土，随着混凝土不断增高，孔内沉渣将浮在混凝土上面，并同泥浆一同排回贮浆槽内。水下浇筑混凝土应连续施工，导管底端应始终埋入混凝土中0.8~1.3m，导管的第一节底管长度应不小于4m。⑨拔出导管。混凝土浇筑到桩顶时，应及时拔出导管，但混凝土的上顶标高一定要符合设计要求。

（3）施工过程中常见质量问题及处理措施

①掉落钻物。由于钻杆接头滑丝，钻头和钻杆容易掉入孔中，需要在钻进过程中及时检查，如果掉入则应采用专用打捞器插入孔中，将钻头等提出孔外。②钻孔漏浆。如开钻后发现孔内水头无法保持，其原因可能是护筒埋置深度不够，发生漏浆，可增加护筒长度和埋置深度。③钻孔偏斜。钻进过程中钻杆不垂直、土层软硬不均或碰到孤石都会引起钻孔偏斜。钻孔偏斜的预防措施是钻机安装时对导架进行水平和垂直校正，发现钻杆弯曲时应及时更换，遇软硬土层应低速钻进；出现钻杆偏斜时可提起钻头，上下反复扫钻几次。如纠正无效，应于孔中局部回填黏土至偏孔处0.5m以上，稳定后再重新钻进。④混凝土堵管。原因主要有两种：第一种是导管底部被泥沙等物堵塞；第二种是混凝土离析时粗集料过于集中而堵塞。第一种情况多发生于第一罐混凝土浇筑时，由于导管距离孔底距离不够，安装钢筋及导管时间过长，孔内淤积加深，此时的处理办法是用吊车将料斗连同导管一起吊起，待混凝土管畅通后放置回原位；第二种情况多发生于混凝土浇筑过程中，处理办法是将导管吊起，快速向井底冲击（注意不能破坏导管的密封性），注意切不可将导管提出混凝土面以外。堵管的预防和处理方法：混凝土中加入适量缓凝剂；导管埋置深度控制在2~6m；遇故障时适当活动导管及时起吊、冲击。⑤钢筋上浮。在混凝土浇筑过程中，混凝土浇筑速度过快，钢筋骨架受到混凝土下注时的位能而产生冲击力，混凝土从导管流出来向上升起，其向下冲击力转变为向上顶托力，使钢筋笼上浮，顶托力大小与混凝土浇筑时的位能、速度、流动性、导管底口标高、首批的混凝土表面标高及钢筋骨架标高有关。钢筋上浮的预防措施：混凝土底面接近钢筋骨架时，放慢混凝土浇筑速度；混凝土底面接近钢筋骨架，导管保持较大埋深，导管底口与钢筋骨架底端保持较大距离；混凝土表面进入钢筋骨架一定深度后，提升导管使导管口高于钢筋骨架底端一定距离。⑥断桩。断桩产生的原因有多种，如导管口拔出混凝土面时，混凝土因坍落度过小在导管内不下落等。出现问题时，将导管从孔内拔出，看导管内是否堵有混凝土，然后量出导管下口直径尺寸，并以此尺寸用气割割一块厚度为3~5mm的圆形钢板，堵在导管下口，钢板外圈的毛刺磨光，然后用2~3层塑料薄膜包裹钢板和导管下口，再用电工胶布把塑料薄膜缠在导管外壁上，使导管的下部成为一个密封的整体，这样可以用常规的下导管的方法，重新下导管，待导管下口接触到混凝土面时，由于导管自重较轻，再加上浮力，导管口进入混凝土内部的深度不大，此时可用吊车臂向下轻压导管，直至将导管埋置于原混凝土下2~3m处。接下来可按正常浇筑方法继续浇筑。

2.沉管灌注桩

沉管灌注桩是利用锤击打桩法或振动沉管法将带有钢筋混凝土桩靴（或活瓣式桩尖）的钢桩管沉入土中，然后边拔管边灌注混凝土而成。

（1）主要机具设备

主要机具设备包括振动或锤击装置、桩架、卷扬机、加压装置、桩管、桩尖或钢筋混凝土预制桩靴等。

（2）施工工艺

为了提高桩的质量和承载能力，沉管灌注桩常采用单打法、复打法、反插法等施工工艺。

①锤击灌注桩施工

套管内混凝土应灌满，然后开始拔管。拔管要均匀，第一次拔管高度控制在能容纳第二次所需的混凝土灌注量为限，拔管时应保持连续密锤低击，并控制拔管速度，一般土层应小于或等于1m/min，软弱土层及软硬土层交界处应小于或等于0.8m/min。当桩的中心距小于或等于5D（D为桩径）或中心距小于或等于2m时应跳打；中间空出的桩须待临近桩混凝土达到设计强度的50%后，方可施打。

②振动灌注桩施工

采用激振器或振动冲击捶沉管，施工时，先安装好桩机，将桩管下活瓣合起，对准桩位，徐徐放下套管，压入土中，保持垂直，即可开动激振器沉管。沉管时须严格控制最后两分钟的灌入度。

采用振动沉管灌注桩的反插法施工时，在套管内灌满混凝土后，振动开始再拔管，每次拔管高度0.5~1.0m，向下反插0.3~0.5m。如此反复进行并始终保持振动，直至套管全部拔出。反插法能增大桩的截面，提高桩身质量和承载力，宜在软土地基上应用。振动灌注桩的复打与锤击灌注桩相同。

（3）施工过程中常见质量问题及处理措施

沉管灌注桩施工过程中常见质量问题主要有断桩、缩颈、吊脚桩、桩靴进水进泥等。

①断桩

产生断桩的原因：桩距过小，邻桩施打时土的挤压所产生的水平推力和隆起上拔力的影响；软硬土层间的传递水平不同，对桩产生剪应力；桩身混凝土终凝不久，强度低。

避免断桩的措施：桩的中心距宜大于3.5倍桩径；减少打桩顺序及桩架行走路线对新打桩的影响；采用跳打法或控制时间法以减少对邻桩的影响。

断桩的处理方法：断桩一经发现，应将断桩拔出，将孔清理干净后，略增大面积或加上铁箍连接，再重新灌注混凝土补作桩身。

②缩颈（瓶颈桩）

部分桩径缩小，截面积不符合要求。

产生缩颈的原因：在含水量大的黏土中沉管时，土体受强烈扰动和挤压，产生很高的孔隙水压力,桩管拔出后,这种压力便作用到新灌筑的混凝土桩上,导致桩身发生颈缩现象;拔管过快,混凝土量少,或和易性差,使混凝土出管时扩散差。

避免缩颈桩的措施:施工中应经常测定混凝土下落情况,发现问题及时纠正,一般可用复打法处理。

③吊脚桩

吊脚桩即桩底部混凝土隔空,或混凝土中混进泥沙而形成松软层。

产生吊脚桩的原因:桩靴强度不够,沉管时被破坏变形,水或泥沙进入桩管,或活瓣未及时打开。

避免吊脚桩的措施:拔出桩管,纠正桩靴或将砂回填桩孔后重新沉管。

④桩靴进水、进泥

产生桩靴进水、进泥的原因:桩靴活瓣闭合不严、预制桩靴被打破或活瓣变形,常发生在地下水位高、饱和淤泥或粉砂土层中。

避免桩靴进水、进泥的措施:拔出桩管,清除泥沙,整修桩靴活瓣,用砂回填桩孔后重打。地下水位高时,可待桩管沉至地下水位时,先灌入0.5m厚的水泥砂浆做封底,再灌1m高混凝土增压,然后再继续沉管。

3.人工挖孔桩

大直径灌注桩是采用人工挖掘方法成孔,放置钢筋笼,浇筑混凝土而成的桩基础,也称墩基础。它由承台、桩身和扩大头组成,穿过深厚的软弱土层而直接坐落在坚硬的岩石层上。

其优点是桩身直径大,承载能力高;施工时可在孔内直接检查成孔质量,观察地质土质变化情况;桩孔深度由地基土层实际情况控制,桩底清孔除渣彻底、干净,易保证混凝土浇筑质量。

(1)施工工艺

人工挖孔桩的护壁常采用现浇混凝土护壁,也可采用钢护筒或采用沉井护壁等。

①放线定桩位及高程

在场地三通一平的基础上,依据建筑物测量控制网的资料和基础平面布置图,测定桩位轴线方格控制网和高程基准点。确定好桩位中心,以中点为圆心,以桩身半径加护壁厚度为半径画出上部(第一步)的圆周,撒石灰线作为桩孔开挖尺寸线。桩位线定好之后,必须经有关部门进行复查,办好预检手续后开挖。

②开挖第一节桩孔土方

开挖桩孔应从上到下逐层进行,先挖中间部分的土方,然后扩及周边,有效地控制开挖桩孔的截面尺寸。每节的高度应根据土质好坏、操作条件而定,一般在0.9~1.2m为宜。

③支护壁模板放附加钢筋

为防止桩孔壁坍方,确保安全施工,成孔应设置井圈,其种类有素混凝土和钢筋混凝土两种,以现浇钢筋混凝土井圈为宜。其与土壁能紧密结合,稳定性和整体性能均佳,且受力均匀,可以优先选用。若桩孔直径不大,深度较浅而土质又好,地下水位较低的情况,也可以采用喷射混凝土护壁。护壁的厚度应根据井圈材料、性能、刚度、稳定性、操作方便、构造简单等要求,并按受力状况,以最下面一节所承受的土侧压力和地下水侧压力为基础,通过计算来确定。护壁模板采用拆上节、支下节重复周转使用。模板之间用卡具、扣件连接固定,也可以在每节模板的上下端各设一道圆弧形的、用槽钢或角钢做成的内钢圈作为内侧支撑,防止内模受胀力而变形,通常不设水平支撑,以方便操作。第一节护壁以高出地坪150~200mm为宜,便于挡土、挡水。桩位轴线和高程均应标定在第一节护壁上口,护壁厚度一般取100~150mm。

④浇筑第一节护壁混凝土

桩孔护壁混凝土每挖完一节以后应立即浇筑混凝土。人工浇筑,人工捣实,混凝土强度一般为C20,坍落度控制在100mm,确保孔壁的稳定性。

⑤检查桩位(中心)轴线及标高

每节桩孔护壁做好以后,必须将桩位十字轴线和标高测设在护壁的上口,然后用十字线对中,吊线坠向井底投设,以半径尺杆检查孔壁的垂直平整度。随后进行修整,井深必须以基准点为依据,逐根进行引测。保证桩孔轴线位置、标高、截面尺寸满足设计要求。

⑥架设垂直运输架

第一节桩孔成孔以后,即着手在桩孔上口架设垂直运输支架。支架有木塔、钢管吊架、木吊架或工字钢导轨支架几种形式;支架要求搭设稳定、牢固。

⑦安装电动葫芦或卷扬机

在垂直运输架上安装滑轮组和电动葫芦或穿卷扬机的钢丝绳,选择适当位置安装卷扬机。如果是试桩和小型桩孔,也可以用木吊架、木辘轳或人工直接借助粗麻绳做提升工具。地面运土用手推车或翻斗车。

⑧安装吊桶、照明、活动盖板、水泵和通风机

A.在安装滑轮组及吊桶时,注意使吊桶与桩孔中心位置重合,作为挖土时直观上控制桩位中心和护壁支模的中心线。

B.井底照明必须用低压电源(36V、100W)、防水带罩的安全灯具。桩口上设围护栏。

C.桩孔口安装水平推移的活动安全盖板,当桩孔内有人挖土时,应掩好安全盖板,防止杂物掉下砸到人,无关人员不得靠近桩孔口边。吊运土时,再打开安全盖板。

D.当地下水量不大时,泥水随挖随用吊桶运出。地下水渗水量较大且吊桶已满足不了

排水时，可先在桩孔底挖集水坑，用高程水泵沉入抽水，边降水边挖土，水泵的规格按抽水量确定。应日夜三班抽水，使水位保持稳定。地下水位较高时，应先采用统一降水的措施，再进行开挖。

E.当桩孔深大于20m时，应向井下通风，加强空气对流。必要时输送氧气，防止有毒气体的危害。操作时上下人员轮换作业，桩孔上人员应密切注视观察桩孔下人员的情况，互相呼应，切实预防安全事故的发生。

⑨开挖吊运第二节桩孔土方（修边）

从第二节开始，利用提升设备运土，桩孔内人员应戴好安全帽，地面人员应系好安全带。吊桶离开孔口上方1.5m时，推动活动安全盖板，掩蔽孔口，防止卸土的土块、石块等杂物坠落孔内伤人。吊桶在小推车内卸土后，再打开活动盖板，下放吊桶装土。桩孔挖至规定的深度后，用支杆检查桩孔的直径及井壁圆弧度，修整孔壁，上下应垂直平顺。

⑩先拆除第一节支第二节护壁模板，放附加钢筋

护壁模板采用拆上节支下节依次周转使用。如往下孔径缩小，应配备小块模板进行调整。模板上口留出高度为100mm的混凝土浇筑口，接口处应捣固密实。拆模后用混凝土或砌砖堵严，水泥砂浆抹平，拆模强度应达到1MPa。

⑪浇筑第二节护壁混凝土

混凝土用串桶送来，人工浇筑，人工振捣密实。混凝土可由试验确定是否掺入早强剂，以加速混凝土的硬化。

⑫检查桩位（中心）轴线及标高

桩位（中心）轴线及标高应以桩孔口的定位线为依据，逐节校测，逐层往下循环作业，将桩孔挖至设计深度，清除虚土，检查土质情况，桩底应支承在设计所规定的持力层上。

⑬开挖扩底部分

桩底可分为扩底和不扩底两种情况。挖扩底桩应先将扩底部位桩身的圆栓体挖好，再按扩底部位的尺寸、形状自上而下削土扩充成设计图纸的要求；如设计无明确要求，扩底直径一般为1.5~3.0d（d为桩径）。扩底部位的变径尺寸为1:4。

⑭检查验收

成孔以后必须对桩身直径、扩头尺寸、孔底标高、桩位中线、井壁垂直、虚土厚度进行全面测定。做好施工记录，办理隐蔽验收手续。

⑮吊放钢筋笼

钢筋笼放入前应先绑好砂浆垫块，按设计要求一般为70mm；吊放钢筋笼时，要对准孔位，直吊扶稳、缓慢下沉，避免碰撞孔壁。钢筋笼放到设计位置时，应立即固定。遇有两段钢筋笼连接时，应采用焊接（搭接焊或帮条焊），宜双面焊接，接头数按50%错开，

以确保钢筋位置正确，保护层厚度符合要求。

⑯浇筑桩身混凝土

桩身混凝土可使用粒径不大于50mm的石子，坍落度为80~100mm，机械搅拌。用溜槽加串筒向桩孔内浇筑混凝土。混凝土的落差大于2m，桩孔深度超过12m时，宜采用混凝土导管浇筑。浇筑混凝土应连续进行，分层振捣密实。一般第一步宜浇筑到扩底部位的顶面，然后浇筑上部混凝土。分层高度以捣固的工具而定，但不宜大于1.5m。混凝土浇筑到桩顶时，应适当超过桩顶设计标高，以保证在剔除浮浆后，桩顶标高符合设计要求。桩顶上的钢筋插铁一定要保持设计尺寸，垂直插入，并有足够的保护层。

⑰冬、雨期施工

冬期当温度低于0℃时，浇筑混凝土应采取加热保温措施。浇筑的入模温度应由冬期施工方案确定，在桩顶未达到设计强度50%以前不得受冻。当夏季气温高于30℃时，应根据具体情况对混凝土采取缓凝措施。雨天不能进行人工挖桩孔的工作，且现场必须有排水的措施，严防地面雨水流入桩孔内，致使桩孔塌方。

（2）施工注意事项

①桩当桩净距小于2倍桩径且小于2.5m时，孔开挖应采用间隔开挖。排桩跳挖的最小施工净距不得小于4.5m，孔深不宜大于40m。

②每段挖土后必须吊线检查中心线位置是否正确，桩孔中心线平面位置偏差不宜超过50mm，桩的垂直度偏差不得超过1%，桩径不得小于设计直径。

③防止土壁坍塌及流沙。挖土如遇到松散或流沙土层时，可减少每段开挖深度（取0.3~0.5m）或采用钢护筒、预制混凝土沉井等做护壁，待穿过此土层后再按一般方法施工。流沙现象严重时，应采用井点降水处理。

④浇筑桩身混凝土时，应注意清孔及防止积水，桩身混凝土应一次连续浇筑完毕，不留施工缝。为防止混凝土离析，宜采用串筒浇筑混凝土，如果地下水穿过护壁流入且流量较大无法抽干时，则应采用导管法浇筑水下混凝土。

⑤必须制定安全措施。

A.施工人员进入孔内必须戴安全帽，孔内有人作业时，孔上必须有人监督防护。

B.孔内必须设置应急软爬梯供施工人员上下井；使用的电动葫芦、吊笼等应安全可靠并配有自动卡紧保险装置；不得用麻绳和尼龙绳吊挂或脚踏井壁凸缘上下；电动葫芦使用前必须检验其安全起吊能力。

C.每日开工前必须检测井下是否存在有毒有害气体，并有足够的安全防护措施。桩孔开挖深度超过10m时，应有专门向井下送风的设备，风量不宜少于25 L/s。

D.护壁应高出地面200~300mm，以防杂物滚入孔内；孔周围要设0.8m高的护栏。

E.孔内照明要用12 V以下的安全灯或安全矿灯，使用的电器必须有严格的接地、接零和漏电保护器(如潜水泵等)。

因篇幅所限,本章介绍的土方工程、地基及基础工程施工的相关技术只是土木基础工程施工中的一部分,有兴趣了解更多相关内容的读者可参阅相关资料。

# 第十章 混凝土结构工程

## 第一节 钢筋工程

### 一、钢筋的种类与验收

混凝土结构用的普通钢筋可分为两类：热轧钢筋和冷加工钢筋（冷轧带肋钢筋、冷轧钢筋、冷拔螺旋钢筋等），余热处理钢筋属于热轧钢筋一类。热轧钢筋的强度等级按照屈服强度（MPa）分为HPB300级、HRB335级、HRB400级和HRB500级。

热轧钢筋是经热轧成型并自然冷却的成品钢筋，分为热轧光圆钢筋和热轧带肋钢筋两种。余热处理钢筋是热轧钢筋经热轧后立即穿水，进行表面控制冷却，然后利用芯部余热自身完成回火处理所得的成品钢筋。冷轧带肋钢筋是热轧圆盘条经冷轧或冷拔减径后在其表面冷轧成二面或三面有肋的钢筋。冷轧带肋钢筋的强度可分为三种等级：550级、650级及800级（MPa）。其中，550级钢筋宜用于钢筋混凝土结构构件中的受力钢筋、架立筋、箍筋及构造钢筋；650级和800级宜用于中小型预应力混凝土构件中的受力主筋。冷轧扭钢筋是用低碳钢钢筋（含碳量低于0.25%）经冷轧扭工艺制成，其表面呈连续螺旋形，这种钢筋具有较高的强度，而且有足够的塑性，与混凝土黏结性能优异，代替HPB300级钢筋可节约钢材约30%，一般用于预制钢筋混凝土圆孔板、叠合板中预制薄板以及现浇钢筋混凝土楼板等。冷拔螺旋钢筋是热轧圆盘条经冷拔后在表面形成连续螺旋槽的钢筋。

钢筋混凝土结构中所用的钢筋都应有出厂质量证明或试验报告单，每捆（盘）钢筋均应有标牌。进场时应按批号及直径分批验收。验收的内容包括查对标牌、外观检查，并按有关标准的规定抽取试样做力学性能试验，合格后方可使用。

对有抗震设防要求的结构，其纵向受力钢筋的性能应满足设计要求；当设计无具体要求时，按一、二、三级抗震等级设计的框架和斜撑构件（含梯段）中的纵向受力钢筋应采用HRB335E、HRB400E、HRB500E、HRBF335E、HRBF400E或HRBF500E钢筋，其强度和最大力下总伸长率的实测值应符合下列规定：

①钢筋的抗拉强度实测值与屈服强度实测值的比值不应小于1.25；

②钢筋的屈服强度实测值与屈服强度标准值的比值不应大于1.30；

③钢筋的最大力下总伸长率不应小于9%。

钢筋运进施工现场后，必须严格按批分等级、牌号、直径、长度挂牌存放，并注明数量，不得混淆。钢筋应尽量堆入仓库或料棚内，条件不具备时应选择地势较高、土质坚实、较为平坦的露天场地存放。仓库或场地周围应有排水沟，以利泄水。堆放时钢筋下面要加垫木，离地不宜少于200mm，以防钢筋锈蚀和污染。钢筋成品要分工程名称和构件名称，按号码顺序存放。同一项工程与同一构件的钢筋要存放在一起，按号挂牌排列，牌上注明构件名称、部位、钢筋类型、尺寸、钢号、直径、根数。几项工程的钢筋不能混放在一起，也不能和产生有害气体的车间靠近，以免污染和腐蚀。

## 二、钢筋的加工

钢筋的加工有钢筋除锈、钢筋调直、钢筋下料剪切及钢筋弯曲成型。钢筋加工宜在常温状态下进行，加工过程中不应加热钢筋。钢筋弯折应一次完成，不得反复弯折。此外钢筋属于隐蔽性工程，浇筑混凝土之前应对钢筋及预埋件进行验收，并做好隐蔽工程记录。

### （一）钢筋除锈

钢筋的表面应清洁、无损伤，油渍、漆污和铁锈应在加工前清除干净。带有颗粒状或片状老锈的钢筋不得使用。钢筋除锈后如有严重的表面缺陷，施工人员应重新检验该批钢筋的力学性能及其他相关性能指标。钢筋除锈一般可以通过以下两个途径：（1）大量钢筋除锈可通过钢筋冷拉或钢筋调直机调直过程中完成；（2）少量的钢筋局部除锈可采用电动除锈机或人工用钢丝刷、沙盘以及喷沙、酸洗等方法进行。

### （二）钢筋调直

钢筋调直方法很多，常用的方法是使用卷扬机拉直和用调直机调直。钢筋宜采用无延伸功能的机械设备进行调直，也可采用冷拉方法调直。当采用冷拉方法调直时，HPB300光圆钢筋的冷拉率不宜大于4%；HRB335、HRB400、HRB500、HRBF335、HRBF400、HRBF500及RRB400带肋钢筋的冷拉率不宜大于1%。钢筋调直过程中不应损伤带肋钢筋的横肋。调直后的钢筋应平直，不应有局部弯折。

### （三）钢筋下料剪切

钢筋切断前，应将同规格钢筋长短搭配，统筹安排，一般先断长料，后断短料，以减少短头和损耗。钢筋切断可用钢筋切断机或手动剪切器。

### （四）钢筋弯曲成型

钢筋弯曲的顺序是画线、试弯、弯曲成型。画线主要根据不同的弯曲角在钢筋上标出弯折的部位，以外包尺寸为依据，扣除弯曲量度差值。钢筋弯曲有人工弯曲和机械弯曲。

### （五）钢筋安装检查

钢筋属于隐蔽性工程，在浇筑混凝土之前应对钢筋及预埋件进行验收，并做好隐蔽工程记录。

安装钢筋前，施工人员必须熟悉施工图纸，合理安排钢筋安装顺序，检查钢筋品种、级别、规格、数量是否符合设计要求。

钢筋应绑扎牢固以防移位。板和墙的钢筋网，除靠近外围两行钢筋的交叉点全部扎牢外，中间部分交叉点可间隔交错绑扎，但必须保证受力钢筋不产生位置偏移；对双向受力钢筋，必须全部绑扎牢固。

梁和柱的箍筋，除设计有特殊要求外，应与受力钢筋垂直设置；箍筋弯钩叠合处，应沿受力钢筋方向错开设置。在柱中竖向钢筋搭接时，角部钢筋的弯钩平面与模板面的夹角，对矩形柱夹角应为45°，对多边形柱应为模板内角的平分角；对圆形柱钢筋的弯钩平面应与模板的切线平面垂直；中间钢筋的弯钩平面应与模板面垂直；当采用插入式振捣器浇筑小型截面柱时，弯钩平面与模板面的夹角不得小于15°。板、次梁与主梁交接处，板的钢筋在上，次梁钢筋居中，主梁钢筋在下；主梁与圈梁交接处，主梁钢筋在上，圈梁钢筋在下，绑扎时切不可放错位置。安装钢筋时，配置的钢筋品种、级别、规格和数量必须符合设计图纸的要求。

## 三、钢筋的连接

钢筋连接方法：绑扎连接、焊接连接和机械连接。

### （一）钢筋的绑扎连接

绑扎连接要求：同一构件中相邻纵向受力钢筋的绑扎搭接接头宜相互错开。绑扎搭接接头中钢筋的横向净距不应小于钢筋直径，且不应小于25mm。

钢筋绑扎搭接接头连接区段的长度为1.3$l$（$l$为搭接长度），凡搭接接头中点位于该连接区段长度内的搭接接头均属于同一连接区段。同一连接区段内，纵向钢筋搭接接头面积百分率为该区段内有搭接接头的纵向受力钢筋截面面积与全部纵向受力钢筋截面面积的比值。同一连接区段内，纵向受拉钢筋搭接接头面积百分率应符合设计要求，无设计具体要求时，应符合下列规定：

（1）对梁类、板类构件不宜超过25%，基础筏板不宜超过50%。

（2）对柱类构件不宜超过50%。

（3）当工程中确有必要增大接头面积百分率时，对梁类构件，不应超过50%；对其他构件可根据实际情况放宽。

### （二）钢筋的焊接连接

钢筋焊接代替钢筋绑扎，可节约钢材、改善结构受力性能、提高工效、降低成本。钢筋焊接分为压焊和熔焊两种形式，压焊包括闪光对焊、电阻点焊、气压焊等，熔焊包括电弧焊、电渣压力焊、埋弧压力焊等。

### （三）钢筋的机械连接

钢筋机械连接是指通过连接件的机械咬合作用或钢筋端面的承压作用，将一根钢筋的力传递至另一根钢筋的连接方法。

钢筋机械连接方法，主要有套筒挤压连接、螺纹套筒接头、钢筋镦粗直螺纹套筒连接、钢筋滚轧直螺纹套筒连接（直接滚轧、挤肋滚轧、剥肋滚轧）等。工程实践证明，钢筋锥螺纹套筒连接和钢筋套筒挤压连接，是目前工艺比较成熟、深受工程单位欢迎的连接接头形式，适用于大直径钢筋的现场连接。

## 第二节  混凝土工程

### 混凝土施工

#### （一）混凝土制备

混凝土的配制，除去应保证结构设计对混凝土强度等级的要求外，还要保证施工对混凝土和易性的要求，并符合合理使用材料、节约水泥的原则，必要时还应符合抗冻性、抗渗性等要求。

影响混凝土配制质量的因素主要有两方面：一是称量不准，二是未按砂、石骨料实际含水率的变化进行施工配合比的换算。这样必然会改变原理论配合比的水灰比、砂石比

（含砂率）及浆骨比。当水灰比增大时，混凝土黏聚性、保水性差，且硬化后多余的水分残留在混凝土中形成水泡，或水分蒸发留下气孔，使混凝土密实性差，强度低；当水灰比减少时，混凝土流动性差，甚至影响成型后的密实，造成混凝土结构内部松散，表面产生蜂窝、麻面现象。同样，含砂率减少时，则砂浆量不足，不仅会降低混凝土流动性，更严重的是将影响其黏聚性及保水性，产生粗骨料离析，水泥浆流失，甚至溃散等不良现象。浆骨比是反映混凝土中水泥浆的用量多少（每立方米混凝土的用水量和水泥用量），如控制不准，亦直接影响混凝土的水灰比和流动性。所以，为了确保混凝土的质量，施工人员在施工中必须及时进行施工配合比的换算和严格控制称量。

混凝土的配合比是在实验室根据混凝土的施工配制强度经过试配和调整而确定的，称为实验室配合比。实验室配合比所用的砂、石都是不含水分的，而施工现场的砂、石一般都含有一定的水分，且砂、石含水率的大小随当地气候条件不断发生变化。为保证混凝土配合比的准确，施工人员在施工中应适当扣除使用砂、石的含水量，经调整后的配合比，称为施工配合比。

1. 施工配料

施工人员求出每立方米混凝土材料用量后，还必须根据工地现有搅拌机出料容量确定每次需用几整袋水泥，然后按水泥用量计算砂石的每次拌用量。为严格控制混凝土的配合比，原材料的计量应按重量计，水和液体外加剂可按体积计。其计量结果偏差不得超过以下规定：水泥、掺合料、水、外加剂为±2%；粗细骨料为±3%。各种衡量器应定期校验，保持准确，骨料含水量应经常测定，雨天施工时，应增加测定次数。

2. 搅拌机械

（1）搅拌机械的工作原理

混凝土搅拌的目的是使混凝土中的各组分混合成一种各物料颗粒相互分散、均匀分布的混合物。搅拌好的混凝土是否质地均匀，可通过从混凝土中随机抽取一定数量的试样进行分析来评定，如果各试样的配合比基本相同，便可认为该混凝土已混合均匀了。

为使混凝土中的各组成部分混合均匀，搅拌必须使每一组分的颗粒能分散到其他各种组分中去。因此，各组分都必须产生运动，并使它们的运动轨迹相交，相交次数越多，混凝土就越易混合均匀。根据迫使各组分产生相交运动轨迹的方法不同，普通混凝土搅拌机设计时所依据的搅拌机理基本上有两种。

①自落式扩散机理：将物料提升到一定高度后，利用重力的作用，自由落下，由于各物料颗粒下落的高度、时间、速度、落点和滚动距离不同，从而使物料颗粒相互穿插、渗透、扩散，最后达到分散均匀的目的，由于物料的分散过程主要是利用重力作用，故又称重力扩散机理，自落式混凝土搅拌机就是根据这种机理设计的。

②强制式扩散机理：利用运动着的叶片强迫物料颗粒分别从各个方向（环向、径向

和竖向）产生运动，使各物料颗粒运动的方向、速度不同，相互之间产生剪切滑移以致相互穿插、扩散，从而使各物料均匀混合。由于物料的扩散过程主要是利用物料颗粒相互间的剪切滑移作用，故又称剪切扩散机理。强制式混凝土搅拌机就是根据这种机理设计而成的。

（2）搅拌机械的类型与选用

普通混凝土搅拌机一般由搅拌筒、上料装置、卸料装置、传动装置和供水系统等组成。普通混凝土搅拌机根据其设计时使用的搅拌机理，可分为自落式搅拌机和强制式搅拌机两大类。

自落式搅拌机搅拌筒内壁装有叶片，搅拌筒旋转，叶片将物料提升至一定高度后自由下落，各物料颗粒分散拌和均匀，是重力拌和原理。自落式搅拌机搅拌强度不大、效率低，只适用于搅拌一般骨料的塑性混凝土。

强制式搅拌机分立轴式和卧轴式两类。强制式搅拌机在轴上装有叶片，通过叶片强制搅拌装在搅拌筒中的物料，使物料沿环向、径向和竖向运动，拌和强烈。强制式搅拌机搅拌质量好、效率高，多用于搅拌干硬性混凝土、低流动性混凝土和轻骨料混凝土。

混凝土搅拌机常以其出料容量（m³）×1000标定规格，常用150、250、350等数种。选择搅拌机型号，要根据工程量大小、混凝土的坍落度和骨料尺寸等确定，既要满足技术上的要求，也要考虑经济效果和节约能源。

3. 搅拌制度

为了获得均匀优质的混凝土拌和物，施工人员除合理选择搅拌机的型号外，还必须正确地制定搅拌制度。搅拌制度包括进料容量、投料顺序及搅拌时间。搅拌制度将直接影响混凝土的搅拌质量和搅拌机的工作效率。

（1）搅拌时间

搅拌时间是从全部材料投入搅拌筒起，到开始卸料为止所经历的时间。它与搅拌质量密切相关。搅拌时间过短，混凝土不均匀，强度及和易性将下降；搅拌时间过长，不但会降低搅拌机的生产效率，同时会使不坚硬的粗骨料在大容量搅拌机中因脱角、破碎等而影响混凝土的质量，对于加气混凝土也会因搅拌时间过长而使所含气泡减少。混凝土宜采用强制式搅拌机搅拌，并应搅拌均匀。搅拌强度等级≥C60的混凝土时，搅拌时间应适当延长。

（2）投料的顺序

投料的顺序应从提高搅拌质量，减少叶片、衬板的磨损，减少拌和物与搅拌筒的黏结，减少水泥飞扬，改善工作环境，提高混凝土强度，节约水泥等方面综合考虑确定。常用一次投料法和二次投料法，另外还有水泥裹砂法。

①一次投料法。这是目前最普遍采用的方法。它是将砂、石、水泥和水一起同时加入

搅拌筒中进行搅拌，为了减少水泥的飞扬和水泥的黏罐现象，对自落式搅拌机常采用的投料顺序是将水泥夹在砂、石之间，最后加水搅拌。

②二次投料法。它又分为预拌水泥砂浆法和预拌水泥净浆法。

预拌水泥砂浆法是先将水泥、砂和水加入搅拌筒内进行充分搅拌，成为均匀的水泥砂浆后，再加入石子搅拌成均匀的混凝土。

预拌水泥净浆法是先将水泥和水充分搅拌成均匀的水泥净浆后，再加入砂和石搅拌成混凝土。

国内外的实验表明，二次投料法搅拌的混凝土与一次投料相比较，混凝土强度可提高约15%，在强度等级相同的情况下可节约水泥15%~20%。

③水泥裹砂法，又称SEC法，采用这种方法拌制的混凝土称为SEC混凝土或造壳混凝土。该法的搅拌程序是先加一定量的水使砂表面的含水量调到某一规定的数值后（一般为15%~25%），再加入石子并与湿砂拌匀，然后将全部水泥投入与砂石共同拌和使水泥在砂石表面形成一层低水灰比的水泥浆壳，最后将剩余的水和外加剂加入搅拌成混凝土。采用SEC法制备的混凝土与一次投料法相比较，强度可提高20%~30%，混凝土不易产生离析和泌水现象，工作性好。

（3）进料容量

搅拌机的容量有三种表示方式，即出料容量、进料容量和几何容量。出料容量即公称容量，是搅拌机每次从搅拌筒内可卸出的最大混凝土体积，几何容量则是指搅拌筒内的几何容积，而进料容量是指搅拌前搅拌筒可容纳的各种原材料的累计体积。出料容量与进料容量间的比值称为出料系数，其值一般为0.60~0.70，通常取0.67。进料容量与几何容量的比值称为搅拌筒的利用系数，其值一般为0.22~0.40。我国规定以搅拌机的出料容量来标定其规格。不同类型的搅拌机都有一定的进料容量，如果装料的松散体积超过额定进料容量的一定值（10%以上）后，就会使搅拌筒内无充分的空间进行拌和，影响混凝土搅拌的均匀性。但数量也不宜过少，否则会降低搅拌机的生产率。故一次投料量应控制在搅拌机的额定进料容量以内。

## （二）混凝土的运输

### 1. 混凝土的运输要求

混凝土从拌制地点运往浇筑地点有多种运输方法，选用时应根据建筑物的结构特点、混凝土的总运输量与每日所需的运输量、水平及垂直运输的距离、现有设备情况以及气候、地形、道路条件等因素综合考虑。无论采用何种运输方法，运输混凝土的工作都应满足下列要求。

（1）混凝土运输应控制混凝土运至浇筑地点后，不离析、不分层，组成成分不发生变化，并能保证施工所必需的稠度。混凝土运送至浇筑地点时，混凝土拌和物若出现离析或分层现象，应进行二次搅拌。

（2）运送混凝土的容器和管道应不吸水、不漏浆，并保证卸料及输送通畅。容器和管道在冬期应有保温措施，夏季最高气温超过40℃时，应有隔热措施。混凝土拌和物运至浇筑地点时的温度，最高不超过35℃，最低不低于5℃。

（3）混凝土运至浇筑地点时，应检测其坍落度，所测值应符合设计和施工要求。

2. 混凝土运输机械

混凝土运输机具的种类很多，一般可分为间歇式运输机具和连续式运输机具两大类，可根据施工条件进行选用。常用的混凝土运输机具有机动翻斗车、混凝土搅拌输送车、混凝土泵和垂直运输设备。

（1）机动翻斗车

机动翻斗车是施工场地内进行运输混凝土的常用机具，它具有操作灵活、运输快捷、卸料方便、适应性强等优点。

（2）混凝土搅拌运输车

混凝土搅拌运输车是一种用于长距离输运混凝土的高效能机械。它是将运送混凝土的搅拌筒安装在汽车底盘上，在运输途中混凝土搅拌筒始终在不停地缓慢旋转，既可以运送已拌和好的混凝土拌和料，也可以将混凝土干料装入筒内，在行驶中将水加入搅拌，以减少长途输送引起的混凝土坍落度损失。

混凝土搅拌运输车的搅拌桶呈梨形，由筒体、螺旋叶片、进料圆筒、枢轴和链轮等组成。搅拌筒的轴线与水平面的夹角为16°～20°。搅拌筒内从筒口至筒底对称的焊有两条螺旋叶片，正转时，可进行加料，同时加入的拌和料被推向筒底得到搅拌；反转时，螺旋叶片将混凝土推向筒口被卸出。

（3）混凝土泵

混凝土泵具有可连续浇筑、加快施工速度、保证工程质量、特别适合狭窄施工场所施工、具有较高的技术经济效果等优点，在高层、超高层的建筑、桥梁、水塔、烟囱、隧道和大型混凝土结构的施工中已广泛应用。

汽车装上混凝土泵即成为混凝土泵车，车上还装有可以伸缩或曲折的"布料杆"，其末端是一软管，可将混凝土直接送到浇筑地点，使用十分方便。

采用混凝土泵运送混凝土，混凝土泵必须保持连续工作；输送管道宜直，转弯宜缓，接头应严密；泵运送混凝土之前，应预先用水泥砂浆润滑管道内壁，以防堵塞；收料斗内应有足够的混凝土，以防止吸入空气堵塞输送管道。

（4）垂直运输设备

施工现场的混凝土垂直运输，可利用塔式起重机、井架、施工升降机（施工电梯）

等起重设备。利用塔式起重机，应配备相应的混凝土吊罐式吊斗；利用井架、施工升降机时，可将装载混凝土的手推车直接推入吊盘中，运送到混凝土浇筑面。

### （三）混凝土浇捣

#### 1. 混凝土的浇筑

浇筑混凝土前，施工人员应检查和控制模板、钢筋、保护层和预埋件等的尺寸、规格、数量和位置，其偏差值应符合现行国家标准《混凝土结构工程施工质量验收规范》的规定。此外，还应检查模板支撑的稳定性以及接缝的密合情况。模板和隐蔽项目应分别进行预检和隐检验收，符合要求时，方可进行浇筑。

混凝土浇筑应注意以下几个问题。

（1）防止离析

混凝土自由倾落高度应符合以下规定：对于素混凝土或少筋混凝土，由料斗、漏斗进行浇筑时，不应超过2m；对于竖向结构（如柱、墙），粗骨料粒径＞25mm时，浇筑混凝土的高度不超过3m，粗骨料粒径≤25mm时，浇筑混凝土的高度不超过6m；对于配筋较密或不便捣实的结构，不宜超过60cm。否则，应采用串筒、溜槽和振动串筒下料，以防产生离析。

（2）混凝土施工缝与后浇带的施工

在混凝土浇筑过程中，若因技术上的原因或设备、人力的限制，混凝土不能连续浇筑，中间的间歇时间超过混凝土初凝时间，则应留置施工缝。留置施工缝的位置应事先确定。由于施工缝处新旧混凝土的结合力较差，是构件中的薄弱环节，故宜留置在结构剪力较小且便于施工的部位。柱应留水平缝，梁、板应留垂直缝。

根据施工缝留置的原则，柱子的施工缝宜留在基础的顶面、梁或吊车梁牛腿的下面、吊车梁的上面、无梁楼盖柱帽的下面。框架结构中，如果梁的负筋向下弯入柱内，施工缝也可设置在这些钢筋的下端，以便于绑扎。和板连成整体的大断面梁，应留在楼板底面以下20~30mm处，当板下有梁托时，留在梁托下部；单向平板的施工缝，可留在平行于短边的任何位置处；有主次梁的楼板结构，宜顺着次梁方向浇筑，施工缝应留在次梁跨度中间1/3范围内。楼梯应留在楼梯长度中间1/3长度范围内。墙可留在门洞口过梁跨中1/3范围内，也可留在纵横墙的交接处。

施工缝处继续浇筑混凝土应待混凝土的抗压强度不小于1.2N/mm²方可进行。混凝土达到这一强度的时间决定于水泥强度、混凝土强度等级、气温等，可以根据试块试验确定，也可查阅有关手册确定。

施工缝处浇筑混凝土之前应除去表面的水泥薄膜、松动的石子和软弱的混凝土层，并加以充分湿润和冲洗干净，不得积水。浇筑时，施工缝处宜先铺水泥浆（水泥：水

=1∶0.4）或与混凝土成分相同的水泥砂浆一层，厚度为10~15mm，以保证接缝的质量。浇筑混凝土过程中，施工缝应细致捣实，使其结合紧密。

后浇带是为在现浇钢筋混凝土过程中，克服由于温度收缩而可能产生有害裂缝而设置的临时施工缝。该缝需根据设计要求保留一段时间后再浇筑，将整个结构连成整体。

后浇带的距离设置应考虑在有效降低温差和收缩应力条件下，通过计算来确定。在正常的施工条件下，一般规定是：如混凝土置于室内和土中，则为30m；如在露天，则为20m。

后浇带的保留时间应根据设计确定，若设计无要求时，一般应至少保留28d以上。后浇带的宽度一般为700~1000mm，后浇带内的钢筋应完好保存。

后浇带在浇筑混凝土前，必须将整个混凝土表面按照施工缝的要求进行处理。填充后浇带混凝土可采用微膨胀或无收缩水泥，也可采用普通水泥加入相应的外加剂拌制，但必须要求混凝土的强度等级比原结构强度提高一级，并保持至少15d的湿润养护。

（3）分层浇注

为了使混凝土上下层结合良好并振捣密实，混凝土必须分层浇筑。为保证混凝土的整体性，浇筑工作应连续进行。当由于技术上或施工组织上的原因必须间歇时，其间歇的时间应尽可能缩短，并保证在前层混凝土初凝之前，将次层混凝土浇筑完毕。其间歇的最长时间，应按所用水泥品种、混凝土强度等级及施工气温确定。

在混凝土浇筑过程中，施工人员应时刻观察模板及其支架、钢筋、预埋件及预留孔洞的情况，当发现有不正常的变形、移位时应及时采取措施进行处理，以保证混凝土的施工质量。在混凝土浇筑过程中，施工人员应及时认真填写施工记录，这是施工验收的基本依据，也是保证混凝土质量的重要措施。

结构混凝土的强度等级必须符合设计要求。用于检查结构构件混凝土强度的试件，应在混凝土的浇筑地点随机抽取。取样与试件留置应符合下列规定：每拌制100盘且不超过100m³的同配合比的混凝土，其取样不得少于一次。每工作班拌制的同配合比的混凝土不足100盘时，其取样不得少于一次。当一次连续浇筑超过1000m³时，同一配合比的混凝土每200m³取样不得少于一次。每一现浇楼层、同一配合比的混凝土，其取样不得少于一次。

每次取样应至少留置一组标准试件，同条件养护试件的留置组数根据实际需要确定。对有抗渗要求的混凝土结构，其混凝土试件应在浇筑地点随机取样。同一工程、同一配合比的混凝土，取样不应少于一次。留置组数可根据实际需要而确定。

每组3个试件应在同盘混凝土中取样制作，并按下列规定确定该组试件的混凝土强度代表值：取3个试件强度的平均值。当3个试件强度中的最大值或最小值与中间值之差超过中间值的15%时，取中间值。当3个试件强度中的最大值和最小值与中间值之差均超过

15%时，该组试件不应作为强度评定的依据。

混凝土结构强度的评定应按下列要求进行：混凝土强度应分批进行验收。同一验收批的混凝土应由强度等级相同、龄期相同、生产工艺和配合比基本相同且不超过3个月的混凝土组成，并按市政工程的验收项目划分验收批，每个验收项目应按《混凝土强度检验评定标准》确定。对同一验收批的混凝土强度，应以同批内标准试件的全部强度代表值来评定。

2. 混凝土密实成型

混凝土入模时呈疏松状，里面含有大量的空洞与气泡，因此施工人员必须采用适当的方法在其初凝前振捣密实，满足混凝土的设计要求。混凝土浇筑后振捣是用混凝土振动器的振动力，把混凝土内部的空气排出，使沙子充满石子间的空隙，水泥浆充满沙子间的空隙，以达到混凝土的密实。只有在工程量很小或不能使用振动器时，才允许采用人工捣固，一般应采用振动机械振捣。常用的振动机械有内部振动器（插入式）、外部振动器（附着式和平板式）和振动台。

内部振动器也称插入式振动器，由电动机、传动装置和振动棒三部分组成，工作时依靠振动棒插入混凝土产生振动力而捣实混凝土。插入式振动器是建筑工程应用最广泛的一种，常用以振实梁、柱、墙等平面尺寸较小而深度较大的构件和体积较大的混凝土。

内部振动器分类方法很多，按振动转子激振原理不同，可分为行星滚锥式和偏心轴式；按操作方式不同，可分为垂直振捣式和斜面振捣式；按驱动方式不同，可分为电动、风动、液压和内燃机驱动等形式；按电动机与振动棒之间的传动形式不同，可分为软轴式和直联式。

内部振动器使用要点：

（1）使用前，应首先检查各部件是否完好，各连接处是否紧固，电动机是否绝缘，电源电压和频率是否符合规定，待一切合格后，方可接通电源进行试运转。

（2）振捣时，要做到"快插慢拔"。快插是为了防止将表层混凝土先振实，与下层混凝土发生分层、离析现象；慢拔是为了使混凝土能填埋振动棒的空隙，防止产生孔洞。

（3）作业时，要使振动棒自然沉入混凝土中，不可用力猛插，一般应垂直插入，并插至尚未初凝的下层混凝土中50~100mm，以利于上下混凝土层相互结合。

（4）振动棒插点要均匀排列，可采用"行列式"或"交错式"的次序移动，两个插点的间距S，当"行列式"排列时，S≤1.5r（r为振动棒的有效作用半径）；当"交错式"排列时，S≤1.75r，以防止漏振，保证混凝土的振动密实。

（5）振动棒在混凝土内的振捣时间，一般每个插点为20~30s，见到混凝土不再显著下沉，不再出现气泡，表面泛出的水泥浆均匀为止。

（6）由于振动棒下部振幅比上部大，为使混凝土振捣均匀，振捣时应将振动棒上下抽动5~10cm，每插点抽动3~4次。

（7）振动棒与模板的距离，不得大于其有效作用半径的0.5倍，并要避免触及钢筋、模板、芯管、预埋件等，更不能采取通过振动钢筋的方法来促使混凝土振实。

（8）振动器软管的弯曲半径不得小于50cm，并且不得多于两个弯。软管不得有断裂、死弯现象。

（9）在检修、移动和作业间歇时，电源必须切断，作业时工人必须穿戴绝缘劳动保护用品，操作人员必须掌握安全用电的基本知识。

外部振动器又称附着式振动器，它直接安装在模板外侧的横档或竖档上，利用偏心块旋转时所产生的振动力，通过模板传递给混凝土，使之振动密实。

外部振动器根据作业不同，可分为附着式和平板式两种。附着式振动器依靠其底部螺栓固定在模板上面；平板式振动器是在附着式振动器底部加一块平板改装而成，使之能浮在混凝土表面上，并能在偏心块旋转时产生分力的作用下，在混凝土表面上自动滑移，适用于振捣平板、地面、路面等面积较大而厚度较小的构件。

外部振动器使用要点：

（1）外部振动器使用前，要进行检查和试运转，试运转不要在干硬的土地上和混凝土面上进行，否则会使振动器跳跃过甚而损坏。

（2）振捣的混凝土厚度不宜过大，一般为150~250mm；振捣时平板必须与混凝土充分接触，以保证主振动力的有效传递。

（3）在一个位置连续振动的时间不宜过长，在正常情况下为25~40s，并以混凝土表面均匀出现浆液为准，不得在混凝土初凝后再振，也不得使周围的振动影响已初凝的混凝土。

（4）平板式振动器的移动要有一定的路线，保持振动的连续性，并保证前后左右相互搭接30~50mm，以防止产生漏振。

（5）振动器在作业中应经常检查轴承和电动机的温度，如温升超过60℃或有异声，应立即停机查明原因。

（6）振动倾斜混凝土表面时，振动路线应由低处向高处推进。

（7）使用附着式振动器，其间距应通过试验确定，一般为1~1.5m；当结构尺寸较厚时，可在结构的两侧同时安装振动器；待混凝土入模，浇筑高度大于振动器安装部位时，方可开动振动器。

（8）振动器外壳应保持清洁，以保证电机散热良好，待作业完毕后，应按规定进行清洁和保养工作。

### (四)混凝土养护

浇捣后的混凝土之所以能逐渐凝结硬化,主要是因为水泥水化作用的结果,而水化作用需要适当的湿度和温度,如气候炎热,空气干燥,此时若不及时进行养护,则会导致混凝土中水分蒸发过快,出现脱水现象,使已形成凝胶体的水泥颗粒不能充分水化,不能转化为稳定的结晶,缺乏足够的黏结力,从而会在混凝土表面出现片状或粉状剥落,影响混凝土的强度。此外,在混凝土尚未具备足够的强度时,其中水分过早蒸发还会导致其产生较大的收缩变形,出现干缩裂纹,影响混凝土的整体性和耐久性。所以,浇筑后的混凝土初期阶段的养护非常重要。在混凝土浇筑完毕后,应在12h内加以养护;干硬性混凝土和真空脱水混凝土应于浇筑完毕后立即进行养护。在养护工序中,应控制混凝土处在有利于硬化及强度增长的温度和湿度环境中,使硬化后的混凝土具有必要的强度和耐久性。

混凝土养护分自然养护和人工养护。自然养护是指在自然气温条件下($>5℃$),对混凝土采取覆盖、浇水湿润、挡风、保温等养护措施,使混凝土在规定的时间内有适宜的温湿条件进行硬化。自然养护又可分为覆盖浇水养护、薄膜布养护、薄膜养生液养护等。人工养护是指人工控制混凝土的温度和湿度,使混凝土强度增长,如蒸汽养护、热水养护、太阳能养护等。现浇结构多采用自然养护。

覆盖浇水养护。覆盖浇水养护是用吸水保温能力较强的材料(如草帘、芦席、麻袋、锯末等)将混凝土覆盖,经常洒水使其保持湿润。养护时间长短取决于水泥品种,硅酸盐水泥、普通硅酸盐水泥和矿渣硅酸盐水泥拌制的混凝土不少于7d,强度等级C60及以上的混凝土或抗渗混凝土不少于14d。浇水次数以能保持混凝土具有足够的湿润状态为宜。

薄膜布养护。采用不透水、气的薄膜布(如塑料薄膜布)养护,是用薄膜布把混凝土表面敞露的部分全部严密地覆盖起来,保证混凝土在不失水的情况下得到充足养护。这种养护方法的优点是不必浇水,操作方便,能重复使用,能提高混凝土的早期强度,加速模具的周转。

薄膜养生液养护。混凝土的表面不便浇水或用塑料薄膜布养护有困难时,可采用涂刷薄膜养生液,以防止混凝土内部水分蒸发的方法。薄膜养生液养护是将可成膜的溶液喷洒在混凝土表面上,溶液挥发后在混凝土表面凝结成一层薄膜,使混凝土表面与空气隔绝,封闭混凝土中的水分不再被蒸发,而完成水化作用。这种养护方法一般适用于表面积大的混凝土施工和缺水地区,但应注意对薄膜的保护。混凝土养护期间,混凝土强度未达到$1.2N/mm^2$前,不允许在上面走动。

混凝土质量检验。混凝土质量检验包括施工过程中的质量检验和养护后的质量检验。施工过程中的质量检验,即在制备和浇筑过程中对原材料的质量、配合比、坍落度等的检验，每一工作班至少检查一次，遇有特殊情况还应及时进行检验。混凝土的搅拌时间应随时检查。

混凝土养护后的质量检验，主要包括混凝土的强度、外观质量和结构构件的轴线、标高、截面尺寸和垂直度的偏差。如设计上有特殊要求，还需对抗冻性、抗渗性等进行检验。

混凝土强度的检验，主要指抗压强度的检查。混凝土的抗压强度应以边长为150mm的立方体试件，在温度为20℃±2℃和相对湿度为90%以上的潮湿环境或水中的标准条件下，经28d养护后试验确定。

### （五）混凝土冬期施工

混凝土进行正常的凝结硬化，需要适宜的温度和湿度，温度的高低对混凝土强度的增长有很大影响。一般来说，在温度合适的条件下，温度越高，水泥水化作用就越迅速、越完全，混凝土硬化速度越快，其强度就越高。但是，当温度超过一定数值，水泥颗粒表面就会迅速水化，结成比较硬的外壳，阻止水泥内部继续水化，易形成"假凝"现象。

当温度低于5℃时，水化作用缓慢，硬化速度变缓；当接近0℃时，混凝土的硬化速度更慢，强度几乎不再增长；当温度低于-3℃时，混凝土中的水会结冰，水化作用完全停止，甚至产生"冰胀应力"，严重影响混凝土的质量。因此，为确保混凝土结构的工程质量，施工人员应根据工程所在地多年气温资料，当室外日平均气温连续5d稳定低于5℃时采用相应的技术措施进行施工，并及时采取气温突然下降时的防冻措施。该措施称为混凝土冬期施工。

冻结对混凝土质量的影响。混凝土在初凝前或刚一初凝即遭冻结，此时水泥水化作用尚未开始或刚开始，混凝土本身尚无强度，水泥受冻后处于"休眠"状态；立即恢复正常养护后，强度可以重新增长，直到与未受冻前相同，强度损失非常小。但工程有工期的限制，故这种冻结要尽量避免。

混凝土若在初凝后遭冻结，此时其强度很小。混凝土内部存在两种应力：一种是水泥水化作用产生的黏结应力；另一种是混凝土内部自由水结冻，体积膨胀（8%～9%）所产生的冻胀应力。黏结应力由于小于冻胀应力，很容易破坏刚形成水泥混凝土的内部结构，产生一些微裂纹，这些微裂纹是不可逆的，冰块融化后也会形成孔隙，严重降低混凝土的强度和耐久性。在混凝土解冻后，其强度虽然能继续增长，但不能再达到设计的强度等级。

若混凝土在冻结前已达到某一强度值以上，此时混凝土内部虽然也存在黏结应力，但其黏结应力可抵抗冻胀应力的破坏，不会出现微裂纹。混凝土解冻后强度能迅速增长，并可达到设计的强度等级，对强度影响较小，只不过增长比较缓慢。

工程实践证明，混凝土早期受冻，对其抗压强度、弯曲抗拉强度、黏结强度、抗渗性等均有较大的影响。混凝土在冬期施工时，要想使混凝土完全不遭受冻结，既不现实，也不经济。试验证明，混凝土在初凝后只要达到某一强度值以上，当混凝土遭冻结后，加强养护，并不会使各项性能严重降低由此，混凝土允许受冻临界强度的概念应运而生。

混凝土允许受冻临界强度，一般用抗压强度来表达，可定义为：新浇捣的混凝土在受冻前达到某一初凝强度值，然后遭受冻结，当恢复正常养护后，混凝土抗压强度能继续增长，并再经28d的标准养护后，其后期强度可达设计强度等级的95%以上，其受冻前的初期强度，称为混凝土允许受冻临界强度。混凝土冬季施工，就是采取一定的技术措施，使混凝土在受冻前达到其允许受冻临界强度。

混凝土允许受冻临界强度与水泥品种、混凝土强度等级有关，硅酸盐水泥或普通硅酸盐水泥配制的混凝土，为设计混凝土强度标准值的30%；矿渣硅酸盐水泥配制的混凝土，为设计混凝土强度标准值的40%。

# 第三节　模板工程

## 一、模板的形式与构造

按所用材料不同可分为木模板、钢模板、塑料模板、玻璃钢模板、竹胶板模板、装饰混凝土模板、预应力混凝土模板等。

按模板的形式及施工工艺不同可分为组合式模板（如木模板、组合钢模板）、工具式模板（如大模板、滑模、爬模、飞模、模壳等）、胶合板模板和永久性模板。

按模板规格类型不同可分为定型模板（定型组合模板，如小钢模）和非定型模板（散装模板）。

### （一）木模板

木材是最早被人们用来制作模板的工程材料，其优点是制作方便、拼装随意，尤其适用于外形复杂和异形的混凝土构件。此外，其导热系数小，对混凝土冬期施工有一定的保温作用。

木模板的木材主要采用松木和杉木，其含水率不宜过高，以免干裂，材质不宜低于Ⅲ等材。

木模板的基本元件是拼板,它由板条和拼条(木档)组成。板条厚25~50mm,宽度不宜超过200mm,以保证在干缩时缝隙均匀,浇水后缝隙要严密且板条不翘曲,但梁底板的板条宽度不受限制,以免漏浆。拼条截面尺寸为25mm×35mm~50mm×50mm,拼条间距根据施工荷载的大小及板条的厚度而定,一般取400~500mm。

木模板通常可拼装成以下几种形式:

1. 基础模板

基础模板安装时,要保证上、下模板不发生相对位移。如有杯口,还要在其中放入杯口芯模。当土质良好时,基础的最下一阶可不用模板,进行原槽浇筑。

2. 柱子模板

柱模板由内、外拼板组成,内拼板夹在两片相对的外拼板之内。为承受混凝土侧压力,拼板外要设柱箍,其间距与混凝土侧压力、拼板厚度有关,通常上稀下密,间距为500~700mm。柱模板底部设有钉在混凝土上的木框,用以固定柱模板的位置。柱模板上部根据需要可开设与梁模板连接的缺口,底部开设清理孔,沿高度每隔约2m开设浇注孔。对于独立柱模,四周应加设支撑,以免混凝土浇筑时产生倾斜。

3. 梁模板、楼板模板

梁模板由底模板和侧模板组成。底模板承受垂直荷载,一般较厚,下面有支柱(顶撑)或桁架承托。支柱多为伸缩式,可调节高度,其底部应支承在坚实的地面或楼面上,下垫木楔。如地面松软,模板底部应垫木板,以加大支撑面。在多层建筑施工中,应使上下层的支柱在同一条竖向直线上,否则要采取措施保证上层支柱的荷载能传到下层支柱上。支柱间应用水平和斜向拉杆拉牢,以增强整体稳定性。当层间高度大于5m时,宜用桁架支撑或多层支架支撑,梁侧模板承受混凝土侧压力,为防止侧向变形,底部用夹紧条夹住,顶部可由支承楼板模板的格栅顶住或用斜撑支牢。

楼板模板多用定型模板或胶合板,它放置在格栅上,格栅支承在梁侧模板外的横楞上。

## (二)组合模板

组合模板是一种定型模板,它是施工中应用最多的一种模板形式。它由具有一定模数的模板和配件两大部分组成,配件包括连接件和支撑件,这种模板可以拼出多种尺寸和几何形状,可用于建筑物的梁、板、柱、墙、基础等构件施工的需要,也可拼成大模板、滑模、台模等使用。因而这种模板具有轻便灵活、拆装方便、通用性强、周转率高等优点。

1. 板块与角模

钢模板包括平面模板、阳角模板、阴角模板和连接角模。另外还有角楞模板、圆楞模板、梁腋模板等与平面模板配套使用的专用模板。

钢模板采用模数制设计，模板宽度以50mm进级，长度以150mm进级，可以适应横竖拼装，拼装成以50mm进级的任何尺寸的模板，拼装时如出现不足模数的空隙，则用镶嵌木条补缺，用钉子或螺栓将木条与板块边框上的孔洞连接。

为了板块之间便于连接，钢模板边肋上设有"U"形卡连接孔，端部上设有"L"形插销孔，孔径为13.8mm，孔距为150mm。

连接件包括"U"形卡、"L"形插销、钩头螺栓、紧固螺栓、对拉螺栓和扣件等。

"U"形卡用于相邻模板间的拼接。其安装距离不大于300mm，即每隔一个孔插一个卡，安装方向一顺一倒相互交错，以抵消"U"形卡可能产生的位移。

"L"形插销插入钢模板端部的插销孔内，以加强两相邻模板接头处的刚度和保证接头处板面平整。

钩头螺栓用于钢模板与内、外钢楞的加固，使之成为整体，安装间距一般不大于600mm，长度应与采用的钢楞尺寸相适应。

紧固螺栓用于紧固钢模板内、外钢楞，增强组合模板的整体刚度，长度应与采用的钢楞尺寸相适应。

对拉螺栓用于连接墙壁的两侧模板，保持模板与模板之间的设计厚度，并承受混凝土侧压力及水平荷载，使模板不致变形。

扣件用于钢楞与钢楞或钢楞与钢模板之间的扣紧，按钢楞的不同形状，分别采用蝶形扣件和"3"形扣件。

2. 支承件

组合钢模板的支承件包括支撑柱的柱箍与斜撑、支承墙模板的钢楞和斜撑以及支承梁、钢模板的早拆柱头等、梁托架、支撑桁架、钢支柱等。桁架用于支承梁、板类结构的模板。通常采用角钢、扁钢和圆钢筋制成，可调节长度，以适应不同跨度使用。一般以两榀为一组，其跨度可调整到2100~3500mm，荷载较大时，可采用多榀组成排放，并在下弦加设水平支撑，使其相互连接固定，增加侧向刚度。

支柱有钢管支柱和组合四管支柱两种。钢管支柱又称钢支柱，用于大梁、楼板等水平模板的垂直支撑，其规格形式较多，目前常用的有CH型和YJ型两种。

组合四管支柱由管柱、螺栓千斤顶和托盘等组成，用于大梁、平台、楼板等水平模板的垂直支撑。

托具用来靠墙支承楞木、斜撑、桁架等。用钢筋焊接而成，上面焊接一块钢托板，托具两齿间距为三皮砖厚。在砌体强度达到支模强度时，将托具垂直打入灰缝内。

早拆柱头是近年来发展的一种模板快拆体系，它设置在钢支柱的顶部，可在楼板混凝土浇筑后提早拆除楼面模板，而将钢支柱保留在楼板底面，从而加快了模板的周转。

模板成型卡具用于支承梁、柱等的模板，使其成为整体。常用的有柱箍和梁卡具。

柱箍又称柱卡箍、定型夹箍，用于直接支承和夹紧各类柱模的支承件，可根据柱模的外形尺寸和侧压力的大小来选用。

梁卡具又称梁托架，是一种将大梁、过梁等模板夹紧固定的装置，并承受混凝土的侧压力，其种类较多，其中钢管型梁卡具，适用于断面为700mm×500mm以内的梁；扁钢和圆钢组成的梁卡具，适用于断面为600mm×500mm以内的梁，上述两种梁卡具的高度和宽度均可调节。

3. 组合模板的配板

采用定型组合钢模板时需要进行配板设计。由于同一面积的模板可以使用不同规格的平面模板和角模组成各种配板方案，配板设计就是从中找出最佳组配方案。

配板设计时，平面模板的选择应根据所配模板板面的形状、几何尺寸及支撑形式决定，宜优先选用大规格的模板为主板，其他小规格的模板作为补充。模板宜以其长边沿梁、板、墙的长度方向或柱的高度方向排列，以利于使用长度规格大的模板，并扩大钢模板的支撑跨度。结构的宽度如刚好是钢模板长度的整数倍，也可将钢模板的长边沿结构的短边排列。模板长向接缝宜错开布置，以增加模板的整体刚度。应采取措施减少和避免在钢模板上钻孔，如需设置对拉螺栓或其他拉筋需要在模板上钻孔时，应尽可能使用已钻孔的模板。

进行配板设计之前，先绘制结构构件的展开图，据此绘制配板设计图、连接件和支承系统布置图、细部结构和异型模板详图及特殊部位详图。在配板图上要标明所配板块和角模的规格、位置和数量，并在配板图上标明预埋件和预留孔洞的位置，注明其固定方法。

## （三）大模板

1. 大模板建筑体系

（1）全现浇的大模板建筑

这种建筑的内墙、外墙全部采用大模板浇筑，结构的整体性好、抗震性强，但施工时外墙模板支设复杂、高空作业工序较多、工期较长。

（2）现浇与预制相结合的大模板建筑

建筑的内墙采用大模板浇筑，外墙采用预制装配式大型墙板，即"内浇外挂"施工工艺。这种结构简化了施工工序，减少了高空作业和外墙板的装饰工程量，缩短了工期。

（3）现浇与砌筑相结合的大模板建筑

建筑的内墙采用大模板浇筑，外墙采用普通黏土砖墙。这种结构适用于建造6层以下的民用建筑，较砖混结构的整体性好，内装饰工程量小、工期较短。

### 2. 大模板的构造

（1）面板

面板是直接与混凝土接触的部分，通常采用钢面板（用3～5mm厚的钢板制成）或胶合板面板（用7～9层胶合板）。面板要求板面平整、拼缝严密、具有足够的刚度。

（2）加劲肋

加劲肋的作用是固定面板，可做成水平肋或垂直肋。加劲肋把混凝土传给面板的侧压力传递到竖楞上去。加劲肋与金属面板焊接固定，与胶合板面板可用螺栓固定。

（3）竖楞

竖楞的作用是加强大模板的整体刚度，承受模板传来的混凝侧压力和垂直力，并作为穿墙螺栓的支点。

（4）支撑桁架与稳定机构

支撑桁架用螺栓或焊接与竖楞连接在一起，其作用是承受风荷载等水平力，防止大模板倾覆。桁架上部可搭设操作平台。

稳定机构是在大模板两端桁架底部伸出的支腿上设置的可调整螺旋千斤顶。稳定机构在模板使用阶段，用以调整模板的垂直度，并把作用力传递到地面或楼板上；在模板堆放时，用来调整模板的倾斜度，以保证模板的稳定。

（5）操作平台

操作平台是施工人员的操作场所，有两种做法：

①将脚手板直接铺设在支撑桁架的水平弦杆上形成操作平台，外侧设栏杆。这种操作平台工作面较小，投资少，装拆方便。

②在两道横墙之间的大模板的边框上用角钢连成搁栅，在其上满铺脚手板。优点是施工安全，但耗钢量大。

（6）穿墙螺栓

穿墙螺栓的作用是控制模板间距，承受新浇混凝土的侧压力，并加强模板刚度。为了避免穿墙螺栓与混凝土黏结，在穿墙螺栓外边套一根硬塑料管或穿孔的混凝土垫块，其长度为墙体宽度。穿墙螺栓一般设置在大模板的上、中、下三个部位，上部穿墙螺栓距模板顶部250mm左右，下部穿墙螺栓距模板底部200mm左右。

（7）滑升模板

滑升模板是随着混凝土的浇筑而沿结构或构件表面向上垂直移动的模板。施工时在建筑物或构筑物的底部，按照建筑物或构筑物平面，沿其结构周边安装高1.2m左右的模板和操作平台，随着向模板内不断分层浇筑混凝土，利用液压提升设备不断使模板向上滑升，使结构连续成型，逐步完成建筑物或构筑物的混凝土浇筑工作。液压滑升模板适用于各种构筑物（如烟囱、筒仓等）施工，也可用于现浇框架、剪力墙、筒体等结构施工。

采用液压滑升模板可大量节约模板，提高了施工机械化程度。但液压滑升模板耗钢量大，一次投资费用较多。

液压滑升模板由模板系统、操作平台系统及液压提升系统组成。

（8）爬升模板

爬升模板是在混凝土墙体浇筑完毕后，利用提升装置将模板自行提升到上一个楼层，浇筑上一层墙体的垂直移动式模板。爬升模板采用整片式大平模，模板由面板及肋组成，而不需要支撑系统；提升设备采用电动螺杆提升机、液压千斤顶或导链。爬升模板是将大模板工艺和滑升模板工艺相结合，既保持了大模板施工墙面平整的优点又保持了滑模利用自身设备使模板向上提升的优点，墙体模板能自行爬升而不依赖塔吊。爬升模板适用于高层建筑墙体、电梯井壁、管道间混凝土施工。爬升模板由钢模板、提升架和提升装置三部分组成。

（9）台模

台模是浇筑钢筋混凝土楼板的一种大型工具式模板。在施工中可以整体脱模和转运，利用起重机从浇筑完的楼板下吊出，转移至上一楼层，中途不再落地，所以也称为"飞模"。

台模适用于各种结构的现浇混凝土小开间、小进深的现浇楼板，单座台模面板的面积从 $2\sim 6m^2$ 到 $60m^2$ 以上。台模整体性好，混凝土表面容易平整、施工进度快。

台模由台面、支架（支柱）、支腿、调节装置、行走轮等组成。

台面是直接接触混凝土的部件，表面应平整光滑，具有较高的强度和刚度。目前常用的面板有钢板、胶合板、铝合金板、工程塑料板及木板等。

台模按其支架结构类型可分为立柱式台模、桁架式台模、悬架式台模等。

（10）隧道模

隧道模是将楼板和墙体一次支模的一种工具式模板，相当于将台模和大模板组合起来。隧道模有断面呈"Ⅱ"形的整体式隧道模和断面呈"T"形的双拼式隧道模两种。整体式隧道模自重大、移动困难，目前已很少应用；双拼式隧道模应用较广泛，特别在内浇外挂和内浇外砌的高、多层建筑中应用较多。

双拼式隧道模由两个半隧道模和一道独立的插入模板组成。在两个半隧道模之间加一道独立的模板，用其宽度的变化，使隧道模适应于不同的开间；在不拆除中间模板的情况下，半隧道模可提早拆除，增加周转次数。半隧道模的竖向墙模板和水平楼板模板间用斜撑连接。半隧道模下部设有行走装置，在模板长方向，沿墙模板设两个行走轮，设置两个千斤顶，模板就位后，这两个千斤顶将模板顶起，使行走轮离开楼板，施工荷载全部由千斤顶承担。脱模时松动两个千斤顶，半隧道模在自重作用下，下降脱模，行走轮落到楼板上。

半隧道模脱模后，用专用吊架吊出，吊升至上一楼层。将吊架从半隧模的一端插入墙模板与斜撑之间，吊钩慢慢起钩，将半隧道模托起，托挂在吊架上，吊到上一楼层。

## 二、模板的安装与拆除

### （一）模板安装

模板安装在组织上应做好分层分段流水施工，确定模板安装顺序，加速模板的周转使用。

模板与混凝土的接触面应清理干净并涂刷隔离剂。木模板在浇筑混凝土前应浇水湿润。竖向模板和支架的支承部分，安装在基土上时应设垫板，且基土必须坚实并有排水措施；对湿陷性黄土，必须有防水措施；对冻胀土，必须有防冻融措施。模板及其支架在安装过程中，必须设置防倾覆的临时固定措施。

现浇钢筋混凝土梁、板，当跨度≥4m时，模板应起拱，当设计无具体要求时，起拱高度宜为全跨长的1/1000~3/1000（钢模1/1000~2/1000、木模1.5/1000~3/1000）。

现浇多层房屋和构筑物，应采取分层分段支模的方法。安装上层模板及其支架应符合下列规定：

（1）下层模板应具有承受上层荷载的承载能力或加设支架支撑。

（2）上层支架的立柱应对准下层支架的立柱，并铺设垫板。

（3）当采用悬吊模板、桁架支模方法时，其支撑结构的承载能力和刚度必须符合要求。

当层间高度＞5m时，宜选用桁架支模或多层支架支模。当采用多层支架支模时，支架的横垫板应平整，支柱应垂直，上、下层支柱应在同一竖向中心线上。

当采用分节脱模时，底模的支点按模板设计设置，各节模板应在同一平面上，高低差不得超过3mm。

模板安装后，施工人员应仔细检查各部构件是否牢固，在浇混凝土过程中要经常检查，如发现变形、松动等现象，要及时修整加固。固定在模板上的预埋件和预留孔洞均不得遗漏，且应安装牢固，位置准确，其允许偏差应符合表10-1的规定。

表10-1 预埋件和预留孔洞的允许偏差　　　　　　　　单位：mm

| 项目 | 允许偏差 |
| --- | --- |
| 预埋钢板中心线位置 | 3 |
| 预埋管、预留孔中心线位置 | 3 |

续表

| 项目 | | 允许偏差 |
|---|---|---|
| 插筋 | 中心线位置 | 5 |
| | 外露长度 | +10, 0 |
| 预埋螺栓 | 中心线位置 | 2 |
| | 外露长度 | +10, 0 |
| 预留洞 | 中心线位置 | 10 |
| | 截面内部尺寸 | +10, 0 |

组合钢模板在浇混凝土前，还应检查下列内容：

（1）扣件规格与对拉螺栓、钢楞的配套和紧固情况。

（2）斜撑、支柱的数量和着力点。

（3）钢楞、对拉螺栓及支柱的间距。

（4）各种预埋件和预留孔洞的规格尺寸、数量、位置及固定情况。

（5）模板结构的整体稳定性。

现浇结构模板安装的允许偏差应符合表10-2的规定。

表10-2　现浇结构模板安装的允许偏差及检验方法

| 项目 | | 允许偏差/mm | 检验方法 |
|---|---|---|---|
| 轴线位置 | | 5 | 钢尺检查 |
| 底模上表面标高 | | ±5 | 水准仪或拉线、钢尺检查 |
| 截面内部尺寸 | 基础 | ±10 | 钢尺检查 |
| | 柱、墙、梁 | +4, -5 | 钢尺检查 |
| 层高垂直度 | 不大于5m | 6 | 经纬仪或吊线、钢尺检查 |
| | 大于5 m | 8 | 经纬仪或吊线、钢尺检查 |
| 相邻两板表面高低差 | | 2 | 钢尺检查 |
| 表面平整度 | | 5 | 2m靠尺和塞尺检查 |

注：检查轴线位置时，应沿纵横两个方向测量，取其中较大值。

## （二）模板拆除

现浇结构的模板及其支架拆除时的混凝土强度，应符合设计要求，当设计无要求时，应符合下列规定：

侧面模板：一般在混凝土强度能保证其表面及棱角不因拆除模板而受损坏后，方可拆除。

底面模板及支架：对混凝土的强度要求较严格，应符合设计要求；当设计无具体要求时，混凝土强度应符合表10-3的规定后，方可拆除。

表10-3 底模拆除时的混凝土强度要求

| 构件类型 | 构件跨度/m | 达到设计的混凝土立方体抗压强度标准值的百分率/% |
| --- | --- | --- |
| 板 | ≤2 | ≥50 |
|  | >2，≤8 | ≥75 |
|  | >8 | ≥100 |
| 梁、拱、壳 | ≤8 | ≥75 |
|  | >8 | ≥100 |
| 悬臂结构 | — | ≥100 |

拆模程序一般应是后支的先拆，先支的后拆；先拆非承重部分，后拆承重部分。重大复杂模板的拆除，应事先制订拆除方案。

拆除跨度较大的梁下支柱时，应先从跨中开始，分别拆向两端。

多层楼板支柱的拆除，应按下列规定进行：

（1）楼板正在浇筑混凝土时，下一层楼板的模板支柱不得拆除。

（2）再一下层楼板模板的支柱，仅可拆除一部分。跨度≥4m的梁下均应保留支柱，其间距不得小于3m。

（3）再一下层的楼板模板支柱，当楼板混凝土强度达到设计强度时，可以全部拆除。

工具式支模的梁模板、板模板的拆除，事先应搭设轻便稳固的脚手架。拆模时应先拆卡具、顺口方术、侧模，再松动木楔，使支柱、桁架平稳下降，逐段抽出底模板和底楞木，最后取下桁架、支柱、托具等。

快速施工的高层建筑的梁和楼板模板，其底模及支柱的拆除时间应根据所用混凝土的强度发展情况分层进行核算，确保下层楼板及梁能安全承载。

在拆除模板过程中发现混凝土有影响结构安全的质量问题时，应暂停拆除。经过处理后，方可继续拆除。

已拆除模板及其支架的结构，应在混凝土强度达到设计强度后，才允许承受全部计算荷载。当承受施工荷载大于计算荷载时，必须经过核算，加设临时支撑。

拆模时不要过急，不可用力过猛，不应对楼层形成冲击荷载。拆下来的模板和支架宜分类堆放并及时清运。

# 第十一章 土木工程项目施工的可持续发展

## 第一节 土木工程可持续发展的策划与设计

### 一、土木工程可持续发展的策划

策划是土木工程可持续发展的基石,通常属于项目单位管理的范畴。工程建设的早期阶段应进行周密的项目策划,确保项目从设计、施工到运营管理的每个环节都能持续发展。

#### (一)土木工程项目可持续发展策划的程序

土木工程项目的可持续发展策划需遵循特定的流程,并对项目周边环境进行深入分析。策划流程可分为四个主要步骤:第一步,进行项目环境调研分析以及项目特性评估;第二步,基于第一步的调研与分析结果,分析、验证并确立工程项目的可持续发展目标;第三步,根据这些目标,制订工程项目可持续发展的实施方案;第四步,依据前三步的成果,编制《工程项目可持续发展策划报告》。

项目环境调研分析与项目特性评估。项目的环境调研应全面考量工程所在地的自然与社会环境条件,调研内容涵盖土地资源、气候条件、水资源、清洁能源的利用状况、可再生资源的使用情况、社会环境现状以及环境治理措施等。项目特性评估则需包含项目性质、建设阶段资源(包括能源)需求、建设阶段对环境的影响、运营阶段资源消耗及其对环境的影响等方面。

工程项目可持续发展目标的确立及其论证。制定工程项目可持续发展的总体目标时,应从节能效果、清洁能源利用率、土地和水资源的有效使用、建设及运营过程中的有毒有害物质排放与治理、项目运营结束后的再利用等方面出发。工程项目的可持续发展目标应结合定量与定性方法制定,确保技术可行性、经济合理性和目标具体性,并在明确工程项目可持续发展的总目标基础上进一步细化具体目标。土木工程项目的可持续发展是一个逐步深化的过程，其目标设定应体现不同的层次和阶段。

制订工程项目可持续发展的实施方案，需基于既定的可持续发展目标，并以项目生命周期为出发点，围绕项目实施的所有环节进行。实施方案的关键在于建立一个专门的组织机构，该机构负责细化和推进可持续发展的各项任务，明确在项目策划、设计、招投标、施工、运营等各阶段的关键工作内容，并针对实施过程中可能遇到的技术难题和风险制定相应的应对策略。

《工程项目可持续发展策划报告》作为指导文档，应当内容翔实、针对性强，其主要内容包括项目概述与特性分析、可持续发展的原则与目标、环境调研及分析、方案验证与技术指南、潜在难点与风险评估、组织架构、任务分解与关键工作点、职责划分、监督管理计划、实施成效的验收与评估方法以及附录。其中，可持续发展技术指南是策划书的核心部分，由于其内容繁多，根据需要可单独编制技术文件，如《工程项目可持续发展技术指南》《工程项目可持续设计与施工指南》等。附录部分应列明相关的法规及技术标准。

### （二）土木工程项目可持续发展方案的论证

土木工程项目在可持续发展方面的方案论证，是一个综合性的评估过程，旨在确保项目在设计、施工及运营过程中能够遵循可持续发展的原则。这一过程包括对论证依据和论证内容的全面分析。

1. 土木工程项目可持续建设方案的论证依据

（1）法律法规和技术标准的依据

土木工程项目可持续发展方案的论证首先要依据国家关于工程建设的相关法律法规和技术标准。例如，《中华人民共和国建筑法》《中华人民共和国招标投标法》《中华人民共和国合同法》等，构成了基本的法律框架，而《中华人民共和国环境影响评价法》等环境保护相关法律则确保了环境因素的考量。此外，各种技术标准和规范，如《绿色建筑评价标准》《建筑节能设计标准》等，为可持续建设提供了具体的执行标准和指导。

（2）环境条件的依据

项目的环境适应性是论证的另一个重要依据。考虑中国地域广阔、自然环境条件复杂多样，项目在实施可持续发展方案时，必须遵循因地制宜的原则，充分考虑当地的气候特点、原材料供应情况等因素，如在风力资源丰富的地区推广风力发电，在日照充足的地区利用太阳能；同时，需要考虑到工程项目对周边社会环境的影响，比如在居民区附近的建设项目需考虑噪声污染的控制，确保项目与环境的和谐共存。

（3）经济条件的依据

经济性是土木工程项目可持续发展方案论证中不可忽视的重要因素。项目的可持续建设方案需要在确保经济效益的前提下进行选择和实施。这要求项目管理人员对不同的建设方案进行详细的经济评价，以确保选出既符合可持续发展原则，又能在经济上实现最优化的方案。在进行方案选择时，项目管理人员必须考虑项目的财务可行性、资金投入的合理性以及项目生命周期内的经济效益，从而确保方案的经济合理性和可行性。

2. 土木工程项目可持续建设方案的论证内容

土木工程项目的可持续建设方案论证，是确保项目长远发展符合可持续原则的关键步骤。工程项目可持续建设方案必须开展项目可行性研究，项目环境影响评价，在建设场地的选择与优化、水资源有效利用、能源综合利用等方面逐项论证。

①项目的可行性研究对于工程的成功实施至关重要，它是项目决策过程中的基石。通过对项目的技术、经济、社会等方面进行全面而详尽的调研与分析，可行性研究旨在评估各种建设方案的技术经济可行性，并预测项目建成后的经济效益。这包括但不限于探讨实施项目的必要性、预期规模、市场及资源状况、选址、生产工艺选择、所需外部条件、建设周期、资金需求及筹资方式、预期的经济、社会及环境效益，以及面临的风险等，为项目决策提供了坚实的基础。

②在环境影响评价方面，我国已建立了一套完整的制度。根据该制度，项目单位需按规定完成环境影响报告书、环境影响报告表或环境影响登记表的编制。对于可能对环境产生重大影响的项目，项目单位需要制作环境影响报告书，并进行全面的环境影响评价。这份报告详细列明了项目概况、周边环境现状、项目可能对环境的影响及其评估、环境保护措施及其经济技术论证、对环境的经济损益分析，以及实施环境监测的建议和评价结论。对于可能引起较轻微环境影响的项目，项目单位应编制环境影响报告表，进行影响分析或专项评价，而对于那些环境影响较小的项目填写环境影响登记表即可。

当前，我国对于土木工程项目的可持续建设方案论证主要集中在总体建设方案的评估上，而对于方案的细化与具体论证则相对缺乏。为提高工程实施的指导性和有效性，应将总体方案细分为多个细化方案，并对每个细化方案进行深入论证。这样的做法不仅能够确保工程项目在各方面都能达到可持续发展的要求，也能提升项目实施的精准度和成功率。通过这种方法，我们能够更好地实现土木工程项目在环境保护、资源节约和经济效益方面的平衡，从而推动可持续发展的实践。

③选址与优化方案的制订须综合考虑项目地点，对比分析各备选方案，力求充分利用现有建筑和设施，确保交通便捷；同时要避免占用农用地，规避选址于地质条件不佳之处，以防止对周边生态环境与自然景观的不良影响。在经济效益方面，选址与优化方案能够降低配套基础设施的建设成本、减少旅游资源的流失、降低运营阶段的交通与运输费用、减少对生态环境破坏后的修复费用等。其社会效益体现在保护自然与人文景观、促进使用者的健康与安全、提高交通出行的便利性等方面。环境效益则表现为保护耕地与湿地

生态系统、减少能源消耗、降低环境污染等。

④在水资源的有效利用方面，应优先考虑实施雨水回收系统用于冲洗厕所和灌溉、废水回收再利用、减少地下水的过度开采和浪费，以及采纳节水技术等措施。水资源有效利用所带来的经济效益包括减少用水量和水处理成本，其社会效益在于节约水资源，而环境效益则是减轻对淡水资源的消耗，减少废水与污水的排放，从而降低对环境的污染。

⑤在能源综合利用策略上，应考虑合理的空间规划以利于自然光照和通风，提升建筑外围结构的性能，增加清洁能源的使用以及实施节能技术等。这一策略的经济效益表现为能源消耗量的减少、运营成本的降低、设备负荷的减轻；社会效益则是提升能源利用效率、确保能源供给的稳定性、减少能源废弃物的排放。

## 二、土木工程可持续发展的设计

### （一）土木工程项目的可持续设计

1. 工程项目可持续设计分类

工程项目可持续设计具有多学科、多专业协同设计的特点，对工程项目可持续设计，可按照专业、实现功能、设计范围的不同进行分类。

①按照专业不同，工程项目可持续设计可划分为可持续城市设计、可持续居住区规划与设计、可持续建筑设计、可持续结构设计和可持续设备系统设计等类别。这些分类表明，参与可持续设计的各类专业人员，如规划师、建筑师、结构师和设备系统设计师等，必须将可持续设计理念融入自己的工作中，并通过紧密的协作和沟通，集成各自的设计技术，以实现工程项目的可持续设计目标。

②按照实现功能不同，工程项目可持续设计可划分为以下几类：一是节能和清洁能源有效利用的设计，包括综合利用太阳能、综合利用风能、空调系统节能、供暖系统节能、增强围护结构保温隔热性能等的设计。二是资源节约和有效利用的设计，包括节水系统、可再生材料选择和综合利用等的设计。三是降低环境污染的设计，包括减少温室气体排放量、生态绿化等的设计。四是提高使用者舒适度、保证使用者健康和安全的设计，包括提高室内热环境、声环境、光环境质量、降低有毒有害物质对人体造成危害等的设计。

③按照设计范围不同，工程项目可持续设计可分为局部性能优化设计与工程综合性能优化设计两大类。局部性能优化专注于针对特定功能的改进，如优化空调节能系统、建筑节水系统及绿化系统设计。而综合性能优化则需要从整体出发，综合考量节能、环保、资源利用效率及使用者舒适度等因素，通过跨专业合作和多目标优化分析，以期达到最佳设计效果。

通过这样全面而细致的分类，项目设计人员可以更深入地理解工程项目可持续设计的复杂性和多样性，为实现更环保、更高效和更人性化的工程设计提供了指导。

2. 工程可持续设计的内容

工程可持续设计的具体内容包括节能设计、可再生能源综合利用设计、生态环境绿化设计、资源集约化利用设计、环保与健康设计等。

（1）节能设计

节能设计是工程可持续设计中的关键组成部分，它包括空调系统、供热系统、自然通风、自然采光与遮阳以及建筑围护结构的设计。在空调系统节能方面，我们不仅考虑了制冷系统的节能，还包括变风量空调、蓄冷式空调以及热量回收等多种设计思路。供热系统的节能设计也同样多样，包括地面辐射供热和锅炉供热系统的节能设计等。

（2）可再生能源综合利用设计

可再生能源综合利用设计包括太阳能综合利用设计与风能综合利用设计。太阳能在可再生能源利用中居于重要地位。太阳能作为一种重要的可再生能源，在我国有着广泛的应用前景，尤其是在北方的冬季供热需求中，太阳能的高效利用显得尤为重要。而风能作为一种清洁的能源，其资源在我国也十分丰富，风力发电成为利用可再生能源的重要方式之一。风力发电尽管在初期需要较高的投资，但随着技术的发展和应用的普及，其成本正逐渐降低。

（3）生态环境绿化设计

生态环境绿化设计通过在居住区、公共空间及建筑环境中引入绿色植物，既能增加绿化覆盖率，又能为建筑带来多重衍生的生态效益，如改善气候、提升空气质量、增强生物多样性等，从而促进工程项目的可持续发展。

生态环境绿化设计根据其应用位置的不同，可以细分为外围护结构绿化、室内绿化及室外绿化等几方面。具体到外围护结构绿化，又进一步分为屋顶绿化、外墙绿化、地面散水区绿化以及窗台与阳台绿化等。在这些设计中，选择合适的绿化植物至关重要，它们不仅能够美化环境，还具有提升墙体隔热性能的附加价值。室内绿化设计则侧重于提高室内空气质量并美化室内环境。室内绿化应优先选择那些能够适应室内环境并对空气净化有益的植物。而在室外绿化设计中，由于其在整个绿化投资中所占比例较大，因此需要严格遵守国家关于绿化覆盖率的规定，并充分利用室外绿化在防风、降尘、减少噪声污染、吸收有害气体等方面的作用。此外，合理的建筑周边绿化，还能够有效实现遮阳和隔热的目的。与室内绿化不同，室外绿化需要考虑当地的气候条件，精心选择适应当地气候的植物种类。这样的选择不仅能保证绿化项目的生存和持续发展，还能确保其生态功能的最大化发挥。

（4）资源集约化利用设计

资源集约化利用设计理念应深入建筑、结构、设备等各领域的设计工作中，确保各领域之间能够协同合作，共同推进工程项目向集约化、综合化方向发展。此设计理念着眼于三个主要方面：节约用地、节约用水和节约材料。最大化节约土地资源旨在实现对土地的集约利用；设计高效的节水装置和系统旨在尽可能地节约水资源并促进水的循环使用。同时，资源集约化利用还强调在设计过程中积极考虑使用可再生材料，这一点体现在所谓的"4R"原则——减少（Reduce）、可再生（Renewable）、回收（Recycle）、重复利用（Reuse）。这就意味着，在不影响功能的前提下，工程项目应尽可能减少对不可再生资源的使用，以降低对环境的负担；优先选用可再生的资源和材料；考虑材料的循环回收问题，建立起建筑废料的回收利用体系；鼓励使用那些能够被重复利用的旧材料。

这种集约化的资源利用设计不仅有助于在工程实施过程中实现可持续设计的目标，也是推动社会整体可持续发展的重要手段。它通过促进资源的高效利用和环境保护，为我们和后代创造一个更加绿色、健康的生活环境。在未来，这种设计理念将成为评估工程项目成功与否的关键标准之一。

（5）环保与健康设计

环保与健康设计的，重点是采用环境友好技术，以最小化工程项目在建设和运营期间对环境的污染和伤害。这包括在污染程度较高的工厂项目中特别注意废气和废水处理系统的设计、选择环保的建筑材料以及采纳环保型的工程结构，目的是尽可能减少对不可再生资源的依赖，并将工程对环境的负面影响降至最低。在健康设计领域，设计师应采取措施减少室内空气中有毒有害物质的浓度，确保为使用者提供一个健康和舒适的居住或工作环境。

例如，健康住宅应该满足以下要求：一是减少可能引起过敏的化学物质的浓度，避免使用可能释放化学物的胶合板和墙面装饰材料；二是安装性能良好的通风系统以及有效的室内污染物排气设备，在厨房和吸烟区域安装局部排风设备；三是保持室内温度在 17℃~27℃，湿度在 40%~70%，二氧化碳浓度低于 1L/m$^3$，悬浮颗粒物浓度低于 0.15mg/m$^2$，噪声水平低于 50 分贝；四是确保室内日照时间超过 3 小时，并且提供足够亮度的照明；五是建筑能够抵御自然灾害；六是拥有足够的居住空间并保障私密性，便于照顾老年人和残疾人；七是在入住前进行充分的通风。

随着人们生活水平的不断提升，人们对健康和舒适生活空间的需求日益增长。建筑物已经不仅是提供基本遮蔽的场所，而成为创造和维持舒适的室内光照、温度和声音环境的重要空间。这种设计理念对于推动工程和可持续设计的实践至关重要，有助于提升居住和工作环境的品质。

（二）土木工程可持续发展设计的应用

工程的可持续发展设计不仅是理念上的探讨，而且已经在全球范围内得到实践，并催生了许多示范性的建设项目。美国PSELC环境教育中心作为可持续建设的范例之一，建设融入了可持续发展理念。

①项目选址与规划设计：设计者在分析建筑场地周围环境基础上，采取最大限度节约土地资源的节地设计方案，并减少对环境的影响。设计团队基于对建筑场地及周边环境的细致分析，提出了节地设计方案。在建筑朝向和窗户设计上，充分考虑利用太阳能，并根据当地夏季的阳光照射特征实施遮阳设计。

②水资源的利用与保护：设计者采用了先进的废水处理和循环利用方案，例如，建筑产生的废水经处理后用于冲厕等，同时设计了屋顶雨水收集系统，用于收集并利用雨水。厕所采用了堆肥厕所和无水冲小便池的设计，有效节约了水资源。

③能源的综合利用：该项目的能源供应超过50%来自清洁的太阳能系统。为了有效降低能耗，项目融入了自然通风的设计思想，如合理布局窗户以及采用可控开启设计以满足自然通风的需求，并引入了高效节能的照明系统，如使用节能灯。

④监测系统的设计：设计者专门设计了一个水和能源消耗的计算机监测系统，不仅可以实时获取消耗数据，还为可持续建设的教育和研究工作提供了有效的数据支持。

⑤环保型材料的应用：在材料选择上，设计者倾向于使用环保型混凝土、以可再生原料制成的墙体保温隔热材料等。所有结构和装饰材料都通过了环境认证，而且内部装饰所用的木材尽量就地取材，同时具备防虫侵害的性能。

这些措施体现了工程可持续设计的全方位应用，旨在通过合理利用资源和环境友好型设计理念，实现经济、社会、环境的和谐发展。

## （三）土木工程可持续发展设计的管理

工程可持续发展设计的管理是保证工程可持续发展的重要前提。在我国的工程设计管理过程中，建设单位通常会通过设计任务书来明确设计的需求，并委托设计单位负责工程的方案设计、初步设计以及施工图的设计。然而，面对可持续设计的要求，设计单位往往缺乏积极性，也缺少专业的咨询和监管机构对设计方案的可持续性进行审查和监督，这常导致可持续设计的实施受到设计单位自身的限制。

为了确保可持续设计的质量，建设单位应当委托具备专业资质的可持续设计咨询（顾问）机构对设计单位的工作进行咨询、监督和管理。这一步骤不仅包括在设计任务的委托过程中同时选择专业的可持续设计顾问单位，而且包括在设计方案形成阶段进行专业化的审查。

可持续设计顾问单位应当编制一份详尽的可持续设计检查表，以便对设计方案进行系统的检查和评估。这份检查表应基于可持续发展的核心理念，并遵循《工程可持续建设设计策划书》的具体要求，不仅要确保内容全面具体，还要确保其具有实际操作性。编制可持续设计检查表可以参考国际上广泛使用的工具和系统，如美国的绿色建筑评价体系LEED和加拿大的绿色建筑评价系统GBTOOL等。这些检查表不仅有助于及时识别设计中的不足，还可以作为工程文件的一部分，在工程完成后用于验收和档案存储。对可持续设计进行的这种检查是实现工程项目可持续建设目标的关键环节。检查表的结果还可以作为评价工程项目可持续建设成效的重要依据。

## 第二节 土木工程可持续发展的材料及施工

### 一、土木工程可持续发展的材料

#### （一）可持续建筑材料的概念

可持续建筑材料，也称为绿色建材，是指那些在整个生命周期中——从原料开采、产品制造、使用过程，到废弃物处理与回收利用各阶段——对环境影响最小、对人类健康有益的材料。这类材料在开采、生产、运输、使用乃至最终处理的全过程中，具备低能耗、低环境污染、人体无害、易于回收和可再生等特性。

评价建筑材料的可持续性，一是要全面考察材料从原料开采到生产、运输、使用和最终处理各环节的环境与健康影响，即分析材料从生产到废弃的完整生命周期内的综合性能；二是对建材的能耗、环境污染、对人体的危害、可回收利用性能等方面的指标进行评价。推广绿色建材也涉及成本与性能的权衡，包括材料的价格、维护开销和耐用性等因素。高性能的材料价格不菲，因此其在工程应用中的广泛采用受到成本因素的制约。建筑材料的可持续性内涵不仅体现在原料选用和生产加工的可持续性上，还体现在运输过程、使用过程和最终处置的可持续性。

可持续建筑材料的理念贯穿于原料的选择、生产加工、运输、使用，最终处理过程。

①在原料选用环节，一是考虑本地资源，既便于生产又有助于减少运输成本和能源消耗；二是减少对不可再生资源的依赖，积极探索废旧材料的循环利用或对废弃的建筑材料进行二次加工的可能性。

②在生产过程中，生产企业应重点提升工艺技术，力求最小化能耗和环境污染，同时避免添加有害的化学物质，确保工人健康和安全。比如，在不采用甲醛、卤化物溶剂等有

害物质的同时，确保产品不含有毒的重金属元素（如汞、铅、铬等）。此外，生产企业应考虑到材料的防菌和防辐射特性，为人体健康提供额外保障。

③在运输环节，本地化采材能有效降低能耗和环境污染；而对于那些无法实现本地化采购的建筑材料，制订最佳运输方案成为实现节能减排的关键措施。

④在使用阶段，施工企业应该考虑两方面：一是在施工过程中选用对工人健康无害的建材；二是确保建成项目对终端用户健康无害。

⑤在最终处理阶段，废旧建材应得到重复利用。无论是拆除建筑时的材料回收，还是材料寿命终结后的处理，目标都是实现资源的最大化循环利用。例如，拆除后的钢材、木材、石材可通过适当处理重新利用，而无法再次使用的建材，则通过无害化处理减少对环境的影响。

## （二）材料可持续性能的分析

1. 结构承重材料

（1）混凝土材料

混凝土作为建筑领域最为广泛使用的承重材料之一，以其低造价、施工便捷和可塑性高等特点受到青睐。它能够灵活地被浇铸成各种所需形状。结合钢筋使用，混凝土与钢筋相辅相成，发挥钢筋的抗拉性和混凝土的抗压性，共同构成承重力极强的钢筋混凝土构件。混凝土主要由水泥、水、沙子和碎石组成，其性能的关键指标包括强度、流动性和耐久性等。

添加各种外加剂可以有效改善混凝土的性能。外加剂主要分为四大类：第一类是调整混凝土混合物流动性的外加剂，如减水剂、引气剂等；第二类是用于控制混凝土凝结和硬化速度的外加剂，如缓凝剂、早强剂等；第三类旨在提高混凝土的耐久性，如防水剂和抗腐蚀剂；第四类包括那些能够改善混凝土其他方面性能的外加剂，如着色剂、膨胀剂等。

混凝土的性能还受生产工艺的影响。不同的配比和原料可以生产出各具特色的混凝土产品，如轻质骨料混凝土、防水混凝土、超高强度混凝土及纤维增强混凝土等，各自拥有不同的密度、强度或特殊功能，以适应不同的建筑需求。

在可持续性方面，混凝土材料的生产和使用过程中也存在一些对环境及人体健康的潜在负面影响，如生产混凝土所需的能量消耗、水泥生产引发的污染，以及外加剂的使用等。此外，运输混凝土的过程中能耗和污染问题，以及施工过程中的能耗、噪声污染都是需要关注的问题。最终，混凝土材料的废弃处理也是一个挑战，尤其是混凝土构件通常作为一个整体使用，不如木材或钢材那样容易进行分解和回收利用。

（2）砖材料

根据其制作工艺的不同，砖可被分类为烧结砖和蒸养（压）砖。烧结砖可进一步分为烧结普通砖、烧结多孔砖及烧结空心砖等多种类型。依据所用原料的不同，烧结普通砖又可细分为黏土砖、页岩砖和粉煤灰砖等。烧结普通砖以其优良的强度特性，主要应用于墙体等承重结构，也适用于建造窑炉、烟囱等。烧结多孔砖通常用于六层或更低建筑的承重墙体中。烧结空心砖则多用于建造内隔墙或作为框架结构的填充墙，用于非承重墙体的搭建。砖的关键特性涵盖了强度、外观品质、保温隔热性及耐用性等方面。

砖的耐久性与砖的抗风化性、泛霜和石灰爆裂等指标有关。在考虑砖的可持续性时，我们不得不指出生产砖块消耗的能源较大，其烧制过程还会释放有害气体。因此，控制氟化物和氯化物的排放，以及减少可能引起酸雨的二氧化硫（$SO_2$）排放量，显得尤为重要。

（3）钢材

钢材是建筑领域中应用极为广泛的材料之一。根据生产工艺和用途的不同，钢材可分为钢筋混凝土结构中用的钢筋和用于钢结构中的型钢。按照生产工艺，钢筋可分为热轧钢筋、冷加工钢筋和热处理钢筋等。热轧钢筋根据等级划分，可以分为Ⅰ级、Ⅱ级、Ⅲ级、Ⅳ级，其中Ⅰ级钢筋主要由碳素结构钢制成，表面平滑无肋；Ⅱ级以上由低合金高强度结构钢轧制而成，外表有肋。常温下对热轧钢筋进行冷拉、冷拔和冷轧等机械加工，可以制成冷加工钢筋。相较于热轧钢筋，冷处理钢筋具有更高的抗拉强度，但其延展性略有下降。特定的加热、保温及冷却处理等加工手段能够改变钢材的内部结构，制得具备特定性能的热处理钢筋。钢筋的基本物理与力学属性包括抗拉强度、冷弯性、冲击韧性、硬度、耐疲劳性和焊接性等。钢材的化学组成，如碳、硅、锰、硫和磷的含量，对其性能有着显著影响。

建筑用型钢则包括热轧型钢、冷弯薄壁型钢、钢板和压型钢板等。主要的热轧型钢的常见种类有角钢、工字钢、槽钢、T型钢、H型钢和Z型钢等，我国的热轧型钢主要采用含碳量为0.14%~0.22%的Q235-A制成。强度适中、塑性和可焊性较好。用2~6mm的薄钢板冷弯或模压可以制成冷弯薄壁型钢。钢板和压型钢板则通过光面轧辊加工成扁平形态，薄钢板可通过冷压或冷轧处理成不同形状的压型钢板，这类钢材以其轻质高强、优良的抗震性能和施工便利性，广泛应用于建筑物的外围结构、楼层和屋顶等。通过轧制加工的镀锌钢带或薄钢板，可生产出高强度、轻重量、适用范围广、耐火性能佳的轻钢龙骨。

在钢材的可持续性能方面，其生产过程不仅耗能量大，而且以铁矿石为主要原料，属于不可再生资源，生产中还会引起环境污染。在我国工程领域，钢结构越来越多地被作为主要承重结构。对于长悬臂、大跨度、超高层的工程结构物，钢结构具有混凝土不可替代的良好性能。在工程结构物寿命期满后的最终处理阶段，钢结构易被回收利用，因此钢材是绿色建材。但是，钢结构在使用过程中的维护费用较高，且用于钢结构防锈、防火等的建筑涂料在生产、施工和使用过程中，会不可避免地造成环境污染。

（4）木材

木材是一种常见的建筑用材，其在各类工程建设中的应用极为广泛。它与砖石结合，能够营建出具有砖木结构的建筑物。作为一种承重材料，木材可能不完全符合设计上的强度要求，因此其目前更多地被应用于工程装饰领域。就木材的可持续使用性能而言，由于木材为天然资源，其生产与加工过程消耗的能量远低于钢铁和混凝土，同时造成较少的环境污染。作为一种可再生资源，木材在工程结构的废弃处理阶段能够得到充分回收利用。但是，保证木材作为可再生资源的可持续性，关键在于其被砍伐的速度必须低于树木的种植及成长速度。

需要注意的是，各类木材在耐久性方面存在差异，那些耐用性较差且容易遭受虫害的木材，通常不适宜在工程建设中使用。若需使用，则须经专门处理，且在使用中进行维护，这会带来一定的能源消耗和环境污染。

2. 建筑外围护材料

建筑外围护材料主要由保温隔热材料和建筑玻璃组成，它们在建筑的保温隔热性能和能耗管理中扮演着至关重要的角色。

（1）保温隔热材料

保温隔热材料直接影响建筑物保温隔热性能和建筑物能耗。为了实现更高的能效和环保目标，保温隔热材料的生产必须朝着低能耗、高效利用和对人体无害的方向发展。目前，市面上常见的保温隔热材料包括酚醛泡沫、聚苯乙烯、挤塑聚苯乙烯、硬塑氨酯泡沫等，它们虽然具备良好的保温隔热性能，但在生产过程中消耗的能量较大，且部分材料可能会排放对环境和人体健康有害的物质。因此，笔者推荐使用羊毛、纤维体、软木板等更环保的材料，这些材料不仅生产能耗低，而且对人体健康无害，更加符合当前的环保需求。

（2）建筑玻璃

建筑玻璃作为外围护材料的另一重要组成部分，其种类多样，功能各异。以石英砂、纯碱、石灰石等为主要原料的建筑玻璃，在经过高温熔融、成型和冷却等工序后形成的是一种各向同性的非晶态硅酸盐材料。根据其特点和用途的不同，建筑玻璃可以被进一步分为平板玻璃、安全玻璃等多种类型，而经过特殊处理的建筑玻璃则具备了热反射、吸热、光致变色等特殊功能，这些特性极大地丰富了建筑玻璃在现代建筑中的应用，包括但不限于隔热调温、隔声、采光控制光线、美化建筑外观以及提升建筑艺术效果等方面。

在建筑玻璃可持续性能上，玻璃生产过程中消耗能量大，能源消耗率为 15~29 MJ/kg。生产玻璃消耗能量是生产同质的砖所耗能量的 4 倍。因此，减少玻璃生产环节能耗的方法值得研究。同时，生产玻璃的原料对生态环境影响较大。按照传统生产工艺，生产 1t 玻璃排放 500~700kg 的二氧化碳、2kg 二氧化硫和 8 kg 一氧化氮、0.15 kg 氢化物和 0.03

kg氟化物。另外，生产玻璃会造成噪声、尘灰污染等环境影响。

### 3. 屋面材料

根据不同的使用原料，屋面材料可分为瓦屋面、金属板屋面和沥青防水材料屋面三类。瓦屋面可依据所用材质的不同，进一步分为黏土瓦、石板瓦和纤维水泥瓦等几种类型。金属板屋面则包括钢板、不锈钢板、铝板等。而沥青防水材料屋面的分类则更细致，包括沥青板、无规聚丙烯、天然橡胶、膨胀沥青和胶黏性沥青等；此外，还有根据使用的单层聚合物屋面材料的不同，分为聚氯乙烯、氯磺化聚乙烯橡胶、三元乙丙橡胶（EPDM）等。

在屋面材料的可持续性方面，黏土瓦的生产需要消耗6.3MJ/kg的能量，鉴于黏土资源珍贵，笔者不建议过度使用黏土生产黏土瓦。石板瓦的生产能耗大约为4MJ/kg，这与其生产过程紧密相关，它不仅耐用且可回收再利用。纤维水泥瓦具有良好的防霉和耐用性能，同样可回收循环使用。需要注意的是，石棉材料具有致癌风险，因此在生产纤维水泥瓦时，应避免使用水泥和石棉纤维的结合，而应采用自然纤维。

金属屋面材料的生产能耗取决于所选用的金属材料及其生产过程，这类屋面具有较好的耐久性，并且可以被回收再利用。至于沥青屋面材料，由于沥青是一种石油产品，其提炼和萃取过程会对环境造成污染，产生的二氧化硫和氮氧化物是酸雨的潜在原因。虽然沥青材料屋面在使用中耐久性较差，但它是可以被回收利用的，尽管其回收效率并不理想。

### 4. 设备系统材料

设备系统材料包括给排水管材、配电材料，其与设备系统的设计相关，设备系统设计应考虑选用设备的特性及其所用材料的匹配性。

给排水管材主要包括铝材、铸铁、钢材、铜材、聚氯乙烯管材等。铝管和铸铁管的生产相较于钢材能耗较高。铝材的生产特别耗能，在180~240 MJ/kg，其生产过程中二氧化碳的排放量是生产相同重量钢材的两倍，同时会排放氟化氢、烃、镍等有害物质，以及二氧化硫和氮氧化物等污染物，虽然铝材可回收利用，但其生产过程的环境影响不容忽视。铸铁管的生产也需消耗大量能源，其原料铁矿石为不可再生资源，提炼过程中同样会排放二氧化碳、二氧化硫和各种碳化合物，以及重金属和粉尘等有害物质。铸铁的耐腐蚀性差，直接影响了其耐用性。聚氯乙烯是一种耗能相对较低的塑料材料，其能耗为53~68 MJ/kg，由石油和岩盐作为原料。生产PVC管材时，会排放二氧化硫、氮氧化物和烃等光化学氧化剂。在发生火灾时，PVC管材的燃烧会对人体健康造成严重影响。此外，PVC生产过程中使用的添加剂，也限制了其回收再利用的可能性。

配电材料方面，电线、电缆材料和配电开关等是其中的关键部分，聚氯乙烯在此领域作为电绝缘材料得到广泛应用。铜作为电缆配线中的主要导电材料，因其优良的耐久性和耐腐蚀性，以及较铝低的生产能耗，成为首选材料，且具有可回收利用的特性。铜矿石是不可再生资源,其开采和加工生产过程中排放二氧化碳,每生产1t铜产生二氧化碳排放量约7t,还排放二氧化硫、氮氧化物、重金属污染、氟化物等。

5. 装饰装修材料

装饰装修材料主要有涂料、墙纸、灰浆、建筑陶瓷产品、复合板等。

(1) 涂料

建筑涂料根据材料成分不同分为乙烯基乳浊液涂料、丙烯酸乳浊液涂料、醇酸树脂涂料、矿物涂料等。这些涂料在生产过程中会排放二氧化碳、多氧化氮、甲烷等有害物质,并且在使用过程中释放对环境和人体有害的挥发性有机物(VOC)。因此,在选择涂料原料时,笔者推荐使用丙烯酸材料,并尽量避免使用挥发性有机物含量高的醇酸树脂和油性涂料,选用环境友好的建筑涂料。

典型的涂料还包括矿物涂料、天然涂料和壁画涂料。矿物涂料采用硅酸钾、长石和土壤氧化剂等作为原料,不含石油化学成分,具有良好的耐久性和抗真菌特性。天然涂料主要由天然树脂和溶剂制成,来源于可再生的树脂和叶绿素等,对人体的危害远低于石油化学产品。壁画涂料和蛋白质涂料则以酪蛋白或骨胶为基础,生产过程中不使用石化产品和溶剂,主要消耗如石灰石和白垩等不可再生资源。这类涂料使用时需保持环境干燥,以防变质或发霉。蛋白质涂料能通过生物降解方式进行处理。在选择涂料时,应优先考虑使用亚麻籽油等植物成分的天然涂料,以减少对环境的影响,同时,出于对生产者和使用者健康的考虑,应优先选择水性天然涂料、稀石灰粉、矿物涂料和壁画颜料等。避免使用乙烯基涂料和含有有害溶剂的醇酸树脂涂料,是为了更好地保护环境和健康。

(2) 墙纸

墙纸的制作原料多源于可再生资源。生产纸张消耗的主要是木材资源,因此强调对纸张的回收和再利用显得尤为重要。生产纸浆并进行漂白的过程使用的氯气以及排放的有机氯,对环境造成了污染。此外,用于墙纸的黏合剂也可能引发环境污染和健康问题。因此,笔者推荐使用循环纸浆制造的墙纸,并确保其能够再次被回收利用。与初次生产相比,使用回收纸浆能大幅减少用水量(约60%)和能耗(约40%),有效降低污染物的排放。应避免选用含有乙烯基的墙纸和乙烯基涂料纸。

(3) 灰浆

建筑用灰浆的材料主要是石膏、石灰砂浆等。石膏以硫酸钙为主成分,是一种能在空气中凝结硬化的气硬性胶凝材料,具有快速硬化、微膨胀、多孔性和良好的防火性能,但耐水性和抗冻性较弱。其生产过程的能耗约为7.2GJ/吨,而石膏原材料的开采和加工生产可能会对环境造成污染。石灰砂浆的主要成分是石灰、水泥和水,其中石灰的原料主要是石灰石和白垩。与石膏相比较,石灰砂浆的生产能耗更低,石灰在生产过程中造成的环境污染较小。使用石灰具有一定的抗菌效果,但需要注意其对皮肤可能产生的刺激性。

### （4）建筑陶瓷产品

建筑陶瓷产品是主要的建筑装饰材料之一，其耐久性和稳定性好，且有一定强度和硬度。建筑陶瓷产品按照产品种类分为釉面砖、墙地砖、陶瓷锦砖和瓷质砖等。釉面砖是通过高温煅烧瓷土或优质陶土制成，特点是表面光滑、耐用、易清洁，同时具有防水、防火和耐磨的优点。陶瓷锦砖是由小块优质陶土烧制而成的瓷砖，瓷质砖则是将天然石料粉碎后加入化学黏合剂经高温烧制制成，其特点包括低吸水率、小湿膨胀系数、高耐磨损性、耐酸性强、不易变色和耐久性好等。尽管陶瓷产品的生产耗能较高，且在生产瓷砖的过程中会消耗大量黏土资源并产生氟化钠、氟硅酸等有害物质，对环境易造成一定污染，但瓷砖的耐久性使其能够长期使用，废旧瓷砖还可以用作混凝土生产的原料或基础填充材料。

### （5）复合板

复合板根据原料的不同可分为金属复合板和木材复合板两大类。为了提升木材的综合利用率，生产企业通过特殊工艺将木材与其他材料结合，加工成各类复合板，如胶合板、水泥刨花板和中密度纤维板等。相较于天然木材，胶合板的生产既耗能较多，也容易造成环境污染。胶合板在生产中使用的黏合剂可能引发环境和健康问题，其燃烧过程还可能释放有毒气体。因此，使用胶合板时应保持良好的通风条件以降低室内甲醛等有害物质的浓度，废旧胶合板也可以被回收再利用。水泥刨花板尽管与木材相比其可回收性较差，却仍以其良好的耐久性而被广泛使用。这类板材在高温下制成，生产过程中耗能大，消耗的资源包括非生物资源（如水泥）和生物资源（如木材）。中密度纤维板的生产涉及刨花切割、挤压、风干和烘干等多个环节，整个过程能耗较高，产生的粉尘和有毒废物对生产人员健康有害，需经过处理后方能排放，但该材料可以被回收利用。

## （三）土木工程材料中的有毒有害物质

在土木工程材料的使用过程中，关注建筑室内环境品质以减少对生产者和使用者健康的威胁至关重要。为此，我国制定了包括验收标准和检测标准在内的技术规范标准。检测标准和验收标准是评价室内环境品质的依据，其目的是限制有毒有害物质排放，保护人类身体健康，规范工程建设行为。建筑材料中的有毒有害物质在工程建成后会长期存在且去除困难，必须"预防为主"，从源头上根除有毒有害物质，在选材和设计阶段就使用绿色建材，减少有毒有害物质的产生。

工程建设和使用中的有毒有害物质是甲醛、放射性物质、重金属污染、挥发性有机物及微生物污染等，这些有毒有害物质造成人类呼吸系统、过敏等疾病，且对人的神经系统和心血管系统产生不良影响，甚至致癌。

**1. 甲醛及其危害**

甲醛是一种无色的、具有强烈刺激性气味的气体，易于挥发，其强氧化性、刺激性和水溶性特点使它成了为室内环境健康的一个关键影响因素。作为木材板材中普遍存在的有害物质，甲醛对人体的健康构成了重大的威胁，其毒性强且作用时间长。室内空气中甲醛浓度超标，可引发多种疾病。室内甲醛浓度较低时可能会引起眼部刺激感；随着浓度的增加，除了眼部甚至呼吸道也会感受到刺激，进而可能引发肺水肿和化学性肺炎等严重疾病。

甲醛还是一种环境致敏源，与人体皮肤直接接触可能导致过敏性皮炎、色斑和组织坏死等问题。吸入过量的甲醛还可能诱发过敏性鼻炎或支气管哮喘。此外，甲醛还能抑制人体的免疫功能，具有一定的免疫毒性。

2. 放射性物质的危害

建筑材料中可能含有的天然放射性物质主要包括镭-226、钍-232和钾-40等核素。这些天然放射性元素大多源于建筑工程使用的无机非金属材料和各类工业废料。氡作为一种对人体有害的惰性放射性气体，其衰变产物一旦被人体吸收，可能会诱发肺癌。

在选择工程项目地点时，工程项目人员必须优先考虑土壤中放射性核素含量较低的区域，避免选择尾矿坝或地质断裂带附近的地点。在选择建筑材料时，工程项目人员应严格控制其中放射性核素的含量。建设具有排氡功能的地基，可以减少氡对人体的辐射风险。同时，工程项目人员注意加强建筑的密封性，避免氡气通过裂缝和缝隙进入室内。常规的通风换气措施能有效降低室内氡浓度，减轻其对人体健康的危害。

3. 重金属污染及危害

重金属污染是环境保护领域中的一个严峻问题，主要包括铅、汞、镉、砷、锑、铬、钡和硒等有害金属。这些重金属的毒性物质能够与环境中的其他成分反应，对人体多个系统包括呼吸、消化、生殖、泌尿、神经和心血管系统产生急性或慢性的负面影响。

（1）铅

铅是一种柔软且具有延展性的灰白色金属，通常以硫化物形态出现。人体摄入铅之后，铅最初会分布在肝脏、肾脏、脾脏、肺部和大脑中，随后逐渐积累在骨骼、毛发和牙齿中。铅主要危害人体的神经系统，可导致神经细胞受损，引发各种神经疾病，影响人体的运动和感知能力。此外，铅还可能损伤肾脏和血液造血功能，对肝脏造成伤害，间接影响生殖功能并引起心血管疾病。因此，选用建筑材料时应优先考虑健康环保型材料。

（2）汞

汞，也被称为水银，是一种易挥发的银白色液态金属。在建筑工程中，汞的污染通常源于含汞的装饰和装修材料，如人造板材、涂料、地板卷材、地毯和壁纸等。汞的化合物可分为有机汞和无机汞，它们对人体健康均有害。有机汞能够损害人的神经系统、心脏、皮肤和黏膜，而无机汞主要危害肾功能并影响肝脏。汞中毒的早期症状包括颤抖，后续可能发展为视听觉障碍、运动协调困难和语言问题。特别是建材行业工人更容易接触到汞，因此施工企业必须采取职业健康保护措施，预防汞中毒的发生。

（3）镉

镉是质地柔软、有光泽、有延展性的银白色金属。镉的化合物形式有硝酸镉、硫酸镉、氧化镉、氯化镉和硫化镉等。工程建设中的镉污染主要来自溶剂型木器材料、涂料、家具、壁纸、卷材等。镉对人体肾脏功能损害很大，对人的心血管功能有不利影响。长期暴露在镉环境下导致骨质改变，若含量过高会直接抑制骨骼生长和骨化过程。镉还有致癌、致畸、抑制免疫系统功能等的有害作用。镉通过粉尘形式进入人体，为防止镉对人体健康的危害，应通过除尘、空气净化装置减少粉尘，保持通风，降低空气中镉含量。

（4）砷

砷，一种存在于自然界中的元素，以灰砷、黄砷、黑砷三种结晶同素异形体的形式出现。在工程建设领域，砷的污染主要来自建筑材料的生产、铜矿石的冶炼过程中释放的无机砷烟尘，以及家具、地板材料、墙纸和油漆等装饰材料的使用。这些源头向空气中释放砷，造成了空气污染。砷对人类健康构成严重威胁，能够损害皮肤、心血管系统、神经系统，以及肾脏和肝脏，引起相关疾病。因此，防治砷污染的措施，包括加强空气净化和提升工人保护，显得尤为重要。

（5）锑

锑，一种易碎、粉末状、具有光泽的银白色金属，广泛应用于阻燃剂、油漆、玻璃和陶瓷产品中。长期接触锑污染可能会引发头痛、失眠、食欲不振等症状，损害支气管和肺部，造成肝脏和肾脏疾病。

（6）铬

铬是银白色金属，坚硬但易碎。在工程建设中，铬的污染源主要包括油漆、搪瓷釉料、颜料和板材。长期接触含铬的粉尘和酸雾可能会损伤皮肤和黏膜，铬鼻病是由铬中毒引起的一种典型职业病。因此，防止铬中毒的措施，如常规的通风换气和空气质量净化，十分必要。

（7）钡

钡是有光泽的银白色金属。建材中的钡污染来自颜料。长期接触钡可能导致身体无力、口腔黏膜糜烂等症状，并可能诱发支气管和肺部疾病。在工程使用过程中保持室内良好的通风，可以有效降低钡污染的浓度。

（8）硒

硒，这种元素在自然界中以三种同素异形体存在：无定形硒、金属状灰色硒和结晶状单斜硒。在工程项目中，硒的污染主要源自油漆，以及复印设备和电脑等电子产品。长期暴露于硒污染环境中可能会引发呼吸道和消化道疾病，以及神经系统疾病。因此，减少工人直接接触硒污染源，并保持良好的通风换气，是防治硒污染的关键措施。

4.挥发性有机化合物的危害

挥发性有机化合物对环境和人体健康构成重大威胁。这些物质广泛存在于建筑和装修材料中，如地毯、家具、清洁用品、人造板材和油漆等。挥发性有机物的种类繁多，包括醛类、苯、甲苯、二甲苯、三氯乙烯、三氯甲烷和萘。长期暴露在含有这些有害物质的环境中，可能会对人的神经系统、消化系统和呼吸系统产生不利影响，并增加患癌症的风险。为减少对人体危害，应严控挥发性有机物的含量，保持通风。

## 二、土木工程项目可持续施工

### （一）土木工程可持续施工概述

1.工程项目可持续施工的特点

工程项目施工的特点是工作环境条件差、无固定的生产线、协调工作复杂、中间产品数量多。

（1）工作环境条件差

工程施工所面临的恶劣环境条件是实现可持续施工的重要挑战之一。在高温、严寒、大风、暴雨等极端天气条件下，以及地质灾害如滑坡、泥石流等威胁时，施工团队必须采取有效措施以确保工程顺利进行并保障工人的健康与安全。

恶劣天气条件对施工进度和质量都可能造成严重影响。在高温天气下，工人易受热伤害，工作效率降低；在严寒条件下，设备故障和工程材料冻结可能，进而延误工期。此外，大风、暴雨等极端天气也会增加施工风险，可能导致安全事故发生。因此，施工团队需要制订相应的应对方案，如提供防暑、防寒设备，加强安全防护措施，以确保工人在恶劣天气条件下的安全作业。

对于特殊地理环境下的施工，如沙漠、山区、热带雨林等地区，施工难度更大。这些地区可能存在水资源匮乏、交通不便、气候极端等问题，给施工带来诸多挑战。因此，施工团队需要根据具体情况采取灵活应对措施，如加强水资源管理、提前规划交通运输路线、选择适合当地气候的施工方法等，以应对特殊地理环境下的施工挑战。

一些建筑材料可能对工人健康造成威胁，如挥发性有机物、重金属等有害物质。这些物质可能通过吸入、接触等途径对工人造成健康损害，严重影响工人的生产效率和生活质量。因此，施工企业应加强对建筑材料的监管和管理，选择环保、无害的材料，并采取有效的防护措施，保障工人的健康和安全。

工程施工面临的恶劣环境条件是实现可持续施工的重要挑战。施工团队需要根据具体情况制订相应的应对方案，保障工程的顺利进行和工人的健康与安全，从而实现可持续发展的目标。

（2）无固定生产线

土木建筑项目与常规工业产品生产不同，没有固定的生产线，这一特点给可持续施工带来了独特的挑战。土木工程的施工往往受诸多因素的影响，如气候、地质、地形等，导致每个工程项目都具有独特性，无法简单地应用通用的生产线控制方法。因此，笔者在下文将深入探讨这一问题，并提出应对之策。

土木建筑项目的无固定生产线意味着每个项目都需要独立设计和规划施工流程。与传统生产线不同，土木工程的施工需要根据项目特点灵活调整施工进度和顺序，考虑地质条件、气候变化等因素。因此，施工团队需要具备较高的灵活性和应变能力，能够根据具体情况及时调整施工计划，以确保项目顺利进行。

土木工程项目由于地理位置、气候条件等因素各不相同，因此无法简单地复制先前成功的施工管理经验。例如，中东苏伊士运河建设成功的管理经验可能并不适用于巴拿马运河的施工，因为两地的地理环境和气候条件存在较大差异。因此，针对不同地区和项目的特点，施工企业需要制定专门的施工管理规划，考虑当地的气候、地质、环境等因素，以确保施工过程的可持续性。

尽管不同的土木建筑项目在可持续施工方面存在共通的问题，但在管理程序和方法上可能存在差异。因此，施工企业需要根据项目的具体情况，灵活运用适合当地条件的可持续施工管理方法。例如，在气候恶劣的地区，可以采取加强安全防护、提供防暑、防寒设备等措施；在地质条件复杂的地区，可以加强地质勘察、采取稳定施工技术等措施。

（3）协调工作复杂

工程项目施工过程包括繁杂的工序，且工序和工序之间的相互协调，合理组织施工、保证施工过程有序至关重要。上一道工序若完成后未妥善处理，可能会对随后的工序产生不利影响。各工序之间的质量检验环环相扣，且使用的环保材料在某一工序可能为后续工序带来困难，进而导致资源的浪费。因此，实现各工序间的充分协调配合，从全局角度考虑工程施工的节能和环保措施，以及施工人员的健康安全至关重要。此外，在工程项目施工的各阶段，建设方、设计方、监理方等多方参与合作，他们之间的有效协调对于实施可持续施工同样关键。在推进和实施可持续施工过程中，这些参与方各扮演着重要角色，且必须在充分的相互协调下共同努力。工程项目的可持续施工不仅需要组织上的协调，还需要目标上的整合。项目管理需要把工期、成本、质量这三大目标与节能、环保、工人健康等可持续目标相结合，进行综合分析和多目标优化，以促进工程项目的可持续发展。

（4）中间产品数量多

在工程施工领域，中间产品是指在最终产品形成过程中产生的各种临时或辅助性产品。这些产品本身不是工程的最终成果，但在施工过程中扮演着关键的角色。例如，钢筋混凝土施工中的模板工程、装修施工中的脚手架工程、土方工程中的支护工程等都是中间产品。尽管这些产品对于完成工程至关重要，但它们的存在和使用也伴随着资源消耗和潜在的环境影响。

模板工程在钢筋混凝土结构施工中具有不可替代的作用。模板的主要功能是在混凝土浇筑过程中形成所需的几何形状，待混凝土硬化后拆除。因此，模板本身是一个典型的中间产品。模板材料的选择对工程质量、成本以及环境影响有显著影响。例如，传统的木质模板虽然使用广泛，但其对森林资源的消耗以及废弃后对环境的影响引起了人们的关注。因此，开发和选择更加环保的模板材料，如可循环利用的钢模板或竹模板，是降低工程对环境影响的有效途径。

脚手架工程是建筑施工中不可或缺的部分，主要用于为工人提供作业平台和确保作业安全。脚手架不仅在搭建和拆除中消耗资源，而且其使用过程中的安全问题也不容忽视。选择合适的脚手架材料和构建方式，可以提高施工效率，减少资源浪费，并降低事故风险。

土方工程中的支护工程也是一个重要的中间产品，它保证了施工过程中的土体稳定，防止塌方事故的发生。支护结构的设计和材料选择直接关系到工程安全和环境影响。例如，使用预制的支护结构可以减少现场作业，降低噪声和粉尘污染，同时提高施工效率。

工程施工中的中间产品数量众多，且每一种都对工程的成功完成起着至关重要的作用。因此，施工企业在追求工程效率和质量的同时，需考虑这些中间产品对资源的消耗和环境的影响。通过优化设计、选择环保材料、改进施工方法等措施，可以有效降低这些中间产品对环境的负面影响，推动工程施工向着更加可持续的方向发展。

2. 工程项目可持续施工的依据

工程项目可持续施工的依据主要有国家法律法规、建设工程合同、技术标准和规范、工程建设文件等。

（1）国家法律法规

遵循国家制定的相关法律法规，构成了执行工程项目可持续施工的基本前提。我国颁布了众多与工程项目建设相关的法律，包括《中华人民共和国环境保护法》《中华人民共和国环境影响评价法》《中华人民共和国环境噪声污染防治法》《中华人民共和国水污染防治法》《中华人民共和国海洋环境保护法》《中华人民共和国节约能源法》等。国务院也出台了多项规范工程项目可持续建设的法规，如《建设工程环境保护条例》等。此外，中央相关部门制定了一系列促进工程项目可持续建设的规章制度，为工程项目的可持续施工提供了法律依据。

（2）建设工程合同

建设工程施工合同是衡量施工是否能够满足建设方要求的重要基础。目前，我国施工合同的标准示范文本尚未特别针对工程项目的可持续施工设立要求。但随着国家对可持续建设管理越来越规范，工程建设水平的不断提升以及对可持续建设重视程度的加深，节能和环保等要求将越来越多地反映在施工合同中。政府应通过管理与激励措施，提升建设单位实施可持续建设的动力，鼓励他们积极采购可持续项目，促进可持续施工实践。

（3）相关标准和规范

我国已经发布了一系列旨在促进工程项目可持续施工的规范和标准，如《建筑施工场界噪声限值》等，用于指导如何在施工过程中控制噪声污染，并计划进一步推出更多促进工程项目可持续施工的标准和规范。同时，参考国际上的规范和标准，对实施工程项目的可持续施工也具有重要的指导作用。

（4）工程建设文件

在工程项目建设的策划阶段形成的《工程项目可持续建设策划书》及设计阶段的各类设计文件，构成了实施工程项目可持续施工的关键依据。这些文件详细记录了项目的可持续发展策略和设计要求，确保了工程项目在施工过程中能够遵循可持续发展的原则。

3. 工程可持续施工的资源有效利用

工程可持续施工包括工程施工资源的有效利用、工程施工中的环境保护、工程施工中的职业健康和安全管理三方面。

（1）工程施工资源的有效利用

施工资源主要包括能源、水资源、材料和构配件。

①在工程施工中，能源的使用主要集中在施工机械设备的运行、建筑材料的采购及运输等方面。这些机械设备的使用不仅会消耗大量能源，还可能导致噪声和大气污染等环境问题。目前，使用清洁能源的施工机械相对较少，施工企业如果能广泛采用这类机械，将大大推进可持续施工的进程。在材料采购和运输环节，选择能源消耗最低的供应链路径至关重要，这需要综合考量运输距离和运输方式的选择。在通常情况下，海运相较于铁路运输更加节能，而铁路运输又比公路运输更为经济。

②水资源的节约与循环利用同样是可持续施工的一个重要方面。充分利用回收水资源作为施工现场的供水来源，不仅能够节省水资源，也有助于降低施工成本。在工程施工过程中，水资源主要用于混凝土和水泥砂浆的配制、混凝土养护，以及施工前材料湿润和工地扬尘防治等。但在节水与利用之间需要做好平衡，如仅单纯追求节水而忽视定期洒水防尘，虽节省了水资源，却可能导致环境污染和对工人健康的威胁。因此，水资源的回收和合理利用显得尤为重要。

③材料和构配件的有效利用主要体现在以下两方面：一是提高材料和构配件的利用

效率，工程施工中主要体现在提高模板的周转次数、提高脚手架利用率等。在构配件选用中，尽量选用预制构配件。与现场制作的构配件相比较，工业化生产的构配件的节能、环保和材料综合利用具有优势，且建筑物拆除中易被回收和再利用。二是提高可再生材料的使用率，使用土方支护材料、模板材料、脚手架材料等可再生材料；多使用预制构配件，以利于结构拆除后的回收利用。

（2）工程施工中的环境保护

工程施工中的环境保护主要是控制工程建设和运营产生的粉尘和废气的大气污染、废水污染、固体废弃物污染、噪声振动污染。

大气污染主要源于煤炭燃烧产生的烟尘、建筑材料的破碎筛分过程产生的粉尘以及施工机械的尾气排放。大气污染物包括气体和粒子两种形态，其中粒径小于 $10\mu m$ 的粒子（飘尘）易被吸入人体肺部，对人体健康构成威胁，可能引起尘肺等职业病。为避免施工活动引发大气污染，施工企业应采取包括清扫、洒水、遮盖、密封等措施，严格控制施工现场及运输过程中的扬尘和飘尘，避免对周边空气质量造成影响，同时禁止在工地随意焚烧可能释放有害气体的物质，尽量减少使用有害化学涂料等物质。

施工中水污染的主要源头是现场产生的废水和固体废物随水冲刷进入水体，如泥浆、水泥、油漆和混凝土外加剂等。这些污染物包含有害的有机和无机物质。针对施工期间的水污染，施工企业应首先制订合理的施工计划，力求减少污水的产生和排放，实施废水循环使用等措施，以达到环境保护的目标，并促进施工过程的可持续发展。

固体废弃物是工程施工现场的污染源之一。在工程施工中，固体废弃物的产生包括新建项目施工中的废弃物和既有建筑拆除产生的废弃物，施工企业应对这些废弃物进行最大限度的回收利用。工程施工产生的固体废弃物包括施工生产和生活中的固态、半固态废弃物质，如建筑渣土、废弃建筑施工材料和包装材料，施工人员的生活垃圾和粪便等。工程施工中固体废弃物处理应遵循资源化、减量化和无害化的原则，通过压实、浓缩、破碎、分选、脱水干燥等物理方法进行减量化、无害化处理；通过氧化还原、中和、化学浸出等化学方法进行处理，采用好氧和厌氧处理等进行生物处理。在回收利用之后，施工企业应把经无害化、减量化处理的固体废弃物运至专门填埋场集中处理。对不易处理的或有特殊污染的固体废弃物，采用焚烧等热处理方法予以处理。

施工现场的噪声污染主要由施工机械、运输工具以及生产生活活动产生的噪声构成，对施工现场的工作人员健康和周围居民的生活质量产生影响。长时间暴露在90分贝以上的噪声环境中可能会导致噪声聋等职业病，而140分贝以上的噪声则可能造成永久性耳聋。有效控制工程施工中的噪声污染应从声源管理、传播路径控制和接收端保护等多方面入手。依据我国实施的《建筑施工场界噪声限值》国家标准，施工企业采取相应措施如夜间禁止高噪声施工作业，确保机械设备在55分贝以下，吊车和升降机等设备的日间噪声控制在75分贝以下，而打桩机械的噪声则需控制在85分贝以下，以减轻施工噪声对环境和人群的影响，促进环境保护和可持续发展。

（3）工程施工中的职业健康和安全管理

《职业健康安全管理体系——规范》是我国职业健康和安全管理的依据。职业健康安全管理体系包括范围、引用标准、术语和定义、职业健康安全管理体系要素四个部分。职业健康和安全管理体系要素由总要求、职业健康安全方针、策划、实施和运行、检查和纠正措施、管理评审组成。OHSAS是工程施工过程中职业健康和安全管理的重要依据。

在施工活动进行时，施工企业必须确保施工人员的健康得到妥善保护，采取有力措施预防健康风险。常见的职业病类型繁多，包括但不限于尘肺、职业性放射疾病、职业中毒、由物理因素引起的职业病（如中暑、减压病、高原病、手臂振动病等）、由生物因素引起的职业病（如炭疽、森林脑炎等）、职业性皮肤病（如接触性皮炎、光敏性皮炎等）、职业性眼病（如化学性眼部灼伤、电光性眼炎、职业性白内障等）、职业性肿瘤（如由石棉引起的肺癌、苯引起的白血病、皮肤癌等）及其他职业病（如职业性哮喘、棉尘病、煤矿井下工人滑囊炎等）。为了保障工人的身体健康，施工企业应该从污染源头做起，选择环境友好且可持续的施工材料以减少施工现场的污染源。此外，施工企业通过有效的现场管理保持施工现场的卫生与秩序，并强化工人的个人防护，特别是对那些直接接触有毒有害物质的一线工人，制定针对性的保护措施。

（二）土木工程可持续施工管理与验收

为了确保工程项目的可持续施工管理有效运行，施工企业需要构建一套完善的施工管理体系。这一体系的构建原则应遵循可持续建设的相关规范和标准，与企业的战略发展规划紧密结合。借鉴ISO环境管理体系、OHSAS职业健康安全管理体系等国际先进体系标准，全面考虑从政策制定、体系基础构建、组织实施、运行监控管理到后期评审与持续改进等各方面，力求实现系统化、规范化，确保具有明确的指导性和可操作性。

建立工程项目可持续施工管理体系包括准备工作、体系设计、文件编制、实施运行、管理评审五方面。

准备工作包括管理层决策、统一思想、明确方针，成立工作领导小组，学习培训，制订计划，现状调查，问题分析。确保企业管理层明确可持续施工的方针，根据国家法律法规和企业实际情况，设立明确的政策指导，由专门的工作小组负责可持续施工管理体系的构建工作。

在体系设计阶段，需要设计和建立组织机构，明确管理职责和任务分工，以及资源配置，确保组织结构合理，职责明确，资源有效配置，为可持续施工管理体系的顺利实施提供保障。

文件编制阶段，是选择合适的标准，编制工作指导手册和操作性文件的过程。这些文件是建立和实施可持续施工管理体系的直接依据，需要遵循国家和行业相关法规，借鉴国际标准，明确企业的可持续施工目标、管理原则和具体要求。

实施运行阶段，重点在于实施前的教育培训，施工过程中的协调工作，以及建立信息跟踪系统，确保各级人员充分理解可持续施工管理的基本方针和要求，按照体系设计要求，以规范性文件为依据，全面贯彻施工过程，并建立有效的监控机制。

管理评审阶段，定期组织对管理体系进行评审和改进，及时发现并解决体系运行中的问题，确保可持续施工管理体系的持续有效运行。

# 第三节　土木工程可持续发展的改造与评价

## 一、土木工程可持续发展的改造

土木工程可持续发展的改造亦称工程适应性改造，意指在保留旧建筑特色前提下，使其适应新用途的过程，目的在于延长工程的生命周期即给予工程多个设计生命周期，以应对工程承载的社会、文化、经济、技术等需求。

（一）土木工程可持续发展改造的必要性和意义

随着产业结构的调整及生产技术与运输方式的变革，城市和城区的持续扩张使得原本位于城市边缘的工业建筑转变为城市中心区域的一部分。地理位置的变化和土地价值的提升导致中心城区的产业因成本增加而衰退，造成大量工业和民用建筑的闲置。相较于拆除再建设，对既有建筑进行改造不仅经济效益显著，同时能节省资源和能源，减少文化损失。

工程可持续发展改造对节能减排、环境保护具有重要意义。随着人们生活水平的提升，旧建筑已无法满足对于舒适度、能耗和功能性的更高要求；而在能耗、室内舒适度和环境影响方面表现不佳的建筑，可以通过可持续改造来进行优化。延长建筑使用寿命和提升能效不仅是绿色工程推广的关键路径，也是应对环境保护、节能减排和气候变化的有效手段。例如，我国长江流域以南在气候上被归为夏热冬冷区域，随着人们对舒适度要求的提高，越来越多的建筑安装空调。但早期的多层民用建筑多缺乏有效的保温和隔热设计，导致空调能耗过高。通过技术改造，提升建筑外围护结构的保温隔热性能，改善门窗的气密性，采用合理的遮阳设计，或使用性能更优的新型玻璃等手段，可以显著减少夏季制冷和冬季采暖期间的能源消耗，实现节能提效的目标。此外，改造过程中，利用太阳能、风能等可再生能源，还可以进一步减少建筑对城市能源网络的依赖，甚至在某些情况下能够实现建筑能源的自给自足，向城市电网输送多余的电力。

### （二）土木工程可持续发展改造的方针和实施

自20世纪50年代起，一些发达国家便开始重视对既有工程，尤其是具有历史价值的遗产建筑的保护与再利用。这一转变标志着新城市复兴理念的形成，其核心在于优先考虑现有工程的改造与利用，而非传统的大规模拆除与重建，此变革不仅引领了城市建设的新观念，而且不断推动着设计和管理规范与导则的完善。在尊重冻结式保护与拆除重建两极之间，探索出了一条有效的改造与利用路径。通过这种方式，既有工程被转化为推动城市功能调整、工业结构升级、加速旧区改造和城市建设的重要动力，也成了促进地区经济发展、振兴社区的关键力量。

这一进程特别强调了对城市整体规划和街区特色的保护，以及城市历史文化传承的维护。例如，美国在20世纪70年代颁布的《修复标准》（The Standards for Rehabilitation）及其后续的两次修订，便是一项指导历史建筑修复和适应性改造的重要文件。该标准旨在对建筑改造后可能的新功能设定约束，以最小化对原有建筑历史特色的影响。其中明确指出，任何加建或外部改造都应与原建筑风格兼容而又有所区分，确保若未来拆除新建部分，原有的历史建筑能够保持其原貌。此外，该标准还对改建使用的材料、结构、施工工艺及技术设定了严格的约束。在中国香港，市区重建局（Urban Renewal Authority）提出的"4R"原则——"重建"（redevelopment）、"复原"（rehabilitation）、"复兴"（revitalization）、"保存"（preservation），也体现了对旧城区改造的深思熟虑。保存历史建筑、修复老旧可用建筑，以及与当地社区和商业机构的合作，旨在改善基础设施、商业娱乐休闲设施及室外环境，从而提升城区的活力和品质。这不仅是对旧城区物理环境的改善，更是对社区文化与历史记忆的珍视。

我国近20年来高度重视对城市既有工程建筑的改造利用。我们基于尊重历史、保护文化以及构建节约型社会的考量，着手实施了既有工程建筑的可持续改造和利用。在这一过程中，我们提出了一系列旨在提升功能、改善结构、保护文化并实现持续利用的方针，并采纳了前沿的改造设计理念与结构加固技术。这样做不仅确保了工程建筑在改造后的安全性、适用性与耐久性，还通过对产业历史的尊重和文化元素的融入，促进了城市文化脉络的延续。在推动既有工程建筑的改造过程中，我们还大力应用了绿色生态技术，旨在减少资源和能源的消耗，降低对环境的负面影响，确保改造项目的可持续性。我们的目标是实现经济效益、社会效益、文化效益和环境效益的全面最大化，体现出对节能、节水、节材、节地和环境保护的高度重视,从而推动城市向着可持续发展的方向前进。举例来说,我国的绿色建筑评估标准将对"尚可使用的旧建筑"的利用视为公共建筑绿色评估体系中的优选项之一,这不仅促进了土地的节约利用,也有助于改善室外环境。此举标志着我国在推进城市可持续发展方面迈出了重要一步,通过对既有工程建筑的改造与利用,不仅保护和传承了城市的文化遗产,也为实现环境的可持续利用提供了切实可行的路径。这种做法不仅具有深远的经济和社会意义,而且在文化和环境保护方面也具有重要的价值,为我国城市的可持续发展贡献了力量。

在功能提升方面,部分既有工程建筑在设计之初未能充分考虑的新时代产业发展需求,因此管理人员需要对其功能进行灵活转换。这包括但不限于对建筑外观的重新设计、室内空间的重构,以及采用新型空调系统、智能控制系统、自然通风和自然采光技术等,进一步开发建筑的地下空间,以期提高建筑的使用性和舒适性。在结构改善方面,管理人员应考虑既有工程建筑经过长期使用后普遍存在的安全隐患和耐用性问题,对其进行彻底的检测和评估。这涵盖了土壤污染、地基基础、结构体系、构造措施、材料力学性能、老化损伤、沉降倾斜和抗震防灾能力等方面。通过综合应用地基加固纠偏、结构维修加固、耗能减震控制、健康监测、预应力技术和耐久性防护等技术,旨在全面提升建筑的结构性能,确保其安全、耐用并具备良好的抗震减灾能力。在文化保护方面,对于既有工程建筑中蕴含的独特产业历史和文化元素,管理人员需予以切实保护和传承。这不仅包括保存工程建筑相关的绘画、照片、音视频资料和文献档案,还涉及对具有重大保护价值的建筑保留其代表性的生产工艺流程和典型机械设备。在持续利用方面,管理人员应通过充分运用门窗、围护结构和屋面的节能技术,以及太阳能、地热能、风能等再生能源技术,以及3R材料、雨水收集和中水回用等资源再利用技术,努力提升改造后建筑的"绿色"标准。此外,改造过程中应严格控制噪声、粉尘、污水和废弃物的排放,同时采用合适的技术预留空间,以便于未来可能的再次改造。

实现工程可持续发展改造的目标,应遵循调研、评估、设计、后使用评价的步骤。①开展详细的调研工作。这包括收集和分析工程所在城市的气候数据,如温湿度、太阳辐射、降雨量和主导风向等,以便在改造过程中充分利用被动节能策略。同时,考察工程周边地形、建筑分布、绿化情况和水体等因素,评估其对工程环境的影响,为改造设计提供依据。②进行全面的评估工作。这涉及对现有工程的结构强度和环境性能进行检测和评估。结构强度检测主要针对旧建筑的新用途,通过安全性和荷载强度检测来确定其适用性。环境性能评估则着重于评估现有建筑在当地气候条件下的能耗表现、室内舒适度和空气质量等,识别可能影响能耗表现的设计、结构或构造缺陷,以获得关于既有工程建筑环境性能改善的量化数据。③根据可持续发展改造的目标和内容进行设计阶段的工作。这要求综合考虑前两步骤的调研和评估结果,制订既实用又环保的改造方案。④开展后使用评价工作。这涉及调查使用者对改造后建筑的满意度，收集客观评价数据，以便改善建筑管理和使用，并为将来的进一步改造提供参考依据。通过以上步骤的有序推进，可以有效实现土木工程的可持续发展改造，不仅提升建筑的使用性能和环境友好性，还为后续的可持续发展提供了坚实的基础。

## 二、土木工程项目可持续发展的评价与认证

土木工程项目可持续发展主要围绕三方面展开，即最大限度地避免资源的浪费，提高可再生资源及能源的利用效率，最大限度地避免环境污染，最大限度地避免影响人的身体健康。围绕这三方面的要求，国际上出现了许多可持续发展的评价工具。

### （一）国际评价体系与认证

1. 英国的BREEAM评价标准

在全球范围内，可持续发展的评价与认证体系正逐步成为关键议题之一。英国的BREEAM评价标准（Building Research Establishment Environment Assessment Method，BREEAM）作为世界上首个对可持续发展进行系统评价的标准之一，它为各种类型的建筑提供了适配的评价版本。在这些版本中，EcoHomes是应用最为广泛的一个，其评价范围极为全面，包括能源消耗、交通运输、环境污染、材料使用、水资源的高效利用、土地与生态利用以及居住者的健康与舒适等多个方面。在这些评价因素中，能源消耗被赋予了较大的比重。根据所得评价结果，BREEAM评价标准将建筑项目分为"通过""好""很好""优秀"四个等级，旨在鼓励建筑业向更高的可持续发展标准迈进。

尽管BREEAM评价标准在推动建筑业可持续发展方面发挥了重要作用，但该体系仍存在一些不足之处：一是尽管评价指标众多，评价内容却显得不够全面，例如在鼓励设计创新方面缺乏具体的规定和指导；二是该评价标准并没有采用基于工程项目整个生命周期的评价理论和方法来进行绿色建设性能的评价，忽视了从工程项目的设计、建造、使用、维护到最终拆除的整个过程，限制了其在全面评价项目可持续发展性能方面的能力。因此，虽然BREEAM评价标准在某些方面取得了进展，但在全面推动可持续建筑发展的道路上，仍有改进和完善的空间。

2. 美国的LEED绿色评价标准体系

美国提出LEED绿色评价体系（Leadership in Energy and Environment Design，LEED），其评价体系包括工程场地的可持续性、水资源有效利用、能源和大气、材料和资源、室内环境品质五方面内容。

（1）工程场地的可持续性

优先考虑选择无潜在危害的土地，并在设计时集中利用土地资源，努力缩减土地使用

面积。评价标准涵盖了场地选择、城市再利用、损毁土地的修复与再利用、交通便利性、减少场地干预、现场暴雨水管理、通过景观设计降低热岛效应及减轻光污染八大关键点。选定建设用地应避免以下情况：农业耕地、低于百年一遇洪水水位5英尺（约1.524米）的区域、濒危野生物种栖息地、与湿地相邻100英尺（约30.48米）以内的土地、已规划为公共用途的土地（如公园）。应当最大限度地利用城市现有基础设施，保护绿地、居住区和自然资源。对于建设用地的选择，优先考虑已遭破坏的地块，通过建设项目对其进行修复，以减轻对未开发土地的开发压力，制订具体的损毁土地恢复和再开发计划。选址还需要考虑交通状况，以减少汽车交通带来的污染。LEED认证体系在此方面设定了四个具体规则：一是项目地点需位于地铁站或轻轨站半英里（约804.67米）范围内，或有两条以上公交线路在四分之一英里（约402.34米）范围内。二是为鼓励自行车使用，提供满足超过5%居民需求的自行车设施。三是设置满足3%总车位需求的替代能源加油站，且该加油站应保持良好通风或设置于室外；停车位设置不应超出地区最低要求，并优先考虑满足5%居民需求的拼车停车位，因此必须进行用户交通需求调查，并在设计中包含自行车道和相应设施。四是减少场地干预，保护现存自然区域并修复受损地区，这需要对建设地块现状进行详细调查，并制订相应的开发计划。现场暴雨水管理旨在通过现场渗透和污染防治最大限度减少暴雨对自然水体的污染。通过景观和外部设计减少热岛效应，以缓解气候变化对人类居住环境和生态系统的影响，需采用遮蔽措施和绿化屋顶等与景观设计相协调的方法。同时，必须采取措施减少光污染对周边环境的影响，如运用计算机模拟分析建筑光环境、控制光源亮度及选用低反射率的建筑材料等。

（2）水资源有效利用

水资源有效利用主要包括减少景观绿化用水量、采用新型水处理技术、节水三个要点。景观绿化用水应尽量避免使用饮用水级别的水源。设计时要根据气候和土壤条件选择本土植被，以减少或消除灌溉的需求，并运用高效的灌溉系统充分利用收集的雨水和处理后的生活废水进行灌溉。采用新型水处理技术可以有效减少废水产生和降低用水需求，通过预估建筑产生的废水量并选用高效的处理系统，可以实现雨水和废水的机械或自然处理及回收。节水措施包括对建筑内的饮用水和非饮用水进行核算，并采用高效的节水器具，对雨水和废水进行回收再利用。

（3）能源和大气

能源与大气方面的核心目标是确保建筑技术系统的调试以及达到能源有效利用的基本要求。这一领域的评价内容涵盖优化能源消耗性能、利用可再生能源、系统额外调试、避免破坏臭氧层的物质排放、能耗测量与验证以及利用绿色电力六个主要方面。在工程设计上，应通过计算机模拟对建筑的能耗进行量化分析，选择最有效的能源利用方案。使用环保型空调系统可以减少氟氯碳化物的排放，从而降低对臭氧层的破坏。此外，增加能源调试，确保各项系统达到最佳运行效率，同时采用可再生能源和绿色电力，可减少建筑对环境的整体影响。

（4）材料和资源

材料和资源的基本要求是建立可再生资源的存储和收集系统。评价标准聚焦于七个主要方面：提升建筑物的再利用效率、建筑废弃物的有效管理、资源的重复使用、循环材料的应用、本地材料的采用、短周期再生材料的利用以及使用经过认证的木材。这些措施旨在显著减少建筑活动产生的废物量。在工程设计阶段，应特别注意在适宜的位置设置分类收集可再生废弃物（如纸张、玻璃、塑料、金属等）的设施，以便于居民和使用者按类别投放，并确保这些设施易于使用且布局合理。此外，与专业的废弃物处理公司合作，向居民提供必要的废弃物分类和投放指导，也是提高项目评价得分的关键措施之一。为了提高建筑的再利用率，建筑的使用寿命应尽可能延长，并在翻新项目中充分利用现有的建筑结构和外围护结构，同时替换那些对人体有害的建筑材料。此外，升级老旧的机械系统和门窗构件也至关重要，这不仅能提高建筑的整体性能，还能促进其可持续发展。使用循环材料，尤其是那些可快速再生的材料（如竹制品、羊毛毡、硬纸板等），可以有效减少对环境的负担，避免使用那些需要长周期才能再生的材料。

（5）室内环境品质

室内环境品质的改善是提升居住和工作空间舒适度的关键。评价内容包括二氧化碳排放的监测、通风效果的提升、建设阶段和使用前室内空气质量（IAQ）管理计划、低污染材料的使用、室内化学污染源的控制、系统的可控性、符合ASHRAE 55标准的热舒适性及其监控系统，以及采光和视觉舒适度。为了鼓励设计创新，若设计方案在能源性能、水资源利用效率等方面超出了LEED标准的基本要求，或者在声环境设计、社区发展、用户培训、基于生命周期分析的建筑材料选择等LEED标准中未明确规定的领域进行了创新和规划，将给予额外的评分以作鼓励。

美国的LEED绿色评价标准与英国的BREEAM评价标准相比较，提供了一种更为全面的评价框架，特别强调了基于工程项目生命周期的考量。LEED评价标准不仅涵盖工程项目的设计阶段，还包括建造和使用过程，体现了对项目全周期的关注。根据评价得分（最高为69分），LEED系统将评价结果分为四个等级，即认证级、铜级、金级和白金级，以此来表彰建筑项目在可持续发展方面的成就。

虽然LEED评价体系在促进绿色建筑实践方面发挥了重要作用，但是其主要缺陷在于缺乏足够的灵活性。这表现在评价过程中难以充分考虑不同地区条件的差异性，从而在一定程度上限制了其在不同环境和区域应用的适应性。例如，特定区域的气候、文化和技术条件可能要求评价标准应作出相应的调整以更好地适应当地情况，而LEED评价标准在这一方面的固定性可能不完全满足这种需求。

3. GB Tool绿色评价指标体系

GB Tool绿色评价指标体系是由加拿大、瑞典、挪威、奥地利等国家的专家共同研究和开发的，旨在为建筑项目提供一个全面评价的框架。该体系的一个较为成熟的版本是GB Tool（Version 1.82），它囊括了资源消耗、环境载荷、室内空气品质、建筑服务质量、经济性、管理以及交通运输七方面的评价指标，体现了对建筑项目从建设、运营到拆除及再利用全生命周期的关注。这一评价体系不仅适用于办公楼宇、学校、住宅等多种类型的建筑，而且通过设定一级评价指标和相应权重，提供了一个既定的评价框架，并允许用户根据项目的具体需求调整各评价指标的权重。

GB Tool的设计初衷是作为一个国际标准，促进全球建筑行业的可持续发展。然而，由于不同国家在经济发展水平、环境政策以及建筑传统等方面的差异，GB Tool的一些绿色评价指标并不完全适合所有国家的情况。这种标准的通用性与个性化需求之间的矛盾，是GB Tool推广过程中遇到的一个主要挑战。尽管开发者对指标体系进行了改进，并提供了定制评价指标体系和设置评价指标权重的选项，但这些措施仍然无法完全解决不同国家的实际需求问题。为了克服这一难题，一些国家基于GB Tool的基础，进一步开发了更加适合本国实际情况的评价标准。

另一个值得关注的问题是，GB Tool的评价指标体系虽然全面和具体，但也因此使得评价过程变得复杂、耗时且成本高。这对于资源有限的项目来说，可能会成为一大负担。此外，GB Tool的开发主要由发达国家主导，其在评价内容的设置上未能充分考虑发展中国家的特定需求和条件，这也限制了其在全球范围内的普适性和实用性。

GB Tool绿色评价指标体系作为促进建筑项目可持续发展的一个重要工具，其设计和实施体现了国际合作的成果。然而，为了使其更加普遍适用，还需要在未来的发展中，进一步考虑和解决国际多样性、评价过程的简化以及更广泛的适用性等关键问题。通过这些努力，GB Tool有望成为全球建筑行业推动可持续发展、评价和认证过程中的一个基石。

4. 三种评价体系的比较

当今可持续发展日益关注对工程项目的评价体系也提出了更高的要求。三种不同的评价体系虽各有侧重，但它们在推动可持续发展方面拥有共同的目标和原则。

①环境保护是这三种评价体系共同关注的重点。在工程项目的全生命周期中，从设计到建设、运营、维护，乃至最终的废弃和回收处理，每个环节都尽可能地减少对环境的负面影响。这不仅体现在选择低污染的原材料和采用环保的施工技术上，更体现在运营过程中通过高效的管理和技术手段减少环境污染。例如，项目建设过程中优先考虑使用环境影响较小的材料，采用清洁能源，以及实施绿色施工策略，旨在降低对自然生态的破坏和对环境的污染。

②资源的有效利用是另一个被这三种体系广泛认可的原则。有效的资源利用不仅涵盖

了能源消耗的优化，也包括对土地、水等自然资源的合理规划和使用。这意味着工程项目在项目的设计和建设阶段，就要充分考虑资源的高效利用，例如，通过采用先进的建筑设计和施工技术，实现能源的节约和循环利用。在项目运营阶段，通过智能化管理系统和节能措施，进一步提高资源使用的效率，减少资源浪费。

③这三种评价体系都强调了在使用过程中提升建筑物环境品质的重要性。这包括确保室内空气质量，减少辐射和噪声污染，以及提供一个健康舒适的居住或工作环境。通过采用绿色建材、改善室内空气流通系统、合理规划建筑物的自然采光和通风，可以显著提高建筑物的居住舒适度和环境健康水平。此外，智能建筑技术的应用可以有效地监控和调节室内环境条件，以适应不同使用者的需求，进一步提升建筑物的环境品质。

## （二）评价和认证的管理模式

实施工程项目的可持续发展评价和认证管理，首先由开发商向政府主管部门提交申请，提出该工程项目可持续发展建设的方案。政府主管部门在进行初步审核并将项目进行备案后，会指派具备相关资质的第三方机构对工程建设过程进行跟踪，并为其可持续建设过程提供专业咨询。该第三方机构会基于项目在规划、设计与施工等各阶段的表现，对其可持续建设性能进行全面评价，并据此确定等级。针对不同的可持续性能等级，政府将实施相应的激励政策。认证过程分为两种方式：一种方式是由第三方认证机构全面负责评价与认证，直接颁发认证证书，该认证机构需具备良好的声誉并在行业中享有高度信任；另一种方式则是第三方认证机构先行评价和认证，随后将评价报告提交给政府主管部门或相关行业协会进行审核和批准，对于符合标准的项目颁发认证证书。最终的评价与认证结果将成为市场选择的重要参考。在工程竣工后的建筑物上公示评价数据和认证结果，可以让消费者清晰地了解建筑物的可持续性能，进而提升市场运作的透明度和效率。

工程项目的可持续发展评价与认证管理过程覆盖了从立项、设计、施工、运营到认证及发证的五大阶段。评价与认证工作遵循公开、公平、公正的基本原则。

①在立项阶段，建设单位需制订工程项目的可持续建设方案，并编制《可持续建设策划书》，随后向政府申请进行该项目的可持续发展评价与认证。接到建设单位申请后，政府将委托专业咨询机构向其提供可持续建设的咨询服务与评价，并确立评价的体系与标准。

②进入设计阶段，咨询机构会将相关设计数据通报给建设单位，建设单位则需将设计方案及相关数据上交咨询机构进行评估。咨询机构依据设计方案和相关数据进行可持续性能分析，并以评价标准为对照，撰写并提交分析评价报告至政府主管部门审批。

③在施工阶段，咨询机构将监控施工过程数据和竣工验收数据通知建设单位，同时跟踪施工过程的可持续性。竣工验收完成后，建设单位需将相关数据提交至咨询机构。咨询

机构将基于对施工过程的可持续性跟踪及相关数据分析，对照评价标准，撰写分析评价报告并提交给政府主管部门审批。

④在运营阶段，咨询机构将监控并通报运营过程数据给建设单位（或由运营单位负责数据收集）。一段时间后，建设单位（或运营单位）应将相关数据提交给咨询机构，后者将基于运营状况和相关数据的可持续性分析，对比评价标准，提出分析评价报告，并提交至政府主管部门审批。

⑤在认证与发证阶段，政府部门将根据咨询机构提交的关于项目在设计、施工、运营各阶段的数据分析与评价报告，判断其是否符合评价标准，据此决定是否向建设单位颁发相应的证书。如果评价与认证任务完全由咨询机构承担，那么咨询机构将直接负责认证并颁发证书。

# 结束语

在市政建设工程中，施工单位要想保证工程的施工质量符合相应要求，就要制定一份完善的管理制度。在施工过程中，施工单位要做好材料管理工作，保证施工材料符合施工标准，同时要将施工管理与施工要求进行有效结合；在员工上岗之前，施工单位要对其进行培训，增加其专业知识与安全意识；而在土木工程建设活动中，相应的建设单位和施工单位要充分落实各自的责任，加大监管力度，相互配合、共同协作，有效提升市政土木工程的施工质量。

# 参考文献

[1] 管会生. 土木工程机械[M]. 成都：西南交通大学出版社，2018.

[2] 王转，李荣巧. 土木工程材料检测[M]. 北京：北京理工大学出版社，2018.

[3] 刘自由，曹国辉. 土木工程实验[M]. 重庆：重庆大学出版社，2018.

[4] 马辉. 土木工程制图[M]. 青岛：中国海洋大学出版社，2018.

[5] 袁述时，余凯华，顾士杰. 城市市政雨污水输送与排放综合技术[M]. 北京：北京工业大学出版社，2018.

[6] 李奔. 市政桥涵工程施工与养护[M]. 上海：上海交通大学出版社，2019.

[7] 饶鑫，赵云. 市政给排水管道工程[M]. 上海：上海交通大学出版社，2019.

[8] 李海林，李清. 市政工程与基础工程建设研究[M]. 哈尔滨：哈尔滨工程大学出版社，2019.

[9] 宋雷. 土木工程测试[M]. 第2版. 徐州：中国矿业大学出版社，2019.

[10] 于吉太. 土木工程概论[M]. 南京：东南大学出版社，2019.

[11] 张志国，姚运，曾光廷. 土木工程材料[M]. 武汉：武汉大学出版社，2019.

[12] 赵智慧，王敏，唐刚. 土木工程概论[M]. 成都：电子科技大学出版社，2019.

[13] 许彦，王宏伟，朱红莲. 市政规划与给排水工程[M]. 长春：吉林科学技术出版社，2020.

[14] 潘中望，牛利珍. 市政道路工程施工与养护[M]. 上海：上海交通大学出版社，2020.

[15] 刘将. 土木工程施工[M]. 西安：西安交通大学出版社，2020.

[16] 王进，彭妤琪. 土木工程伦理学[M]. 武汉：武汉大学出版社，2020.

[17] 陈正 土木工程材料[M]. 北京：机械工业出版社，2020.

[18] 郭正兴. 土木工程施工[M]. 第3版. 南京：东南大学出版社，2020.

[19] 黄春蕾，李书艳. 市政工程施工组织与管理[M]. 重庆：重庆大学出版社，2021.

[20] 秦春丽，孙士锋，胡勤虎. 城乡规划与市政工程建设[M]. 北京：中国商业出版

[21] 张涛，李冬，吴涛. 市政工程施工与项目管控[M]. 长春：吉林科学技术出版社，2021.

　　[22] 吴旭. 市政工程构造与识图[M]. 北京：北京理工大学出版社，2021.

　　[23] 踪万振，于艳春，甘远. 从零开始学造价·市政工程[M]. 南京：东南大学出版社，2021.

　　[24] 邵宗义. 市政工程规划[M]. 北京：机械工业出版社，2022.

　　[25] 李书芳，李红立. 市政道路养护与管理[M]. 重庆：重庆大学出版社，2022.

　　[26] 段贵明，王亮. 市政工程资料编制与归档[M]. 重庆：重庆大学出版社，2022.

　　[27] 沈鑫，樊翠珍，蔺超. 市政工程与桥梁工程建设[M]. 文化发展出版社，2022.

　　[28] 杨霖华，林镇全，赵小云. 市政工程识图与造价入门[M]. 北京：机械工业出版社，2022.

　　[29] 徐雪锋. 市政工程建设与质量管理研究[M]. 延吉：延边大学出版社，2022.

　　[30] 刘勇，徐海彬，邓子科. 市政建设与给排水工程[M]. 长春：吉林科学技术出版社，2023.

　　[31] 孔谢杰，李芳，王琦. 市政工程建设与给排水设计研究[M]. 长春：吉林科学技术出版社，2023.

　　[32] 赫亚宁，韩彦波，刘瑜. 城市建设与市政给排水设计应用[M]. 长春：吉林人民出版社，2023.

　　[33] 李文辉，刘文炼，李德昌. 绿色建筑工程质量监督与市政建设[M]. 长春：吉林科学技术出版社，2023.